DISEÑO BÁSICO DE SISTEMAS DIGITALES CON FPGA Y VHDL

DISEÑO BÁSICO DE SISTEMAS DIGITALES CON FPGA Y VHDL

Acceso a laboratorio remoto de FPGA/VHDL

Javier García Zubía

Ignacio Angulo Martínez

Unai Hernández Jayo

Facultad de Ingeniería

Universidad de Deusto

DISEÑO BÁSICO DE SISTEMAS DIGITALES CON FPGA Y VHDL.
Acceso a laboratorio remoto de FPGA/VHDL

Javier García Zubía; Ignacio Angulo Martínez; Unai Hernández Jayo
ISBN: 978-84-1728-968-3
IBERGARCETA PUBLICACIONES, S.L., Madrid, 2024
Edición: 1.ª
Nº de páginas: 242
Formato: 17 × 24 cm.
Thema: TJF Ingeniería electrónica

Diseño básico de sistemas digitales con FPGA Y VHDL.
Acceso a laboratorio remoto de FPGA/VHDL.
ISBN: 978-84-1728-968-3

Imagen de cubierta: C00 Creative Commons: grid-871475 Pixabay by TheDigitalArtist
Edición: 1ª.
Impresión: 1ª.
Depósito legal: M-3732-2024
Impresión: Pulmen S.L.L.
OI: 0273/2024

IMPRESO EN ESPAÑA-*PRINTED IN SPAIN*

CONTENIDO

PRÓLOGO

El libro "*Diseño básico de sistemas digitales con FPGA y VHDL*" aborda los fundamentos del diseño con VHDL/FPGA, con especial énfasis en los ejercicios prácticos y en el acceso al laboratorio remoto FPGA de LabsLand (*www.labsland.com*) para probar los diseños.

El objetivo fundamental es que el lector comience a diseñar desde un principio, probando sus diseños sin necesidad de adquirir una tarjeta de desarrollo, ni de instalar o comprar un entorno de diseño tan pesado como exigente computacionalmente. El lector simplemente accede a una página web que le permite completar una práctica como si estuviera en el laboratorio real. Para acceder a LabsLand-FPGA es necesario disponer de una cuenta de acceso, bien de forma individual (la gestiona cada lector con LabsLand) o bien de forma colectiva, por ejemplo, para una clase (la gestiona el profesor/facultad). Los precios se pueden consultar en *https://labsland.com/es/pricing*; LabsLand también ofrece cuentas gratuitas con accesos limitados.

El libro se centra en VHDL y los ejemplos son válidos tanto para las FPGA de ALTERA/INTEL como para las de XILINX/AMD. Todos los ejemplos están disponibles en el github: *https://github.com/garciazubia/Diseno_basico_de_sistemas_digitales_con_FPGA_y_VHDL*

Tal y como se ha dicho el objetivo es darle al alumno la oportunidad de diseñar sistemas digitales desde el principio y para eso el libro toma dos caminos: se centra en los aspectos básicos del VHDL y en el diseño en laboratorio remoto. El texto permite diseñar desde el minuto uno, y pierde su valor si solo se usa para leerlo.

El libro no aborda elementos más o menos avanzados de VHDL como el uso de componentes, descripción de placing&timing constraints, instanciación de primitivas o bloques, simulación, etc. Se centra en los elementos básicos, presentando los elementos VHDL mediante ejemplos explicados con más o menos detalle, teniendo en cuenta que se espera que el lector tenga los conocimientos básicos de electrónica digital adquiridos del libro "*Fundamentos de electrónica digital.* 2ª edición" publicado por Garceta grupo editorial (2023) *www.garceta.es*.

Por último, los autores solicitamos a los lectores que, si encuentran algún fallo o pueden sugerir una mejora evidente, nos lo hagan saber enviando un correo a *zubia@deusto.es*.

Los autores

Bilbao, enero de 2024

Capítulo 1

HERRAMIENTAS DE DISEÑO Y CONSIDERACIONES

Índice del capítulo

1.1. INTRODUCCIÓN

Este es un capítulo preliminar al que el lector deberá volver de vez en cuando en función de sus necesidades. El objetivo del capítulo es describir algunos elementos generales que tienen que ver más con el diseño final que con el VHDL en sí.

Por un lado, se describen los lenguajes de descripción más comunes, VHDL y Verilog, y se describen las principales diferencias con los lenguajes de programación de dispositivos secuenciales —microprocesadores, microcontroladores, etc.—.

1.2. LENGUAJES HDL

En los lenguajes de programación de dispositivos secuenciales —microprocesadores, microcontroladores, etc.— más comunes (C, Python, Java, etc.) se escriben programas que son un conjunto de sentencias o instrucciones que se almacenan en la memoria de una computadora y se ejecutan una a una al ritmo marcado por un reloj. Esas instrucciones acceden a distintos recursos hardware para alcanzar su objetivo. En una computadora el hardware es fijo, mientras que el software, el programa, es lo que cambia. El procesamiento de información es básicamente secuencial.

Al usar un lenguaje HDL (*Hardware Description Language*), sea VHDL o Verilog, se describe un hardware y este será implementado, en general, en una FPGA. Es decir, se crea una estructura hardware distinta cada vez. En esta estructura el procesamiento de información es básicamente en paralelo.

Ambos tipos de lenguajes se parecen, ya que las instrucciones se parecen (en ambas sumar se escribe +), pero el enfoque es bien distinto. Este cambio de paradigma debe ser asumido cuanto antes, ya que la forma de diseñar en su nivel básico es distinta, y a ello se dedica este libro.

Una vez dentro de los HDL, cabe decir que dos son los principales, VHDL y Verilog (a estos hay que sumar System C, o los antiguos ABEL, CUPL, etc.). Este libro está centrado en VHDL, aunque pasar de este a Verilog, o viceversa, es bastante fácil. Ambos cuentan con un estándar IEEE y son muy populares, sobre todo VHDL en Europa y Verilog en EE. UU. VHDL se desarrolló por encargo del Departamento de Defensa de los EE. UU.

En sus inicios el VHDL se utilizó mayoritariamente para simular (gracias a los esfuerzos hechos por Alberto Sagiovanni-Vincentelli, Premio BBVA 2023 Fronteras del Conocimiento) y así hay muchos elementos del VHDL que se centran en la simulación. Sin embargo, este libro se centra en el uso de VHDL para el diseño de sistemas digitales básicos, no para su simulación.

1.3. IMPLEMENTACIÓN DE SISTEMAS DIGITALES EN FPGA

Aunque existen multitud de fabricantes de dispositivos lógicos programables (Lattice, Microsemi, Cypress, Lucent, etc.) dos de ellos han copado el 90% del mercado en las últimas décadas: Xilinx y Altera. La tecnología de las FPGA (*Field Programmable Gate Array*) se encuentra en un momento álgido debido al alto rendimiento que ofrecen en la ejecución de algoritmos con altos requisitos computacionales que se utilizan en tareas como control industrial, visión por computador o inteligencia artificial. Si bien las FPGA eran consideradas a principio de siglo como una alternativa a los sistemas computacionales, actualmente los *Sistemas en un Chip* (*System-on-Chip*, SoC) integran procesadores convencionales con FPGA permitiendo que cada sistema se encargue de desarrollar las tareas para las que son más apropiadas. En los últimos años, Altera ha sido absorbida por Intel (2015), mientras que Xilinx fue comprada por AMD (2020). De esta forma la frenética lucha por la hegemonía en los procesadores se ha trasladado a las FPGA. En este libro utilizaremos predominantemente los nombres de Xilinx y Altera para referirnos a ambos fabricantes.

Como su propio nombre indica, una FPGA consiste en un conjunto o matriz de bloques lógicos configurables como, por ejemplo, las puertas lógicas ya estudiadas, cuyas entradas y salidas pueden configurarse mediante interconexiones programables. El concepto es muy sencillo: las conexiones que se llevan a cabo mediante cables con los circuitos integrados se programan en la FPGA a través de una especie de *instrucciones de montaje* que se definen en el formato específico de cada fabricante, en un fichero denominado *bitstream*. Este fichero incluye todo lo necesario para programar nuestro sistema en la FPGA: la descripción de la lógica del hardware, las interconexiones y los valores iniciales, tanto de los registros como de la memoria en el chip.

En el mundo de las FPGA, las diferencias tecnológicas entre los dispositivos comercializados por los distintos fabricantes son significativas, como también lo son las diferencias en los formatos de los ficheros *bitstream* que emplean. Sin embargo, el flujo de trabajo (*workflow*) que debemos seguir para implementar un sistema digital mediante FPGA es el mismo para todos los fabricantes y sus principales etapas son las siguientes:

1. *Captura del sistema*: consiste en introducir el sistema digital diseñado en el entorno software de desarrollo proporcionado por el fabricante. Generalmente los fabricantes ofrecen distintas técnicas para codificar el sistema. Algunas se basan en circuitos integrados o máquinas de estado (RTL), aunque sin duda la técnica más popular, rápida y potente es el empleo de lenguajes de descripción de hardware (HDL). VHDL y Verilog son lenguajes HDL muy similares y si bien Verilog es más compacto, VHDL suele facilitar el proceso de síntesis y generar sistemas más optimizados. En este libro se utilizará únicamente VHDL, aunque es muy fácil pasar de VHDL a Verilog, y viceversa.

2. *Síntesis*: en esta fase se lleva a cabo la traducción del sistema introducido a un circuito real implementado con los recursos básicos incluidos en la FPGA. Muchos de estos recursos como puertas lógicas, multiplexores o biestables no son explicados en este libro, sino en "*Fundamentos de electrónica digital*", también publicado por Garceta grupo editorial (2023). Las tareas principales que se desarrollan en la fase de síntesis son las siguientes:
   - Comprobación sintáctica del sistema introducido mediante HDL.
   - Optimización del sistema, eliminando la lógica redundante y minimizando el tamaño del sistema.
   - Traducción del diseño a bloques digitales genéricos, analizando las restricciones temporales y generando la descripción de la conectividad mediante una lista de interconexiones que se denomina *netlist* y consiste en la salida principal de esta fase.
3. *Implementación*: en esta fase se determina la implementación final del diseño en el dispositivo FPGA elegido. Consta de tres pasos:
   - En la fase de traducción (*translate*) se reúnen las restricciones principales del sistema, pines empleados, restricciones temporales, etc., junto con los archivos de *netlist*.
   - Posteriormente, en la fase de mapeo (*map*) se implementa el sistema utilizando los dispositivos concretos disponibles en la FPGA elegida, comprobando el cumplimiento de los requisitos establecidos.
   - Para completar esta fase se concretan específicamente los recursos de la FPGA que se van a emplear (*place*) y se definen sus interconexiones (*route*) para implementar correctamente el sistema.
4. *Programación* del dispositivo: finalmente se genera el archivo *bitstream* que permitirá volcar físicamente el sistema a la FPGA mediante un programador hardware compatible.

Debido a la complejidad algorítmica de algunas de estas fases y a los requisitos computacionales requeridos, habitualmente el entorno de desarrollo integrado para FPGA es un software pesado que ocupa una gran cantidad de memoria y consume la totalidad de los recursos de nuestros computadores, siendo del orden de gigabytes. Xilinx ofrece gratuitamente en su versión básica el entorno Vivado, mientras que Altera lo hace con Quartus II. Ambas herramientas facilitan el seguimiento del flujo de trabajo descrito para los dispositivos fabricados por cada fabricante (Figura 1.1).

Más allá de la herramienta software, si el lector desea implementar los sistemas digitales diseñados en este libro puede optar por dos opciones: adquirir un sistema de desarrollo basado en FPGA o utilizar un laboratorio remoto.

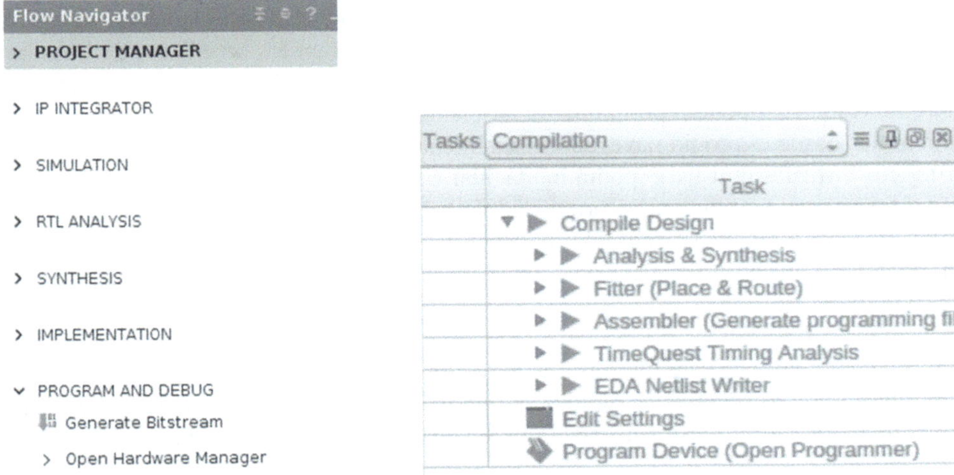

Figura 1.1. Panel de control en las herramientas software: Vivado (izq.) y Quartus II (dcha).

En el mercado existen multitud de sistemas de desarrollo que nos permiten implementar sistemas digitales mediante FPGA. En función del fabricante elegido Xilinx o Altera dos son las tarjetas de desarrollo más extendidas en el entorno académico: Digilent Basys 3, basada en la FPGA Artix 7 y TerasiC DE-115 (Figura 1.2), que integra una FPGA Altera Cyclone IV. Ambos sistemas son perfectos para introducirse en el desarrollo de aplicaciones mediante FPGA.

Figura 1.2. Fotografía de los sistemas de desarrollo Basys 3 y DE-115.

Como alternativa a la adquisición de un sistema de desarrollo hardware, junto con la instalación del entorno software asociado, para el seguimiento y aprovechamiento de este libro los autores recomendamos utilizar un laboratorio remoto que permite completar todas las etapas del flujo de trabajo descrito desde un simple navegador web. En concreto, a lo largo de los capítulos siguientes se hará referencia al laboratorio remoto LabsLand-FPGA.

Desde este laboratorio remoto los usuarios pueden sintetizar e implementar sus sistemas digitales utilizando los entornos de desarrollo desplegados en los servidores de LabsLand y sin necesidad de instalar nada en sus ordenadores. De esta forma, una vez generado el *bitstream* resultante, podrán programar la tarjeta de desarrollo física localizada en instalaciones remotas desde el propio navegador. Finalmente, mediante una cámara y un conjunto de periféricos virtuales el usuario podrá interactuar con el sistema de desarrollo hardware de la misma forma que si lo tuviera en propiedad. LabsLand™ dispone de múltiples instancias de tarjetas Basys 3 y DE-115 disponibles para sus usuarios, pudiendo estos elegir sobre qué tarjeta implementar sus sistemas. Estos sistemas están disponibles en países como España, EE. UU., India, etc.

El planteamiento de este libro es que el lector o alumno utilice primeramente el laboratorio remoto por su sencillez y rapidez, y que más adelante, y si él quiere, pase a usar un equipo de desarrollo. En este enfoque también es muy importante la opinión del profesor.

Más adelante, el capítulo 5 de este libro detalla en la medida de lo posible el contenido de una FPGA a bajo nivel. En este capítulo 5 se parte de material semiconductor para diseñar y caracterizar los dispositivos digitales básicos: puertas, biestables, memorias, etc.

1.4. LABORATORIO REMOTO LABSLAND-FPGA

La empresa LabsLand™ (www.labsland.com) ofrece laboratorios remotos para aprender a programar FPGA con VHDL o Verilog. Gracias a este recurso el alumno/profesor puede aprender/enseñar sin necesidad de comprar la BASYS3. No solo esto, sino que al usar el laboratorio remoto de LabsLand el alumno tampoco necesita instalar Vivado Xilinx, que ocupa varios gigas y no es fácil de instalar. Existen decenas de copias por todo el mundo (EE. UU., España, India, etc.), lo que asegura un servicio rápido sin que el alumno/profesor deba esperar colas para el acceso a la FPGA. En el código QR adjunto se facilita el enlace a la página web de LabsLand™.

Usar un laboratorio remoto exige que el usuario cumpla ciertas normas al usar entradas/salidas, pero son fáciles de seguir y en absoluto condiciona lo aprendido. Estas explicaciones se darán más adelante.

Los laboratorios remotos LabsLand-FPGA se basan en Altera y Xilinx y su uso es indistinto para el lector. Tanto en Altera como en Xilins el usuario dispone de entradas y salidas digitales básicas: pulsadores, interruptores, led y *displays* 7-segmentos. En este momento se está desarrollando un nuevo laboratorio remoto que, basado en Xilinx, ofrezca también sensores y motores. La Figura 1.3 muestra la LabsLand-FPGA de Xilinx con dispositivos digitales básicos.

Figura 1.3. Imagen de la LabsLand-FPGA de Xilinx.

La cuestión es ¿cómo se diseña en el laboratorio remoto? El proceso es el siguiente:

- Acceder al laboratorio remoto de la FPGA deseada a través del portal de LabsLand o a través del LMS que almacena el laboratorio remoto. En la primera opción el lector trabaja de forma autónoma, mientras que en la segunda el lector es alumno de un curso.
- Directamente se accede al editor de VHDL y por tanto se puede escribir el programa en VHDL o Verilog. El libro solo trabaja en VHDL. Ver Figura 1.4.
- Al escribir en VHDL hay que tener en cuenta algunos aspectos iniciales que se explican más adelante y sobre todo hay que leer el resto del libro.
- Una vez descrito el diseño se activa el botón de síntesis, que debería estar indicado como Síntesis/Implementación/Bitstream, pero es demasiado largo.
- En la parte inferior de la interfaz se pueden ver los resultados de los procesos de síntesis e implementación.
- Pasado un tiempo que no suele ser corto —fácilmente más de 1 minuto— aparece en verde “Mandar a la FPGA”. Al activar este botón se accede a una de las instancias disponibles de FPGA (hay varias decenas) y esta es grabada con el *bitstream* generado.
- Si en vez del texto anterior hubiera salido un mensaje de error, entonces el diseñador debe leer los mensajes enviados a la consola para corregir el VHDL y volver a sintetizar. Si todo ha ido bien, en este momento podremos actuar sobre los pulsadores/interruptores para ver la salida en los leds/7-segmentos. La Figura 1.5 muestra la evolución de un contador en una FPGA de Altera.

- Si el comportamiento no es el adecuado, volvemos al editor y modificamos el VHDL con una nueva descripción.

Salir ahora

IDE VHDL

(DE1-SoC)

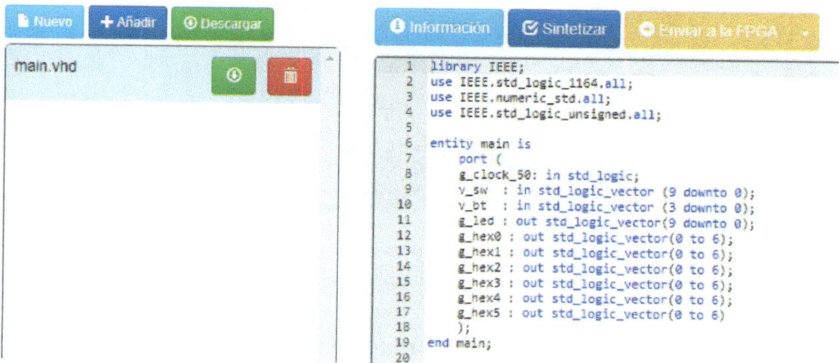

Figura 1.4. Imagen de la interfaz del editor de VHDL

Figura 1.5. Imagen de la FPGA de Altera a través de la webcam del laboratorio remoto

El uso del laboratorio remoto es más claro viendo el vídeo, que se encuentra disponible para su visualización en el en el canal de YouTube de Garceta grupo editorial en la dirección: https://youtu.be/Wcz9RxK9Mtk y en el código QR adjunto, aunque tiene sentido remarcar dos aspectos muy importantes a la hora de diseñar con LabsLand-FPGA:

- Un diseño VHDL empieza con la descripción de las entradas y salidas mediante la estructura `entity`. Esta estructura es fija en LabsLand-FPGA y no se puede tocar bajo ningún concepto. En concreto el laboratorio remoto LabsLand-FPGA de Altera cuenta con: `G_CLOCK_50` (una señal de reloj a 0 MHz), `v_sw` (10 interruptores), `v_bt` (4 pulsadores por nivel bajo), `g_led` (10 leds) y `g_hex0`, `g_hex1`... `g_hex5` (seis *displays* 7-segmentos no multiplexados activos por nivel bajo).

```
entity main is
    port (
    g_clock_50: in std_logic;
    v_sw  : in std_logic_vector (9 downto 0);
    v_bt  : in std_logic_vector (3 downto 0);
    g_led : out std_logic_vector(9 downto 0);
    g_hex0 : out std_logic_vector(6 downto 0);
    g_hex1 : out std_logic_vector(6 downto 0);
    g_hex2 : out std_logic_vector(6 downto 0);
    g_hex3 : out std_logic_vector(6 downto 0);
    g_hex4 : out std_logic_vector(6 downto 0);
    g_hex5 : out std_logic_vector(6 downto 0)
    );
end main;
```

En el caso de Xilinx es similar, solo que el reloj es de 100 MHz, hay 16 interruptores y leds, 5 pulsadores y cuatro *displays* 7-segmentos multiplexados. La principal diferencia se encuentra en que los 7-segmentos están multiplexados, lo que es más complicado, pero da más riqueza de diseño.

```
entity main is
    port (
    clk           : in std_logic;
    sw            : in  STD_LOGIC_VECTOR(15 DOWNTO 0);
    btnU          : in  STD_LOGIC;
    btnD          : in  STD_LOGIC;
    btnL          : in  STD_LOGIC;
    btnR          : in  STD_LOGIC;
    btnC          : in  STD_LOGIC;
    led           : out STD_LOGIC_VECTOR(15 DOWNTO 0);
    seg           : out STD_LOGIC_VECTOR(6 DOWNTO 0);
    dp            : out STD_LOGIC;
    an            : out STD_LOGIC_VECTOR(3 DOWNTO 0)
                );
end main;
```

- Ahora bien, por otro lado, el lector tiene las entradas y salidas propias de su diseño, por ejemplo, supongamos que tiene `clock`, `reset`, `entrada`, `salida` y `unidades`, y supongamos también que `clock` es el reloj y se llama `G_CLOCK_50`, `reset` es un pulsador, `entrada` son 4 interruptores, `salida` son 4 leds y `unidades` es un *display* 7-segmentos. El lector debe saber cómo respetar el no tocar el `entity` y a la vez usar las entradas y salidas que quiera. Para ello hay que dar dos pasos:

1. Describir las entradas y salidas como *signals* VHDL. No hacerlo con `clock`.
2. Asignar, "conectar", las entradas/salidas del `entity` con las *signals*. No hacerlo con `clock`, que se llama `G_CLOCK_50`

A continuación se muestra cómo realizarlo:

Para la FPGA de Altera

```
entity main is
    port (
    g_clock_50: in std_logic;
    v_sw  : in std_logic_vector (9 downto 0);
    v_bt  : in std_logic_vector (3 downto 0);
    g_led : out std_logic_vector(9 downto 0);
    g_hex0 : out std_logic_vector(6 downto 0);
    g_hex1 : out std_logic_vector(6 downto 0);
    g_hex2 : out std_logic_vector(6 downto 0);
    g_hex3 : out std_logic_vector(6 downto 0);
    g_hex4 : out std_logic_vector(6 downto 0);
    g_hex5 : out std_logic_vector(6 downto 0)
    );
end main;

architecture Behavioral of main is

signal reset: std_logic;
signal entrada: std_logic_vector(3 downto 0);
signal salida: std_logic_vector (3 downto 0);
signal unidades: std_logic_vector (6 downto 0);

begin

reset<=v_bt(0);
entrada<=v_sw(3 downto 0);
g_led(3 downto 0)<=salida;
g_hex0<=unidades;
```

Para la FPGA de Xilinx

```
entity main is
    port (
    clk : in std_logic;
    sw  : in  STD_LOGIC_VECTOR(15 DOWNTO 0);
    btnU : in  STD_LOGIC;
    btnD : in  STD_LOGIC;
    btnL : in  STD_LOGIC;
    btnR : in  STD_LOGIC;
    btnC : in  STD_LOGIC;
    led  : out STD_LOGIC_VECTOR(15 DOWNTO 0);
    seg  : out STD_LOGIC_VECTOR(6 DOWNTO 0);
    dp   : out STD_LOGIC;
    an   : out STD_LOGIC_VECTOR(3 DOWNTO 0)
    );
end main;
```

```
architecture Behavioral of main is

signal reset: std_logic;
signal entrada: std_logic_vector(3 downto 0);
signal salida: std_logic_vector (3 downto 0);
signal unidades: std_logic_vector (6 downto 0);

begin

reset<=btnC;
entrada<=sw(3 downto 0);
led(3 downto 0)<=salida;
seg<=unidades;
an<="1110";
```

A partir de aquí es cuando el trabajo de diseño propiamente dicho comienza, siendo este el objeto del libro.

En segundo lugar, es importante que el lector se fije en los nombres de los ficheros, del `entity` y del `top-entity`. Por un lado, está el nombre del fichero, por otro está el nombre del `entity` y de la `architecture`, que en el laboratorio remoto debe coincidir con el nombre del fichero y por último está el fichero que es visto como `top level entity` por el sintetizador, es decir, "desde dónde" arranca la síntesis. La Figura 1.6 muestra cómo sintetizar el diseño "`main`".

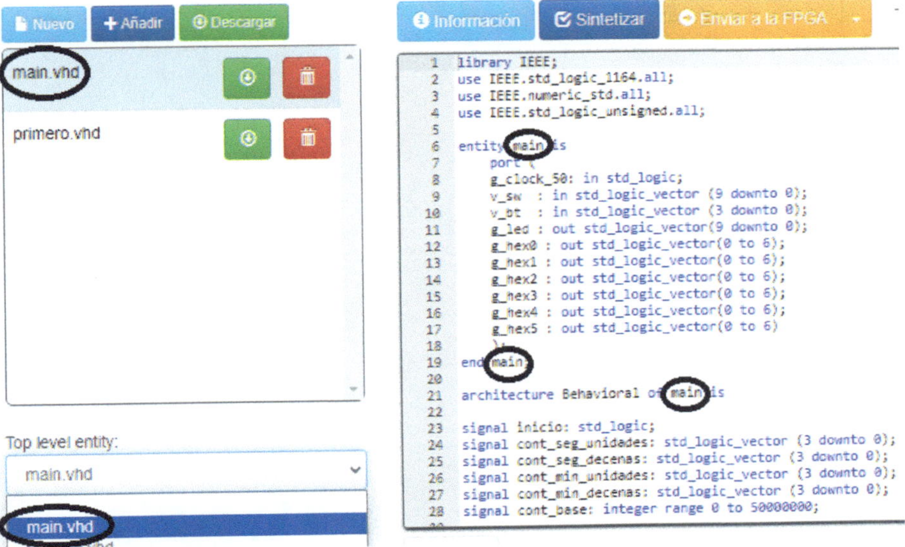

Figura 1.6. Elementos a tener en cuenta en el proceso de diseño con LabsLand-FPGA

Por último, destacar que los ejemplos de este libro se encuentran disponibles para LabsLand-FPGA en el github: *https://github.com/garciazubia/Diseno_basico_de_sistemas_digitales_con_FPGA_y_VHDL*. De manera que, solo haya que copiar y pegar para ver el diseño en funcionamiento.

Y ya para acabar cabe resaltar que todos los diseñadores saben que hacer diseños reales, en laboratorios remotos o plataformas reales, es complicado y exige paciencia. La curva de aprendizaje es lenta, pero satisfactoria. Este libro busca acompañar al lector en este proceso.

Capítulo 2

FUNDAMENTOS DEL LENGUAJE VHDL

Índice del capítulo

2.1. INTRODUCCIÓN

Para que este libro ofrezca al lector la posibilidad de aprender a diseñar en FPGAs con VHDL es necesario que domine las bases de la electrónica digital: códigos binarios, operaciones booleanas, sincronismo, biestable, memorias, etc. Buena parte de estos conceptos se desarrollarán mediante ejemplos en los siguientes capítulos, pero algunos deben ser explicados como teoría al principio, y además es necesario que el lector tenga conocimientos de electrónica digital.

2.2. CÓDIGOS BINARIOS Y VHDL

Toda la información contenida y manejada en una FPGA es de carácter binario, o 0 o 1 (y otros valores asociados), y por tanto es necesario saber usar el sistema binario en papel y en VHDL. Muchos de los aspectos que explican a continuación tienen sentido cuando empecemos a diseñar, pero ahora es el momento de introducirlos por primera vez.

El lenguaje VHDL permite al diseñador utilizar la representación binaria utilizando siempre el binario puro, con signo o sin signo. En principio en un diseño digital lo mejor es usar siempre que se pueda `std_logic` o `std_logic_vector`, y en segundo lugar `bit` y `bit_vector`. En ambos casos, la primera opción es para un bit, y la segunda lo es para *n* bits. El uso de `standard logic` permite al diseñador utilizar las operaciones aritméticas y booleanas básicas de la electrónica digital. En este libro se usa la primera, sin desmerecer la segunda.

Una secuencia de bits se puede interpretar con signo y sin signo según sea la librería añadida al comienzo del diseño VHDL. Así la secuencia 1001 puede ser 9 (`unsigned`) o –7 (`signed`). Como es lógico, nunca se pondrán las dos librerías en un mismo `VHDL` (más adelante se explica la estructura completa de un diseño VHDL/FPGA).

```
Use IEEE.std_logic_unsigned.all;
use IEEE.std_logic_signed.all;
```

Tabla 2.1. Tipos de datos básicos en lenguaje VHDL

Tipo de dato	Valores	Librería
`bit`	`'0' '1'`	`library IEEE`
`boolean`	`False, True`	`library IEEE`
`std_logic`	`'U', 'X', '0', '1', 'Z', 'W', 'L', 'H', '-'`	`use ieee.std_logic_1164.all`
`signed/unsigned`	`Basado en std_logic`	`use ieee.numeric_std.all`
`integer`	`-100, -99,… 0, + 1, + 100`	`use ieee.numeric_std.all`

La Tabla 2.1 muestra los distintos tipos de señal, los valores que puede tomar una señal `std_logic`, que principalmente son `0`, `1`, `Z` (alta impedancia) y `-` (*don't care*), y la relación de cada tipo de dato con una librería. Una librería es un conjunto de ficheros que facilitan el trabajo del diseñador, este se encarga de un "alto" nivel de abstracción, dejando el trabajo en detalle a la librería.

A lo largo de este libro todas las entradas y salidas serán declaradas como `std_logic` o `std_logic_vector` (no usaremos `bit`); sin embargo, a veces es muy cómodo usar `integer` ya que permite:

- Hacer operaciones como multiplicar, dividir, etc. que no se pueden implementar con otro tipo de datos.
- Combinar en las operaciones señales que pueden tener distinto rango o longitud.

Por ejemplo, si A tiene 3 bits y B tiene 6 bits no se pueden sumar $A + B$. O más claro aún, si se suman A y B de cuatro bits, la suma debe estar en 4 bits, no puede ocupar 5 (que sería lo normal). Sin embargo, si se convierten a `integer`, entonces sí. Y para eso hay que saber pasar de `integer` a `std_logic_vector`, y viceversa. Más adelante se ve cómo en VHDL se pasa de un tipo a otro.

Pasar de un tipo a otro es algo aparatoso porque VHDL es un lenguaje bien estructurado y fuertemente *tipado*. La Figura 2.1 muestra cómo se pasa de un tipo a otro, mediante un *casting* (paso directo o mediante funciones), aunque también se ve que no hay paso directo de `std_logic` a `integer`, así que primero hay que hacer un *casting* y luego aplicar una función, pero todo se resume en aprender una serie de sentencias VHDL que serán usadas más adelante, de momento basta con verlas escritas.

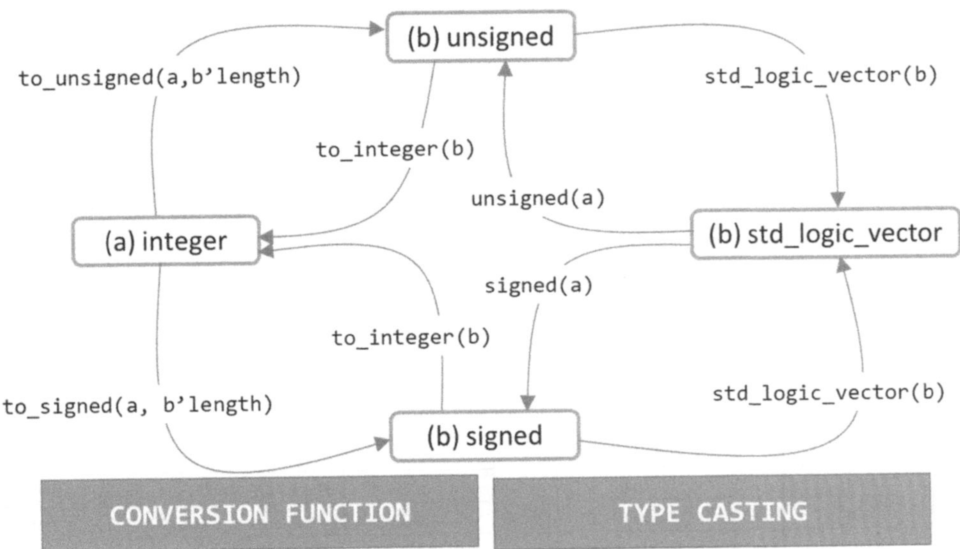

Figura 2.1. Conversión VHDL entre tipos de datos

A continuación se muestra cómo pasar de `integer` a `std_logic`, y viceversa. Este primer código VHDL (no está completo, es un mero ejemplo) muestra cómo sumar dos números `a` y `b` enteros de distinta longitud para luego visualizarlos en leds.

```
signal a: std_logic_vector(2 downto 0);
signal b_ std_logic_vector(5 downto 0);
signal a_entero: integer range 0 to 7;
signal b_entero: integer range 0 to 63;
signal suma_entero: integer range 0 to 70;
signal suma: std_logic_vector (7 downto 0);

begin

a_entero< = to_integer(unsigned(a));
b_entero< = to_integer(unsigned(b));
suma_entero< = a_entero + b_entero;
suma< = std_logic_vector(to_unsigned(suma_entero, 7));
```

La primera instrucción tras `begin` se debe leer como: "leídos los 3 bits de `a` sin signo, conviértelos a entero". Y la última debe leerse: "lee el entero de `suma_entero`, pásalo a `unsigned` y mételo en 7 bits `std_logic_vector`".

En el siguiente código QR se puede encontrar en la web de nandland ejemplos que explican cómo pasar de un tipo de dato a otro. Reproducido a partir de nandland.com. (*Examples of VHDL Conversions. Using both Numerc_Std and Std_Logic_Arith Package Files*),

2.3. ÁLGEBRA DE BOOLE Y VHDL

Tras los códigos, es momento de presentar las operaciones booleanas y aritméticas en lenguaje VHDL.

La Tabla 2.2 muestra los principales operadores booleanos relacionados con los tipos de datos. Una simple mirada a la tabla basta para distinguir que hay operadores matemáticos y lógicos.

Tabla 2.2. Operadores lógico-matemáticos en VHDL

Operador	Ejemplo
not	res <= not(a);
and	res <= a and b;
or	res <= a or b;
nand	res <= a nand b;
nor	res <= a nor b;
xor	res <= a xor b;
xnor	res <= a xnor b;
&	res <= a & b;

Operador	Ejemplo	
+	res <= a + b;	
-	res <= a-b;	
abs	res <= abs(a);	
*	res <= a*b;	
/	res <= a/b;	integer
mod	res <= a mod b;	integer
rem	res <= a rem b;	integer
**	res <= a ** b;	integer

El operador & une dos cadenas `std_logic_vector`. No es un operador lógico, pero se pone aquí por comodidad. Además, y relacionados con el operador `&`, existen los operadores `srl`, `sll`, `sra`, `sla`, `ror` y `rol` que están relacionados con el desplazamiento y la rotación de bits, pero no son operadores que deban ser utilizados, ya que no son estándar IEEE. Sí son estándar `shift_right` y `shift_left`. Sirva este comentario para que el lector sea cuidadoso con los operadores que usa en lenguaje VHDL.

Por otra parte, VHDL tiene operadores relacionales que solo pueden dar como resultado `true` o `false`. La Tabla 2.3 muestra los principales, teniendo en cuenta que todos los datos pueden ser bits o enteros de cualquier tamaño, y el último de dicha tabla debe leerse "si se da un flanco ascendente en la señal `clk`". El flanco descendente, también incluido, no se usa casi en VHDL para FPGA.

Tabla 2.3. Operadores relacionales en VHDL

Operador	Ejemplo
=	`if a = b then`
/ =	`if a /= b then`
>	`if a > b then`
<	`if a < b then`
< =	`if a <= b then`
> =	`if a >= b then`
`rising_edge(clk)` `falling_edge(clk)`	`if rising_edge(clk) then` `if falling_edge(clk) then`

Las dos estructuras que usan los operadores anteriores son el `if` y el `case`.

```
if entrada > 9 then
    salida <= entrada-5;
elsif entrada <5 then
    salida<=entrada+5;
else
    salida<=entrada;
end if;
```

```
case entrada is
    when "00" => salida<="00";
    when "11" => salida<="11";
    when "01" | "10" => salida<=not(entrada);
    when others => salida<="00";
end case;
```

Como ya se ha dicho, estos operadores VHDL se entienden mejor cuando se usan en los distintos diseños de los siguientes diseños.

2.4. ESTRUCTURAS BÁSICAS DE VHDL

Además de las señales binarias y de los operadores booleanos y relacionales, es necesario conocer la estructura típica de un diseño en VHDL:

Un diseño VHDL tiene cuatro partes:

- La inserción de librerías.
- La descripción de las entradas y salidas mediante el `port`.
- La descripción de `signals` después de `architecture` y antes de `begin`.
- La descripción del diseño en sí mediante `process` después de la palabra `begin`.

La cuarta parte habla del diseño en sí ¿qué bloques o estructuras tenemos para describir el hardware que deseamos implementar? (VHDL significa VHSIC (*Very High Speed Integrated Circuit*) *Hardware Description Language*). Sí, es un poco largo.

Las estructuras más comunes en VHDL son el `if` y el `case`. Un diseño VHDL típico se reduce a combinar `case` e `if` con operadores booleanos y relacionales gracias a las distintas conversiones, En VHDL no tiene sentido pensar en términos de `for`, `while`, etc., aunque estos se implementan usando elementos de VHDL.

El diseño más sencillo bien puede ser simplemente sumar dos números de 4 bits.

```
library IEEE;
use IEEE.std_logic_1164.all;
use IEEE.numeric_std.all;
use IEEE.std_logic_unsigned.all;

entity sumar is
port (
a : in std_logic_vector (3 downto 0);
b : in std_logic_vector (3 downto 0);
suma : out std_logic_vector (3 downto 0)
);
end sumar;

architecture Behavioral of sumar is

begin

process(a, b)
begin
  suma<=a+b;
end process;

end Behavioral;
```

Se puede ver que:

- En primer lugar, aparece un juego de librerías que es el que se debe usar por defecto, teniendo cuidado de cambiar `unsigned` por `signed` si fuera el caso.
- Luego aparece la declaración del `entity` mediante un nombre y su `port`. El nombre `sumar` se debe mantener en tres sitios y no se puede cambiar. A nosotros personalmente nos gusta que el nombre del `entity` coincida con el nombre del fichero VHDL y del proyecto Vivado, pero es a gusto de cada cual.
- En el `port` aparecen las dos entradas y la salida, todas de 4 bits. La última fila del `port` no lleva ";".
- Una vez declarada la `entity` queda describir qué algoritmo relaciona las entradas con la salida. En este caso es una simple suma.
- La suma está dentro de un `process` que tiene al lado de su nombre y entre paréntesis las señales que afectan al comportamiento del `process`, es decir, las entradas en nuestro caso, a esto se llama *sensitivity list*, y no parece raro. La estructura del `process` necesita de `begin`, sin "`;`" y de `end process;`.
- Si el `process` es muy básico, como es el caso, entonces se puede prescindir de la estructura del `process` y poner directamente: `suma<=a+b;`.

Una vez descrito el diseño es momento de sintetizarlo y convertirlo en una descripción hardware antes de probarlo en la FPGA. Para probar el diseño se pueden seguir dos estrategias: simularlo o implementarlo en una FPGA. Y para este último caso se pueden seguir dos caminos: hacerlo en una tarjeta real de prototipos de Xilinx o Altera o hacerlo en un laboratorio remoto, por ejemplo, en los ofrecidos en LabsLand. Esta es la opción preferida por este libro y ha sido explicada en el capítulo anterior.

Los ejemplos que muestra el libro están incompletos ya que solo muestran la parte más "importante" o lógica, mientras que a través del repositorio github *https://github.com/garciazubia/ Diseno_basico_de_sistemas_digitales_con_FPGA_y_VHDL* se ofrecen al lector todas las soluciones. Así pues, con el libro se entiende y con el repositorio se practica. De esta forma el libro es más pequeño y útil.

Capítulo 3

DISEÑO DE SISTEMAS COMBINACIONALES BÁSICOS EN VHDL

Índice del capítulo

3.1. INTRODUCCIÓN

Una vez presentados los códigos binarios —cómo se representa la información en una FPGA—, los operadores aritmético-lógicos —cómo se opera con la información— y las estructuras que combinan ambos —principalmente `if` y `case`—, es momento de abordar diseños digitales que no son más que la combinación de operadores, datos y estructuras lógicas.

Los diseños se dividen en tres grandes categorías: combinacionales, secuenciales y autómatas, "complejos", empecemos por el primero.

Antes de comenzar es necesario recordar que todos los ejemplos se presentan como una solución genérica, útil para cualquier entorno de diseño: AMD/Xilinx, INTEL/Altera, etc. Además, estos ejemplos se pueden probar en el laboratorio remoto de FPGA ofrecido por LabsLand. Estos ejemplos se encuentran a disposición del lector en el repositorio github: *https://github.com/garciazubia/Diseno_basico_de_sistemas_digitales_con_FPGA_y_VHDL* y la forma de tener acceso a LabsLand se encuentra explicado en el primer capítulo.

3.2. VHDL Y DISEÑOS DE SISTEMAS COMBINACIONALES A NIVEL DE BIT

En un sistema combinacional la salida solo depende del valor de las entradas en cada instante. Un sistema combinacional no tiene memoria, de manera que a cada combinación de entradas le corresponde siempre la misma salida.

En un curso típico de electrónica digital, el alumno comienza por aprender a diseñar sistemas digitales combinacionales utilizando tablas de verdad, diagramas de Veitch-Karnaugh y puertas lógicas. El paso más "divertido" de este proceso consistía en la simplificación de las expresiones booleanas utilizando un método gráfico con los VK. Finalmente, el alumno debía dibujar con cuidado el circuito resultante, para luego implementarlo en el laboratorio con CI 74XX y cables.

A estos circuitos se les denomina *combinacionales a nivel de bit* ya que el tamaño del dato es el bit y la descripción más popular es la tabla de verdad. Frente a estos diseños están los *sistemas combinacionales a nivel de palabra*, donde la unidad de diseño es la palabra de varios bits, el byte de 8 bits, por ejemplo. Pero esto corresponde al siguiente apartado.

En el proceso de diseño de VHDL/FPGA solo se mantiene la tabla de verdad. En esta tabla el diseñador dice para que combinación de valores de las entradas qué valores les corresponden a las variables de salida. El número de filas de la tabla (el número de combinaciones) es de 2^n, donde n es el número de variables de entrada. Claramente para $n = 4$ la tabla es sencilla (16 filas), pero para $n = 8$ la tabla es bastante más larga y complicada de manejar (256 filas). Una tabla de verdad se convierte en un `case` en VHDL.

	B3	B2	B1	B0	*E*
0	0	0	0	0	0
1	0	0	0	1	0
2	0	0	1	0	0
3	0	0	1	1	0
4	0	1	0	0	0
5	0	1	0	1	0
6	0	1	1	0	0
7	0	1	1	1	0
8	1	0	0	0	0
9	1	0	0	1	0
10	1	0	1	0	1
11	1	0	1	1	1
12	1	1	0	0	1
13	1	1	0	1	1
14	1	1	1	0	1
15	1	1	1	1	1

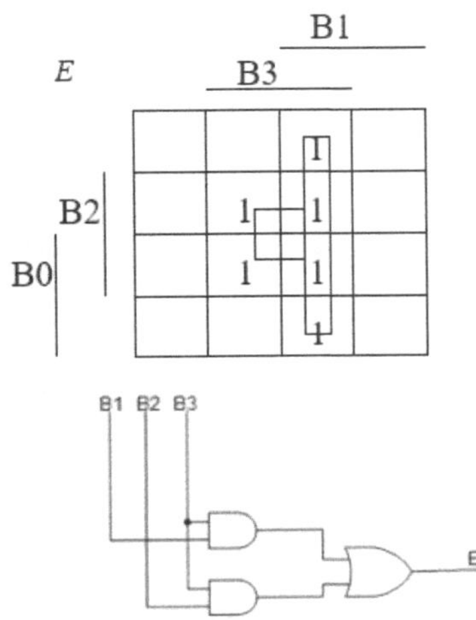

Los siguientes ejemplos se pueden implementar utilizando `case` para describir la tabla de verdad, pero también se introducen diseños que se basan en lo que se denominan *descripciones comportamentales* (`behavioral`). En estos diseños se usa la lógica mediante `if/case` y las distintas operaciones disponibles. Estos diseños son la base para los diseños más complejos de este capítulo y de los siguientes.

A partir de ahora el lector encontrará en el texto la parte de VHDL más interesante, prescindiendo de la parte menos significativa, que es larga y repetitiva. Los ejemplos se pueden encontrar completos, listo para utilizarlos en LabsLand-FPGA en el repositorio github: *https://github.com/garciazubia/Diseno_basico_de_sistemas_digitales_con_FPGA_y_VHDL.*

3.2.1. VHDL de sistemas combinacionales a nivel de bit

Los siguientes ejemplos forman un conjunto de descripciones VHDL que permitirán al lector entender los fundamentos del VHDL y aprender a usarlos antes de pasar a diseños más complejos.

Ejemplo 3.1. Decodificador de BCD a *display* 7-segmentos.

La entrada son los cuatro bits del código BCD y las salidas son los 7 bits, desde a hasta g, del *display* 7-segmentos.

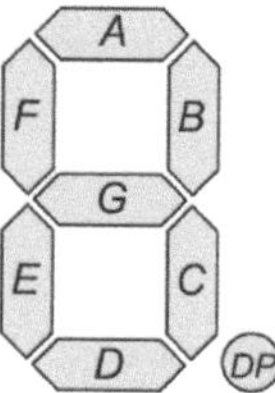

Tabla de verdad

	BCD3	BCD2	BCD1	BCD0	*a*	*b*	*c*	*d*	*e*	*f*	*g*
0	0	0	0	0	1	1	1	1	1	1	0
1	0	0	0	1	0	1	1	0	0	0	0
2	0	0	1	0	1	1	0	1	1	0	1
3	0	0	1	1	1	1	1	1	0	0	1
4	0	1	0	0	0	1	1	0	0	1	1
5	0	1	0	1	1	0	1	1	0	1	1
6	0	1	1	0	0	0	1	1	1	1	1
7	0	1	1	1	1	1	1	0	0	0	0
8	1	0	0	0	1	1	1	1	1	1	1
9	1	0	0	1	1	1	1	0	0	1	1
10	1	0	1	0	X	X	X	X	X	X	X
11	1	0	1	1	X	X	X	X	X	X	X
12	1	1	0	0	X	X	X	X	X	X	X
13	1	1	0	1	X	X	X	X	X	X	X
14	1	1	1	0	X	X	X	X	X	X	X
15	1	1	1	1	X	X	X	X	X	X	X

Lo anterior se convierte en VHDL en una estructura `case` cuya entrada es `bcd` y la salida es `siete_seg(6 downto 0)`, donde el segmento g está en la posición 6, y el segmento a está en la 0. Además, el *display* 7-segmentos suele ser activo por nivel bajo, y por tanto un 0, significa que el segmento se activa, se ilumina, y un 1, que se apaga.

En el VHDL siguiente hay que fijarse en la sintaxis, sencilla y clara. Dos comentarios:

- Todo `case` en un diseño combinacional acaba en `when others`, aunque no tenga sentido hay que añadirlo.
- La sentencia `when others => seg <= "-------";` indica que para todos los casos que no sean los 10 anteriores, de 0000 a 1001, la salida puede tomar cualquier valor. El símbolo "–" es la X de la tabla de verdad.

```
process(bcd)
begin
case bcd is
     when "0000" => seg <= "0000001";
     when "0001" => seg <= "1001111";
     when "0010" => seg <= "0010010";
     when "0011" => seg <= "0000110";
     when "0100" => seg <= "1001100";
     when "0101" => seg <= "0100100";
     when "0110" => seg <= "1100000";
     when "0111" => seg <= "0001111";
     when "1000" => seg <= "0000000";
     when "1001" => seg <= "0001100";
     when others => seg <= "-------";
end case;
end process;
```

Otra opción hubiera sido sustituir `when others => seg <= "0000110";` y entonces en las combinaciones fuera de 0000 a 1011, se vería una E de error.

Ejemplo 3.2. Similar a un decodificador BCD a 7-segmentos es un decodificador de hexadecimal a 7-segmentos.

Esta es su descripción en VHDL. En este caso parece que sobra el `when others`, pero no es así; debe ponerse siempre porque de otra forma se infiere una estructura secuencial asíncrona, lo que no es recomendable (este aspecto se aborda en el siguiente capítulo).

```
process (entrada)
begin
case entrada is
when "0000" => siete_seg<="0000001";
when "0001" => siete_seg<="1001111";
when "0010" => siete_seg<="0010010";
when "0011" => siete_seg<="0000110";
when "0100" => siete_seg<="1001100";
when "0101" => siete_seg<="0100100";
when "0110" => siete_seg<="0100000";
when "0111" => siete_seg<="0001111";
when "1000" => siete_seg<="0000000";
when "1001" => siete_seg<="0001100";
when "1010" => siete_seg<="0001000";
when "1011" => siete_seg<="1100000";
when "1100" => siete_seg<="0110001";
when "1101" => siete_seg<="1000010";
when "1110" => siete_seg<="0110000";
when "1111" => siete_seg<="0111000";
when others => siete_seg<="1111111";
end case;
end process;
```

En las descripciones anteriores, las salidas se ordenan de la `a` (`siete_seg(6)`) a la `g` (`siete_seg(0)`), pero en algunos casos es al revés (como en LabsLand-FPGA) y por tanto, la descripción es:

```
process(bcd)
begin
case bcd is
     when "0000" => seg <= "1000000";
     when "0001" => seg <= "1111001";
     when "0010" => seg <= "0100100";
     when "0011" => seg <= "0110000";
     when "0100" => seg <= "0011001";
     when "0101" => seg <= "0010010";
     when "0110" => seg <= "0000011";
     when "0111" => seg <= "1111000";
     when "1000" => seg <= "0000000";
     when "1001" => seg <= "0011000";
     when others => seg <= "-------";
end case;
end process;
```

Ejemplo 3.3. Dada una entrada `bcd`, activar un diodo led de "`herror`" si la entrada no es BCD.

En este caso hay dos opciones, tal y como se muestra a continuación.

```
process(bcd)
begin
case bcd is
     when "0000" => herror<='0';
     when "0001" => herror<='0';
     when "0010" => herror<='0';
     when "0011" => herror<='0';
     when "0100" => herror<='0';
     when "0101" => herror<='0';
     when "0110" => herror<='0';
     when "0111" => herror<='0';
     when "1000" => herror<='0';
     when "1001" => herror<='0';
     when others => herror<='1';
end case;
end process;
```

```
use IEEE.STD_LOGIC_UNSIGNED.ALL;

process(bcd)
begin
if bcd > "1001" then
   herror<='1';
else
   herror<='0';
end if;
end process;
```

La parte izquierda de la solución anterior podría haber sido

```
process(bcd)
begin
case bcd is
 when "0000"  | "0001" | "0010" | "0011" | "0100" | "0101" |
"0110" | "0111" | "1000" | "1001" => herror<='0';
 when others => herror<='1';
end case;
end process;
```

La parte derecha de la solución anterior podría haber sido.

```
process(bcd)
begin
if bcd > 9 then
   herror<='1';
else
   herror<='0';
end if;
end process;
```

Entre esta y la anterior la diferencia está en cómo se escriben el 9 o el 1001. Usar una u otra opción solo depende del diseñador. Lo que no hay que olvidar es que la librería debe ser la `unsigned`, ya que, si se usara la `signed`, entonces 1001 es -7 y por tanto todo sería distinto.

En este ejemplo hemos visto que la implementación puede obtenerse utilizando la lógica -el `if`-, y no solo con la tabla. Una pregunta ¿podrías haber implementado el decodificador BCD a 7-segmentos mediante if y operadores lógicos?, ¿o solo se puede hacer con case porque no hay lógica subyacente en la conversión del BCD en el *display* 7-segmentos?

Ejemplo 3.4. Dada una entrada de 4 bits, obtener en la salida su complemento a 2.

La descripción VHDL planteada en la parte izquierda utiliza la tabla de verdad, mientras que la segunda muestra dos soluciones `behavioral` o "comportamentales".

<pre>process(entrada)
begin
case entrada is
    when "0000" => salida<="0000";
    when "0001" => salida<="1111";
    when "0010" => salida<="1110";
    when "0011" => salida<="1101";
    when "0100" => salida<="1100";
    when "0101" => salida<="1011";
    when "0110" => salida<="1010";
    when "0111" => salida<="1001";
    when "1000" => salida<="1000";
    when "1001" => salida<="0111";
    when "1010" => salida<="0110";
    when "1011" => salida<="0101";
    when "1100" => salida<="0100";
    when "1101" => salida<="0011";
    when "1110" => salida<="0010";
    when "1111" => salida<="0001";
    when others => salida<="0000";
end case;
end process;</pre>
	<pre>use IEEE.STD_LOGIC_UNSIGNED.ALL;
	process(entrada)
	begin
	salida<=not(entrada)+1;
	end process;
	
	use IEEE.STD_LOGIC_SIGNED.ALL;
	process(entrada)
	begin
	salida<=-entrada;
	end process;</pre>

La solución con `case` tiene de bueno que no hay que pensar mucho, pero solo vale para un número de entradas no muy alto, porque si fuera una entrada de 10 bits, entonces la tabla tendría 1024 filas, demasiadas. Las opciones de la derecha son más elegantes y valen para cualquier número de bits. Hay que poner atención en que la segunda solución de la derecha necesita la librería `signed`, ya que usa el signo menos.

Ejemplo 3.5. Un circuito tiene tres sensores lumínicos puestos a diferentes alturas, alto, mediano y bajo, SA, SM y SB. Si un diamante es grande interfiere las tres señales lumínicas, si es mediano, dos (SM y SB), si es pequeño, una (SB) y si es enano, ninguna. El sensor de peso en quilates (SP) que se pone a 1 si supera los tres quilates, y a 0 en caso contrario. Las condiciones son:

- Un diamante grande (G) o mediano (M) debe pesar al menos 3 quilates, si no, se rechaza (R).
- Si es pequeño, nunca debe pesar más de 3 quilates, en caso contrario es rechazado (R).
- Los diamantes enanos se rechazan (R).

De nuevo el ejercicio tiene dos enfoques: el de tabla de verdad/case o el más comportamental.

Enel primer caso se unen las cuatro entradas en una sola entrada y luego se responde cada combinación con un símbolo en el 7-segmentos. Cabe recordar que el operador & concatena, une distintos bits.

La combinación 0000 significa que el tamaño del diamante es muy alto (todos los rayos son cortados) pero el peso es pequeño, es decir, el diamante es rechazado. En la siguiente fila, el peso es alto y, por tanto, el diamante es grande. Queda seguir el proceso con las 16 combinaciones, teniendo en cuenta que varias de ellas son imposibles y por tanto sus salidas son libres.

```
entrada <= SA&SM&SB&SP;

process(entrada)
begin
case entrada is
   when "0000" =>         g<='0';
                          m<='0';
                          p<='0';
                          r<='1';
   when "0001" =>         g<='0';
                          m<='0';
                          p<='0';
                          r<='1';
```

El otro enfoque es utilizar la información de los sensores utilizando estructuras tipo `if`. En este caso no se debe ir a una estructura de `if` encadenados, cada un `if` con un sensor. Esta estrategia no es la más adecuada, lo mejor es seguir el siguiente planteamiento: ¿qué valor deben tomar los sensores para que el diamante sea grande, `g=1`? Y así sucesivamente.

La descripción VHDL es la siguiente y por ejemplo ¿cuándo es pequeño un diamante? Pues cuando solo es bajo (SB = 1 mientras que SA y SM son 0) y el peso es bajo (SP = 0). El último `else` indica que todas las demás son libres, pero también podríamos haber asignado 0 a todas las salidas.

```
process(SA, SM, SB, SP)
begin
if (SA='1' and SM='1' and SB='1' and SP='1') then
    grande<='1';
    mediano<='0';
    pequeno<='0';
    rechazado<='0';
```

```
elsif (SA='0' and SM='1' and SB='1' and SP='1') then
    grande<='0';
    mediano<='1';
    pequeno<='0';
    rechazado<='0';
elsif (SA='0' and SM='0' and SB='1' and SP='0') then
    grande<='0';
    mediano<='0';
    pequeno<='1';
    rechazado<='0';
elsif ((SA='1' and SM='1' and SB='1' and SP='0') or
        (SA='0' and SM='1' and SB='1' and SP='0') or
        (SA='0' and SM='0' and SB='1' and SP='1') or
        (SA='0' and SM='0' and SB='0')) then
    grande<='0';
    mediano<='0';
    pequeno<='0';
    rechazado<='1';
else
    grande<='-';
    mediano<='-';
    pequeno<='-';
    rechazado<='-';
end if;
end process;
```

Quizá viendo las sentencias `if` pueda parecer más difícil este diseño que la tabla de verdad. Es cuestión de gustos y estilo.

Ejemplo 3.6. Se desean controlar dos bombas B1 y B2 en función de la cantidad de agua en un depósito. Los sensores B (nivel bajo de agua) y A (nivel alto de agua) entregan un uno lógico cuando el agua supera dicho nivel. Los sensores TB1 y TB2 indican mediante un uno si la temperatura de las bombas B1 y B2 ha superado el límite de funcionamiento. Si el nivel se encuentra:

- por debajo de B se deben activar las dos bombas;
- por encima de B pero por debajo de A se debe activar una bomba, preferiblemente B1 (teniendo en cuenta su temperatura);
- por encima de A se deben desactivar B1 y B2;
- si la temperatura del motor superara el límite, este debería pararse.

Cualquier situación anómala en los valores de los sensores conllevará la parada de ambas bombas por seguridad.

De nuevo se puede optar por la descripción mediante tabla de verdad/case o mediante la descripción de su comportamiento lógico.

En el primer caso se trata de responder una por una a cada una de las situaciones planteada por la tabla de verdad.

```
entrada<=sensor_alto&sensor_bajo&tb1&tb2;
process(entrada)
begin
case entrada is
when "0000" =>
                b1<='1';
                b2<='1';
when "0001" =>
                b1<='1';
                b2<='0';
when "0010" =>
                b1<='0';
                b2<='1';
when "0011" =>
                b1<='0';
                b2<='0';
.....
```

Si varias situaciones de salida se repitieran, entonces se pueden agrupar mediante `when "0010" | "0110"`.

Si se opta por la descripción lógica entonces lo más recomendable de nuevo es hacerse la pregunta ¿qué debe darse para que solo la bomba 1, B1, esté activa? ¿qué debe darse para solo la B2? ¿y para ambas bombas? ¿y para que ninguna se active? Por ejemplo, ambas bombas se activan solo si no hay agua (SA=0 y SB=0) y si ambas bombas están frías (TB1=0 y TB2=0).

```
process(sensor_bajo, sensor_alto, tb1, tb2)
begin
if (sensor_bajo='0' and sensor_alto='0' and tb1='0' and tb2='0') then
    b1<='1';
    b2<='1';
elsif ((sensor_bajo='1' and sensor_alto='0' and tb1='0') or
        (sensor_bajo='0' and sensor_alto='0' and tb2='1')) then
    b1<='1';
    b2<='0';
elsif ((sensor_bajo='1' and sensor_alto='0' and tb1='1' and tb2='0')
or
        (sensor_bajo='0' and sensor_alto='0' and tb1='1')) then
    b1<='0';
    b2<='1';
else
    b1<='0';
    b2<='0';
end if;

end process;
```

Ejemplo 3.7. Implementar el circuito mínimo capaz de comparar dos números de dos bits codificados en binario puro sin signo en complemento a 2.

Si los dos números tienen dos bits, o incluso 3, entonces se puede plantear la tabla de verdad mediante un `case`, aquí tiene más sentido describir el comportamiento lógico.

Lo que no hay que hacer es aplicar ninguno de los dos siguientes planteamientos:
Un planteamiento erróneo es el siguiente ya que en cada caso hay que decir qué vale cada una de las tres salidas. Hay que recordar que, si en una rama de un `if` falta una señal, entonces el sintetizador infiere un biestable (*latches* es la palabra en inglés que entrega el sintetizador), lo que es incorrecto en este caso ya que el sistema es combinacional (ver Capítulo 4).

```
process(a,b)
begin
if a>b then
  mayor<='1';
elsif a<b then
  menor<='1';
else
  igual<='1';
end if;
end process;
```

Quizá si la solución anterior es incorrecta se nos puede ocurrir la siguiente. Esta no es incorrecta estrictamente, pero no es elegante en absoluto ni "es VHDL", es un programa en C, y no hay nada peor que escribir VHDL pensando en C.

```
process(a,b)
begin
mayor<='0';
menor<='0';
igual<='0';
if a>b then
  mayor<='1';
elsif a<b then
  menor<='1';
else
  igual<='1';
end if;
end process;
```

La solución correcta es la siguiente y vale para cualquier número de bits en la entrada.

```
process(a, b)
begin
if a>b then
    mayor<='1';
    igual<='0';
    menor<='0';
elsif a<b then
    mayor<='0';
    igual<='0';
    menor<='1';
else
    mayor<='0';
    igual<='1';
    menor<='0';
end if;
end process;
```

¿Cómo se implementa un comparador en que las entradas están codificadas en binario puro sin signo? Pues simplemente hay que activar la librería `signed` y desactivar, descomentándola, la librería `unsigned`. En este Ejemplo 3.7 se ve claramente la ventaja de la descripción comportamental (`behavioral`) frente a la tabla de verdad con `case`, aunque esto no es siempre así.

Ejemplo 3.8. La entrada `nota` de 4 bits indica el resultado del examen de un alumno y partir de esta se quiere ver una S, una A o una H según sea la nota entre 0 y 4, 5 y 9 y 10, respectivamente.

En esta solución lo más cómodo es utilizar el `case`. En la solución se ve que en el `when others` es que la asignación es "-------" lo que significa condición libre. Es decir, si la entrada es 1111 (un 15 en binario puro) por cualquier razón, entonces no sabemos a priori cuál será la salida, aunque lo podemos ver mediante experimentación. Quizá tenga más sentido apagar todo el *display* o dibujar una E de error.

```
process(nota)
begin
case nota is
when "0000" | "0001" |"0010" |"0011" | "0100" =>
        siete_seg<="0010010";
when "0101" | "0110" |"0111" |"1000" | "1001" =>
        siete_seg<="0001000";
when "1010" =>
        siete_seg<="0001001";
when others =>
        siete_seg<="-------";
end case;
end process;
```

Ejemplo 3.9. Implementar un transcodificador de binario puro a BCD. Por ejemplo, si la entrada es 1111 (15 en binario puro), entonces la salida debe ser 0001 0101 (15 en BCD).

La solución siguiente es un ejemplo de descripción comportamental. Quizá algún diseñador prefiera complicar un poco la obtención de las decenas. En este ejemplo cabe preguntarse si se puede usar 10 como número en decimal cuando estamos trabajando en binario, ¿no debería haber puesto "1010"? Depende de los entornos, pero en principio se puede utilizar el 10.

```
process(entrada)
begin
if entrada < 10 then
    decenas<="0000";
    unidades<=entrada;
else
    decenas<="0001";
    unidades<=entrada-10;
end if;
end process;
```

Este mismo ejemplo podría haberse diseñado usando un `case`. La descripción hubiera sido más larga, pero quizá también más fácil, todo depende de cada diseñador.

```
process(entrada)
begin
case entrada is
when "0000" =>  decenas<="0000";
                unidades<=<="0000";
when "0001" =>  decenas<="0000";
                unidades<=<="0001";

...
when "1111" =>  decenas<="0001";
                unidades<=<="0101";
end case;
end process;
```

El código VHDL anterior puede completarse añadiendo dos decodificadores BCD a *display* 7-segmentos, pero esto es para el siguiente apartado.

3.3. VHDL Y DISEÑOS DE SISTEMAS COMBINACIONALES A NIVEL DE PALABRA O FUNCIONALES

Los siguientes ejemplos son más complejos que los anteriores. En aquellos solo había un `process`, que podía ser un `case` o un conjunto de operadores y/o `if`. La complejidad aumenta porque ahora vamos a combinar varios `process` y las entradas no tienen por qué tener un número de bits reducido, sino que pueden ser de cualquier número de bits (nivel de palabra). Además, en los nuevos diseños tiene sentido utilizar el término "funcional" ya que muchas de las funciones a implementar son bien conocidas, por ejemplo, comparadores, multiplexores, sumadores, etc.

Metodológicamente el diseño consiste en aplicar el "divide y vencerás", dividiendo el enunciado en partes, de manera que cada parte sea uno (o varios) `process`.

A continuación, se presentan diversos ejemplos de diseño. Los primeros se centran en implementar las funciones más básicas, de hecho, algunas ya lo han sido en el anterior apartado. El segundo bloque de diseños comprende enunciados más abiertos de complejidad creciente.

3.3.1. VHDL de sistemas combinacionales básicos

Comparador de *n* bits en binario puro sin signo y con signo en C-2

Esta función ya ha sido implementada en el anterior apartado. Solo hay que destacar que, si se usa la librería `unsigned`, el comparador es sin signo y con `signed`, el comparador es con signo. Lo bueno que tiene esta descripción VHDL es que `a` y `b` pueden tener cualquier número de bits.

```
use IEEE.STD_LOGIC_UNSIGNED.ALL;
--use IEEE.STD_LOGIC_SIGNED.ALL;

process(a, b)
begin
if a>b then
    mayor<='1';
    igual<='0';
    menor<='0';
elsif a<b then
    mayor<='0';
    igual<='0';
    menor<='1';
else
    mayor<='0';
    igual<='1';
    menor<='0';
end if;
end process;
```

Sumador, restador, multiplicador...

Sumar, restar, etc. son funciones básicas en cualquier diseño y para implementarlas no hay más que usar +, -, *, etc. Así de fácil.

```
suma<=a+b;
resta<=a-b;
multiplicación<=a*b;
```

Es así de fácil, pero con algunas cuestiones pendientes:

- Solo suma/resta en binario puro sin signo o con signo, otros códigos deben ser implementados por el diseñador.
- Para la suma y la resta las entradas `a` y `b` y la salida suma/resta deben tener el mismo número de bits, si no, da error.
- Para la multiplicación la salida debe tener un número de bits igual a la suma de los números de bits de las entradas, si no da error.
- Si las entradas son tipo `std_logic`, entonces no se pueden dividir, deben ser `integer`.

Lo anterior puede complicar mucho el diseño. Por ejemplo, si `a` y `b` tienen cuatro bits (van de 0 a 15), entonces la suma va a estar entre 0 y 30, y por tanto necesita de 5 bits, pero no es posible, ya que debe ser de 4. Además, en el caso anterior hemos dicho que `a` y `b` son de cuatro bits, pero ¿por qué varias entradas deben tener el mismo número de bits?

La solución a lo anterior es usar `integer`. Si `a`, `b` y `suma/resta/multiplicacion/división` están declarados como `integer`, entonces todos los problemas con los números de bits desaparecen. Pero antes se ha dicho que las entradas y salidas han de ser siempre `std_logic` (al menos en este libro), no son tipo `integer`. La solución pasa por aprender a declarar `signals` de tipo `integer` y aprender a convertir `integer` a `std_logic`, y viceversa.

En este momento se empiezan a usar las `signals`. Una `signal` es una señal que no es ni entrada ni salida (es tanto salida de un bloque como entrada de otro bloque) pero que es necesaria para ir de la entrada a la salida. Una `signal` en VHDL es similar a una variable en C, pero cuidado porque en VHDL también hay variables que no son en absoluto como en C.

A continuación se muestra cómo se declara un `integer` y la conversión de `std_logic` a `integer`. Convierte los bits en un entero. En la sentencia anterior `a_bit` debe ser leída sin signo. Para que lo fuera con signo debería poner `signed` y seguramente el `integer` iría de -8 a +7.

```
signal a_bit: std_logic_vector (3 downto 0);
signal a_entero: integer rango 0 to 15;

begin

a_entero <= to_integer(unsigned(a_bit));
```

A continuación se muestra la conversión de `integer` a `std_logic`.

```
signal a_bit: std_logic_vector (3 downto 0);
signal a_entero: integer rango 0 to 15;

a_bit <= std_logic_vector(to_unsigned(a_entero, 4));
```

El número 4 indica que la conversión debe hacerse sobre 4 bits. Y el `unsigned` significa que la conversión debe hacerse sin signo.

Existen muchas conversiones, en nandland se encuentran todas: *https://nandland.com/common-vhdl-conversions/#Numeric-Integer-To-Std_Logic_Vector*

La siguiente descripción VHDL corresponde a un sumador de dos entradas a y b de 4 y 2 bits, respectivamente.

```
signal a: std_logic_vector(3 downto 0);
signal b: std_logic_vector(1 downto 0);
signal salida: std_logic_vector (4 downto 0);
signal a_entero: integer range 0 to 15;
signal b_entero: integer range 0 to 3;
signal s_entero: integer range 0 to 18;


a_entero<=to_integer(unsigned(a));
b_entero<=to_integer(unsigned(b));
salida<=std_logic_vector(to_unsigned(s_entero, 5));
s_entero<=a_entero+b_entero;
```

La descripción parece estar mal ya que la salida se genera "antes" que la suma, pero está bien. Se ha puesto este ejemplo para destacar que en VHDL no hay orden de ejecución fuera de un `process`, todo se da simultáneamente y los `process` también trabajan en paralelo. Esto es algo que suele costar al que tiene formación previa en otros lenguajes como C.

Ejemplo 3.10. Multiplexor: de 2^n entradas una y sola una pasa a la única salida, aquella cuya posición coincide con el valor expresado en binario puro en las n líneas de control.

El multiplexor es quizá la función combinacional más popular, su nombre bien podría ser selector o encaminador.

La primera descripción VHDL es de un multiplexor 4:1, con 4 entradas y 2 líneas de control.

```
process(control, entrada)
begin
case control is
when "00" => salida<=entrada(0);
when "01" => salida<=entrada(1);
when "10" => salida<=entrada(2);
when "11" => salida<=entrada(3);
when others => salida<='Z';
end case;
end process;
```

Destaca en este VHDL la aparición del `when others`, ya que parece (o es) imposible que se dé en algún momento un valor distinto de 00-01-10-11, pero hay que poner el `when others`, obligatoriamente en sistemas combinacionales. La asignación del `when others` es 'Z', lo que indica que la salida quedará en alta impedancia o flotando. Se ha usado esta opción simplemente como ejemplo para introducir este valor.

Más típico que el anterior es el cuádruple multiplexor 4:1. En este caso cada entrada es de 4 bits.

```
signal entrada0: std_logic_vector(3 downto 0);
signal entrada1: std_logic_vector(3 downto 0);
signal entrada2: std_logic_vector(3 downto 0);
signal entrada3: std_logic_vector(3 downto 0);
signal control: std_logic_vector(1 downto 0);
signal salida: std_logic_vector (3 downto 0);

process(control, entrada)
begin
case control is
when "00" => salida<=entrada0;
when "01" => salida<=entrada1;
when "10" => salida<=entrada2;
when "11" => salida<=entrada3;
when others => salida<="ZZZZ";
end case;
end process;
```

Para implementar multiplexores con más entradas simplemente hay que aumentar el número de líneas de control y el de `when` del `case`. Lo mismo si el número de bits de `entrada` aumenta.

Ejemplo 3.11. Demultiplexor: de 1 entrada a 2^n salidas, la única entrada va a una y sola a una de las salidas, aquella cuya posición coincide con el valor expresado en binario puro en las n líneas de control, quedando el resto de salidas en alta impedancia.

La descripción VHDL es muy similar a la anterior. En este caso de nuevo se usa Z para expresar el comportamiento de las salidas no conectadas a la entrada.

```
process(control, entrada)
begin
case control is
when "00" => salida<="ZZZ"&entrada;
when "01" => salida<="ZZ"&entrada&'Z';
when "10" => salida<='Z'&entrada&"ZZ";
when "11" => salida<=entrada&"ZZZ";
when others => salida<="ZZZZ";
end case;
end process;
```

Ejemplo 3.12. Codificador decimal que dispone de 10 entradas, E9 a E0, y de cuatro salidas que contienen el valor en binario puro de la entrada activada.

La descripción VHDL puede parecer larga, pero es muy sencilla. Destacan dos elementos en ella.

- Por un lado, hay que poner `else` en el `if`, es obligado porque es un sistema combinacional.
- Por otro lado, se ve que este VHDL considera que no se pulsarán dos entradas a la vez, o que, si lo hicieran, tendrá prioridad la de más peso.

```
process(entrada)
begin
if entrada(9)='1' then
    salida<="1001";
elsif entrada (8)='1' then
    salida<="1000";
elsif entrada (7)='1' then
    salida<="0111";
elsif entrada (6)='1' then
    salida<="0110";
elsif entrada (5)='1' then
    salida<="0101";
elsif entrada (4)='1' then
    salida<="0100";
elsif entrada (3)='1' then
    salida<="0011";
elsif entrada (2)='1' then
    salida<="0010";
elsif entrada (1)='1' then
    salida<="0001";
else
    salida<="0000";
end if;
end process;
```

Además de la anterior descripción, también se puede plantear otra que se centra en cada bit por separado. Por ejemplo, ¿cuándo debe activarse la salida 3 de peso 8? Pues cuando se ha pulsado al menos una de las entradas 9 o 8. Y así sucesivamente para las otras tres salidas.

Esta descripción es más compacta, pero exige al diseñador pensar un poco más; llevar más lógica a la descripción.

¿Qué pasa con esta descripción si se activan varias entradas?

```
salida(3)<=entrada(9) or entrada(8);
salida(2)<=entrada(7) or entrada(6) or entrada(5) or entrada(4);
salida(1)<=entrada(7) or entrada(6) or entrada(3) or entrada(2);
salida(0)<=entrada(9) or entrada(7) or entrada(5) or entrada(3)
or entrada(1);
```

Todos los ejemplos anteriores muestran que es sencillo abordar la implementación con VHDL/FPGA de las funciones básicas combinacionales. Hay muchas más funciones combinacionales, pero todas son generalmente sencillas de implementar.

3.3.2 VHDL de sistemas combinacionales no básicos

En los siguientes ejemplos se abordan diseños que integran distintos `process`. Los enunciados no son complejos e intentan describir cómo se puede abordar el diseño de sistemas más complejos. El objetivo es que lector entienda la estrategia y la haga suya.

Ejemplo 3.13. Dadas dos entradas `a` y `b` de 4 bits cada una se desea ver en un *display* 7-segmentos la mayor de ellas.

La descripción VHDL consiste en dos `process`: un multiplexor/selector y el decodificador BCD a 7-segmentos. La Figura 3.1 describe el comportamiento en bloques.

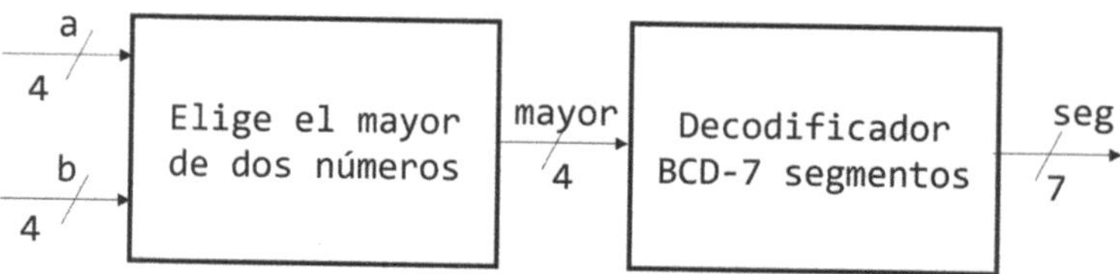

Figura 3.1. Diagrama de bloques del ejemplo: dados dos números, visualizar el mayor.

```
Signal mayor: std_logic_vector (3 downto 0);

process(a, b)
begin
if a > b then
    mayor<=a;
else
    mayor<=b;
end if;
end process;

process(mayor)
begin
case mayor is
     when "0000" => seg <= "1000000";
     when "0001" => seg <= "1111001";
     when "0010" => seg <= "0100100";
     when "0011" => seg <= "0110000";
     when "0100" => seg <= "0011001";
     when "0101" => seg <= "0010010";
     when "0110" => seg <= "0000011";
     when "0111" => seg <= "1111000";
     when "1000" => seg <= "0000000";
     when "1001" => seg <= "0011000";
     when others => seg <= "-------";
end case;
end process;
```

Ejemplo 3.14. Repetir el ejemplo 3.13 con control de visualización del resultado.

¿Qué pasa si una entrada es 1100? La respuesta empieza diciendo que no es BCD y el diseño espera entradas que lo sean, pero eso no quiere decir que no se puedan dar, ¿qué se puede hacer? Pues quizá una opción sea que, si al menos una entrada es errónea, entonces en el 7-segmentos se vea una E.

```
process(a, b, mayor)
begin
if (mayor > 9) then
  seg<="0000110";
else
case mayor is
         when "0000" => seg <= "1000000";
         when "0001" => seg <= "1111001";
         when "0010" => seg <= "0100100";
         when "0011" => seg <= "0110000";
         when "0100" => seg <= "0011001";
         when "0101" => seg <= "0010010";
         when "0110" => seg <= "0000011";
         when "0111" => seg <= "1111000";
         when "1000" => seg <= "0000000";
         when "1001" => seg <= "0011000";
         when others => seg <= "-------";
end case;
end if;
end process;
```

El código anterior muestra que se pueden anidar `if` y `case`, a criterio del diseñador.

Ejemplo 3.15. Dados tres números BCD, `a`, `b` y `c`, se desea ver en un *display* 7-segmentos sólo el mayor de ellos.

Este ejemplo es muy clarificador de cómo debe abordarse el diseño con VHDL. Lo mejor es pensar en las salidas ¿cuándo es A el mayor? ¿cuándo lo es B? ¿y C? A es el mayor cuando A es mayor que B y mayor que C y lo será B cuando sea mayor que A y que C. Si A no es el mayor, y tampoco lo es B, entonces es C. La Figura 3.2 describe la solución mediante un diagrama de bloques.

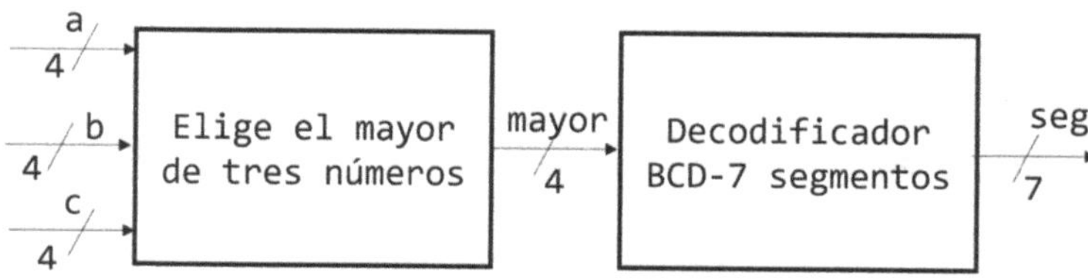

Figura 3.2. Diagrama de bloques del ejemplo: dados tres números, visualizar el mayor.

```
process(a, b, c)
begin
if a>b and a>c then
    bcd<=a;
elsif b>a and b>c then
    bcd<=b;
else
    bcd<=c;
end if;
end process;
```

Seguramente el planteamiento de muchos empezaría por `if A>B` y dentro de él se preguntaría por A frente a C. Más o menos como sigue

```
if A>B then
   if A>C then
      mayor<=A;
   else
     if…
```

La opción superior es mucho más fácil y clara, pero depende del diseñador.

Ejemplo 3.16. Dadas dos entradas a y b de 4 bits cada una se desea visualizar en un 7-segmentos el resultado de la suma. Si la suma excediera 9, entonces se debe ver una E de error.

La tabla muestra la descripción en VHDL del ejemplo.

```
signal suma: std_logic_vector (3 downto 0);

process(a,b)
begin
  suma<=a+b;
end process;

process(suma)
begin
case suma is
        when "0000" => seg <= "1000000";
        when "0001" => seg <= "1111001";
        when "0010" => seg <= "0100100";
        when "0011" => seg <= "0110000";
        when "0100" => seg <= "0011001";
        when "0101" => seg <= "0010010";
        when "0110" => seg <= "0000011";
        when "0111" => seg <= "1111000";
        when "1000" => seg <= "0000000";
        when "1001" => seg <= "0011000";
        when others => seg <= "0000110";
end case;
end process;
```

Este código es interesante por lo siguiente:

- Se usa `signal` cuando hace falta una señal que no es ni entrada ni salida, pero que ayuda a “llevar” las entradas hasta la salida. Es similar a una variable C, pero cuidado porque en VHDL hay variables y no se parecen en nada a las de C.
- Para la suma no hace falta el `process`, pero nos ayuda al principio a mantener un estilo.
- Parece que un `process` (el de la suma) va delante del otro, pero no es así, los dos bloques procesan sus señales a la vez. Son bloques hardware, no son instrucciones de programa almacenadas en una memoria y ejecutadas una a una. Aunque es cierto que para que el display visualice el valor correcto, el `process` de suma debe haber acabado.
- Tiene una “trampa”, la suma no puede ser más de nueve.

Ejemplo 3.17. Repetir el Ejemplo 3.16 anterior, pero, en este caso, si la suma es menor o igual a 4, se le suma 5 y si es mayor o igual a 5, se le resta 5.

La descripción VHDL es la siguiente, excluyendo la parte del *display* 7-segmentos. La Figura 3.3 describe la solución mediante un diagrama de bloques.

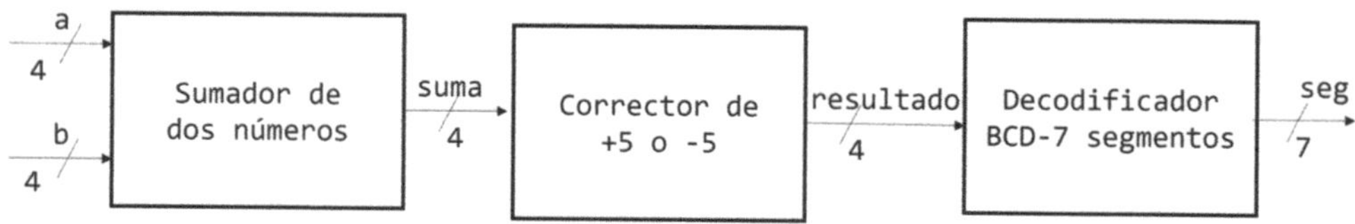

Figura 3.3. Diagrama de bloques del ejemplo: sumar dos números y "arreglarlos".

```
use IEEE.STD_LOGIC_UNSIGNED.ALL;
--use IEEE.STD_LOGIC_SIGNED.ALL;

signal suma: std_logic_vector (3 downto 0);
signal resultado: std_logic_vector (3 downto 0);

process(a,b)
begin
suma<=a+b;
end process;

process(suma)
begin
if suma<=4 then
    resultado<=suma+5;
else
    resultado<=suma-5;
end if;
end process;
```

En este código es especialmente importante la librería incluida, que debe ser la `unsigned`, porque de otra forma no es correcto. Al probar nos damos cuenta del problema.

Este ejemplo es interesante porque permite la siguiente pregunta ¿es correcto el siguiente código?

```
process(a,b)
begin
suma<=a+b;
if suma<=4 then
    resultado<=suma+5;
else
    resultado<=suma-5;
end if;
end process;
```

Puede parecer que sí lo es porque al implementarlo todo va bien, pero no es elegante. Es importante entender la explicación. Si lo anterior se viera desde la perspectiva C sería perfecta: primero suma y luego en función del valor de `suma` se hace una cosa u otra. Pero desde VHDL es un planteamiento erróneo.

Este ejemplo permite abordar algunas cuestiones:

- La lista de sensibilidad de `process`, `process(a,b)`, indica que el `process` depende de la señales `a` y `b`. Esto es verdad cuando se simula, es decir, solo si cambian `a` o `b`, el `process` es simulado. Pero en este caso solo trabajamos sobre la FPGA y no importa si se pone `a` y `b` o `suma`. El `process` funciona por igual. Es más elegante dejarlo, pero no nos debe extrañar si vemos ejemplos sin lista de sensibilidad, y sobre todo la lista de sensibilidad es obligada al simular.
- ¿Qué ocurre si se pone `suma<=a+b;` al final del `process`? Al probar se ve que todo sigue igual, el diseño funciona.
- ¿Qué ocurre en un VHDL tan majadero como el siguiente? ¿resta o suma? ¿hace lo anterior de forma alternada: ¿resta, suma…? No, simplemente toma el último valor. Si en un *process* hay dos asignaciones a una misma señal, entonces se toma la última de ellas, esto se llama *resolver*.

```
process(suma)
begin
if suma<=4 then
    resultado<=suma+5;
else
    resultado<=suma-5;
end if;
a<="0011";
b<="1000";
suma<=a+b;
a<="0010";
b<="0001";
end process;
```

La Figura 3.4 muestra en este orden de izquierda a derecha `a, b, suma` y `resultado`. Se ve que a y b toman su último valor —1 y 2—, cuya suma es a+b, es decir, 3 y que, por tanto, el resultado es 8, 3+5.

Figura 3.4. Ejemplo aclaratorio de secuencialidad VHDL en un sistema combinacional.

- Por último, cabe comentar que el diseño resultante depende del entorno de diseño, ya sea Vivado/Xilinx o Quartus/Altera. Por ejemplo, Quartus no permite una lista de sensibilidad vacía, da error de sintaxis, mientras que Vivado permite poner `process()`, sin lista de sensibilidad, pero en este caso da el siguiente mensaje:

```
------------------------------------------------------------------------------
ERROR: [Synth 8-2715] syntax error near ) [/tmp/xilinx_vivado_giqhxean_worker_dir/main/
WARNING: [Synth 8-2551] possible infinite loop; process does not have a wait statement
INFO: [Synth 8-10126] unit 'behavioral' ignored due to previous errors [/tmp/xilinx_viv
------------------------------------------------------------------------------
```

En ambos entornos de diseño podríamos poner process(j), donde j es una simple *signal*, sin relación con el *process*; y en este supuesto la implementación sería correcta. Pero en este caso tendríamos un *warning*, que es más bien un *guarring*.

```
WARNING: [Synth 8-614] signal 'suma' is read in the process but is not in the sensitivity list
WARNING: [Synth 8-614] signal 'a' is read in the process but is not in the sensitivity list [/t
WARNING: [Synth 8-614] signal 'b' is read in the process but is not in the sensitivity list [/t
```

Para evitar el problema anterior se puede enunciar un lema: "Nunca utilizar en un `process` una señal creada en el mismo `process`". Si fuera el caso, dividir el `process` en dos, siempre *poner* en la lista de sensibilidad las señales que condicionan el funcionamiento de un process y no "programar" software, hay que describir hardware.

Ejemplo 3.18. Sumador BCD. Dadas dos entradas a y b en BCD se desea obtener la suma en BCD. Es decir, si las entradas son 0101 (5) y 0101 (5) la salida debe ser 0000 (0) y el carry_out, 1.

Este ejemplo plantea cuestiones interesantes en VHDL. Antes hay que entender la solución/algoritmo a implementar:

- Sumar a y b.
- Si la suma es mayor o igual a 10, entonces:
  - — El carry es 1.
  - — A la suma hay que restarle 10.
- Si la suma no es mayor que 10, entonces:
  - — El carry es 0.
  - — La suma es correcta.

El algoritmo es sencillo, pero tiene una complicación en algunos casos. Si las entradas son 1001 (9) y 1001 (9), entonces la suma es 0010 (2), ya que cuatro bits más cuatro bits quedan en 4 bits y por tanto se pierde un bit, el de peso 16. ¿Cómo se soluciona esta situación?

La solución más sencilla, aunque más larga, pasa por usar enteros y se muestra en la Figura 3.5.

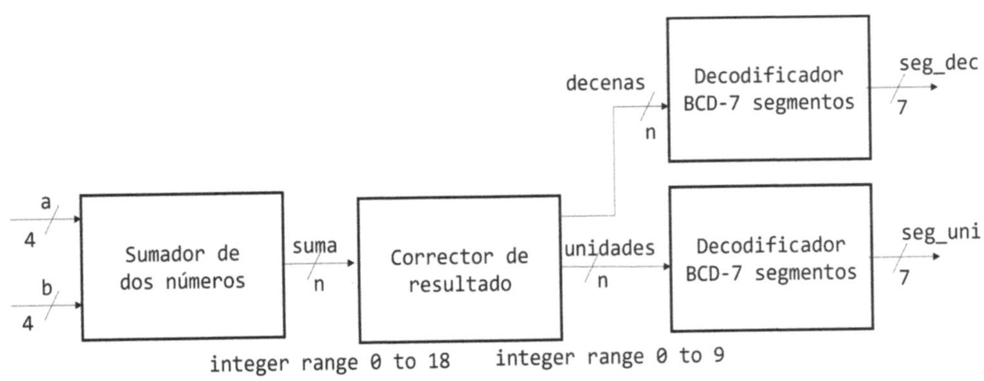

Figura 3.5. Diagrama de bloques del ejemplo: sumador BCD.

```
a: std_logic_vector(3 downto 0);
signal b: std_logic_vector(3 downto 0);
signal decenas_BCD: std_logic_vector(3 downto 0);
signal unidades_BCD: std_logic_vector(3 downto 0);

signal a_entero: integer range 0 to 9;
signal b_entero: integer range 0 to 9;
signal suma_entero: integer range 0 to 18;

signal decenas_BCD_entero: integer range 0 to 9;
signal unidades_BCD_entero: integer range 0 to 9;


begin

a_entero<=to_integer(unsigned(a));
b_entero<=to_integer(unsigned(b));
decenas_BCD<=std_logic_vector(to_unsigned(decenas_BCD_entero,
4));
unidades_BCD<=std_logic_vector(to_unsigned(unidades_BCD_en-
tero, 4));

process(a_entero, b_entero)
begin
suma_entero<=a_entero+b_entero;
end process;

process(suma_entero)
begin
if suma_entero >= 10 then
    decenas_BCD_entero<=1;
    unidades_BCD_entero<=suma_entero-10;
else
    decenas_BCD_entero<=0;
    unidades_BCD_entero<=suma_entero;
end if;
end process;
```

El diseño anterior utilizando solo `std_logic` es más complejo. ¿Cómo expresar que la suma es mayor o igual a 10 si la suma solo tiene cuatro bits? La expresión `if suma >= 10` no es suficiente ya que la suma de 9 + 9 da 18 que en 4 bits se expresa 0010. La siguiente expresión es válida y expresa que si la suma es menor que al menos uno de los operandos, entonces es que la suma está mal (no puede ser menor que los operandos) porque ha desbordado el rango de cuatro bits.

```
if (suma >= 10) or (suma < a) or (suma < b) then
    decenas_BCD_entero<=1;
    unidades_BCD_entero<=suma_entero-10;
else
    decenas_BCD_entero<=0;
    unidades_BCD_entero<=suma_entero;
end if;
```

La descripción anterior VHDL se puede completar con sendos decodificadores BCD a 7-segmentos y así poder ver las entradas y salidas en números y no en bits.

Ejemplo 3.19: Dadas dos entradas `a` y `b` de cuatro bits en BCD, obtener su suma o su resta en función del valor de un interruptor: si vale 0, suma, y si vale 1, resta. La resta siempre será del mayor menos el menor.

La siguiente descripción en VHDL no incluye el 7-segmentos.

```
process(a,b, oper)
begin
if oper='0' then
    resultado<=a+b;
else
    if a > b then
        resultado<=a-b;
    else
        resultado<=b-a;
    end if;
end if;
end process;
```

En este código destaca ver que los `if` se pueden anidar, y se pueden combinar con `case` y otras estructuras.

Ejemplo 3.20. Implementar una ALU con tres operaciones para dos entradas, a y b, de cuatro bits. Las cuatro operaciones que generan la salida `resultado` son: suma (00), xor (01) y mover (10) el contenido de b a la salida y se controlan mediante dos bits. La ALU además debe entregar el *Flag Zeta* (FZ): si el resultado de la operación es 0, entonces FZ=1, y FZ=0 en el resto de los casos.

ALU significa *Arithmetic-Logic Unit* y es muy importante en los computadores: es el músculo que completa las operaciones. Esta ALU lo es de la Máquina Sencilla (MS), un computador de 4 operaciones con una memoria de 128 x 16 posiciones diseñado por el profesor Mateo Valero, director del supercomputador *Mare Nostrum*.

Desde el punto de vista del VHDL lo más importante es fijarse en que no hay un solo `process` para `resultado` y el `FZ`, sino que habrá dos: uno para el resultado y otro para el `FZ`. Una forma correcta de plantearse el diseño es: cada salida tiene un `process`.

```
process(a, b, sel_alu)
begin
case sel_alu is
when "00" => resultado<=a+b;
when "01" => resultado<=a xor b;
when "10" => resultado<=b;
when others => resultado<="0000";
end case;
end process;

process(resultado)
begin
if resultado=0 then
    flag_z<='1';
else
    flag_z<='0';
end if;
end process;
```

Otro *flag* interesante es el de *overflow* (FO), que ya ha sido explicado en el ejemplo de la suma. También son útiles el *flag* de signo negativo (FN), el *flag* de *carry out* (FC), no confundir con el de *overflow*, el *flag* de numero par (FE), etc. A cada uno de ellos le corresponde un `process`, y no un `process` para todos.

Ejemplo 3.21. Dadas dos entradas `a` y `b` de cuatro bits en binario puro con signo en C2 se desea obtener la suma en cuatro bits con un bit adicional de *overflow* para detectar cuando se ha superado el rango de 4 bits.

La parte interesante de este ejemplo es detectar el overflow en binario puro con signo e C2. Empecemos por trabajar sin signo, y para hacerlo de una forma distinta al anterior ejemplo, vamos a explicar cómo extender el tamaño de 4 bits a 5 bits. No hay que añadir un `'0'` sino el último bit de la entrada, de esta forma no cambiamos el signo original de la entrada (piense que, si fuera negativo, empezando por 1, al añadirle un `'0'` lo convertimos en positivo).

```
a_5bits<=a(3)&a;
```

Una vez que tenemos la suma en 5 bits, entonces sí que podemos preguntarnos por menor que –8 o mayor que +7 (el rango de 4 bits va de –8 a +7). No olvidemos usar la librería `signed`.

```
use IEEE.STD_LOGIC_SIGNED.ALL;

a_5bits<=a(3)&a;
b_5bits<=b(3)&b;
suma<=a_5bits+b_5bits;

process(suma)
begin
if suma<-8 or suma>7 then
    overflow<='1';
else
    overflow<='0';
end if;
end process;
```

Hay otra solución más elegante: si los dos últimos acarreos son distintos, entonces hay *overflow*. Queda pensar por qué es esto así, pero de momento vamos a implementarlo ¿cómo? La solución más sencilla y quizá larga es dividir la suma en cuatro pasos. La descripción VHDL se corresponde con lo anterior y se basa en la descripción lógica a bajo nivel (utilizando operadores booleanos) de la suma que aparece en cualquier libro de electrónica digital.

```
suma(0)<=a(0) xor b(0) xor carry(0);
carry(1)<=(a(0) and b(0)) or ((a(0) xor b(0)) and carry(0));
suma(1)<=a(1) xor b(1) xor carry(1);
carry(2)<=(a(1) and b(1)) or ((a(1) xor b(1)) and carry(1));
suma(2)<=a(2) xor b(2) xor carry(2);
carry(3)<=(a(2) and b(2)) or ((a(2) xor b(2)) and carry(2));
suma(3)<=a(3) xor b(3) xor carry(3);
carry(4)<=(a(3) and b(3)) or ((a(3) xor b(3)) and carry(3));

process(carry)
begin
if (carry(4) xor carry(3)) = '1' then
    overflow<='1';
else
    overflow<='0';
end if;
end process;
```

Claramente esta nueva solución es más difícil de leer que la anterior, es menos lógica o comportamental (`behavioral`). Esta descripción solo consume 6 bloques lógicos de los 32.070 disponibles (menos del 1%), pero es que la anterior solo consume 4 bloques lógicos. Este análisis se puede ver en los entornos Vivado/Quartus, después de la síntesis informan de cuántos lógicos se consumen. Este nivel de detalle no corresponde a este libro.

Ejemplo 3.22. Hay dos bloques de tres países cada uno: B2, B1 y B0 y A2, A1 y A0 y el voto de un presidente P. El resultado de la votación se debe ver en un *display* 7-segmentos: 1 si gana el SÍ, 0 si gana el NO. El circuito debe considerar alguna condición especial:

- Si hay empate, también se debe considerar el voto del presidente.
- Si todos los países votan una cosa (0 o 1), y el presidente lo contrario (1 ó 0), entonces ha de apagarse el 7-segmentos.

De nuevo hay que sumar, en este caso votos, cada uno de 1 bit. La descripción VHDL puede orientarse hacia `integer`, pero en este caso optamos por añadir bits para poder sumar. Como los votos son seis, entonces el máximo valor (6) necesita 3 bits. La Figura 3.6 muestra el planteamiento general del diseño.

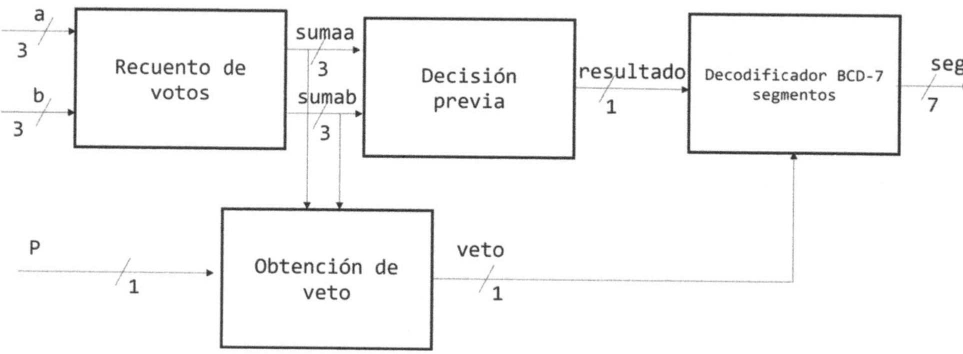

Figura 3.6. Diagrama de bloques del ejemplo: votaciones.

```
process(b2, b1, b0, a2, a1, a0)
begin
b2_aux<="00"&b2;
b1_aux<="00"&b1;
b0_aux<="00"&b0;
a2_aux<="00"&a2;
a1_aux<="00"&a1;
a0_aux<="00"&a0;
end process;
sumaa<=a2_aux+a1_aux+a0_aux;
sumab<=b2_aux+b1_aux+b0_aux;
```

```
process(sumaa, sumab, presidente)
begin
if (sumaa+sumab)>3 then
    resultado<='1';
elsif (sumaa+sumab)<3 then
    resultado<='0';
elsif presidente='1' then
    resultado<='1';
else
    resultado<='0';
end if;
end process;

process(sumaa, sumab, presidente)
begin
if ((sumaa+sumab)=6 and presidente='0') or ((sumaa+sumab=0) and
presidente='1') then
    veto<='1';
else
    veto<='0';
end if;
end process;

process(resultado, veto)
begin
if veto='1' then
    seven_seg<="1111111";
else
    if resultado='1' then
        seven_seg<="1001111";
    else
        seven_seg<="0000001";
    end if;
end if;
end process;
```

Imaginemos que además hay un botón de trampa: si se activa se da la vuelta a resultado, ¿cómo implementarlo? No es buena idea hacer algo como `resultado<=not(resultado);` ya que esta sentencia es propia de sistemas secuenciales, y no es el caso. La solución es bien sencilla: crear una nueva señal, `resultado_final`, que será la que llegue al último process.

```
process(trampa, resultado)
begin
if trampa='1' then
   resultado_final<=not(resultado);
else
   resultado_final<=resultado;
end if;
end process;
```

En la descripción anterior no se puede prescindir de la asignación del `else` (como se podría hacer en C), ya que en ese caso el sistema sería secuencial. En sistemas combinacionales siempre deben estar todas las combinaciones de el `if` y del `case`.

Ejemplo 3.23. En una votación hay seis países, cuatro países categoría A (A3-A0) y dos de categoría B (B1-B0). Se desea ver un 1 o un 0 según haya ganado el SÍ o el NO, respectivamente. Si hubiera empate en la votación, entonces el voto de B1 vale doble.

En este caso vamos a usar enteros, pero como se trata de convertir señales de 1 bit en enteros, entonces resulta que el lenguaje VHDL no lo permite por problemas con tipos de datos. La solución que se plantea a continuación puede parecer tosca, pero es la usada, ya que la conversión de `std_logic` a `integer` solo es válida para `std_logic_vector`, no para un solo bit.

```
process(A3)
begin
if A3='0' then
    A3_entero<=0;
else
    A3_entero<=1;
end if;
end process;
```

También destaca en el lenguaje VHDL que de entrada se obtienen las sumas de votos considerando el doble y sin considerarlo, y luego ya se verá más adelante si se usa solo una o las dos. No olvidemos que no hay procesado secuencial, sino que todo es hardware y es en paralelo.

```
suma_votos<=A3_entero+A2_entero+A1_entero+A0_entero+B1_entero+B0_entero;
suma_votos_doble<=A3_entero+A2_entero+A1_entero+A0_entero+B1_entero+B0_en-
tero+B1_entero;

process(suma_votos, suma_votos_doble)
begin
if suma_votos>3 then
    seg<="1111001";
elsif suma_votos<3 then
    seg<="1000000";
else
    if suma_votos_doble>=4 then
        seg<="1111001";
    else
        seg<="1000000";
    end if;
end if;
end process;
```

Este ejemplo es muy bueno para probar una situación y entender algo mejor el VHDL. Antes hemos visto el `process` que convierte un bit en un entero. La primera línea es `process(A3)`, luego hay `process(A2)` y así hasta `process(B0)`. Entre paréntesis está el nombre de la señal que pilota el `process`: si cambia A3, entonces el `process` puede cambiar.

Hasta ahí correcto, pero ¿qué pasa si por error ponemos A3 en todos los `process`, de manera que los `process` solo dependan de A3? Pues no pasa nada, todo sigue funcionando igual ya que la lista de sensibilidad solo tiene efecto en la simulación, no en la implementación, pero su uso correcto distingue al diseñador elegante en VHDL.

Ejemplo 3.24. Disponemos de las notas, N1 y N0, de un alumno codificadas en BCD. Diseñar el circuito que obtiene la nota final según las preferencias del profesor expresadas con las líneas de control C1C0:

- C1C0=00 Nota media redondeada por defecto.
- C1C0=01 Nota mínima.
- C1C0=10 Nota máxima.
- C1C0=11 Nota media redondeada por exceso.

La nota se visualizará en un 7-segmentos. Si la nota fuera 10, se verá una H de matrícula de honor.

En este caso el planteamiento más sencillo es obtener las cuatro notas y luego elegir cuál de ellas es la que se va a visualizar, tal como muestra la Figura 3.7.

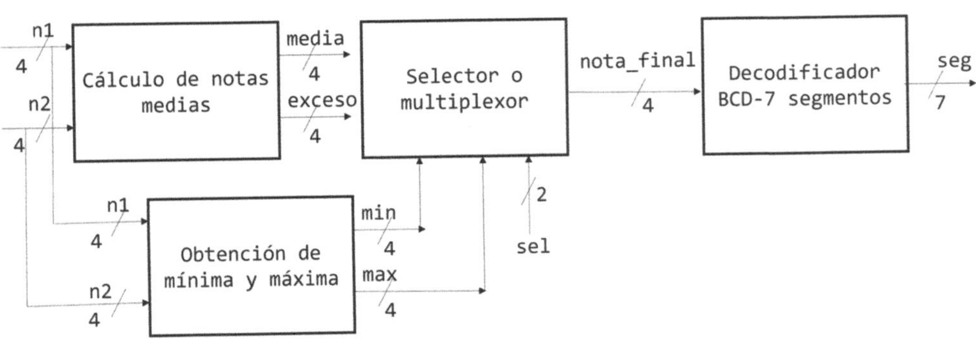

Figura 3.7. Diagrama de bloques del ejemplo: visualización de nota final.

```
suma_nota<=n1_entero+n2_entero;
nota_media<=suma_nota/2;
nota_media_exceso<=(suma_nota+1)/2;
process(n1, n2)
begin
if n1>n2 then
    nota_maxima<=n1_entero;
    nota_minima<=n2_entero;
else
    nota_maxima<=n2_entero;
    nota_minima<=n1_entero;
end if;
end process;

process(sel, nota_maxima, nota_minima, nota_media, nota_me-
dia_exceso)
begin
case sel is
    when "00" => nota_final<=nota_media;
    when "01" => nota_final<=nota_minima;
    when "10" => nota_final<=nota_maxima;
    when "11" => nota_final<=nota_media_exceso;
when others => nota_final<=0;
end case;
end process;

process(nota_final)
begin
case nota_final is
         when 0 => seg <= "1000000";
         when 1 => seg <= "1111001";
         when 2 => seg <= "0100100";
         when 3 => seg <= "0110000";
         when 4 => seg <= "0011001";
         when 5 => seg <= "0010010";
         when 6 => seg <= "0000011";
         when 7 => seg <= "1111000";
         when 8 => seg <= "0000000";
         when 9 => seg <= "0011000";
         when 10 => seg <= "0001001";
         when others => seg <= "0000110";
end case;
end process;
```

Ejemplo 3.25. Un proceso industrial entrega dos temperaturas T1 y T2 en BCD y se desea obtener la temperatura global TG. La temperatura global TG se calcula según el siguiente planteamiento:

- Si T1 y T2 son menores que 5, entonces TG es la temperatura menor de las dos.
- Si T1 y T2 son mayores que 4, entonces TG es la temperatura mayor de las dos.

En el resto de los casos se debe obtener la temperatura media por defecto.

Es un caso muy parecido a los anteriores. En la siguiente descripción VHDL se destaca cómo se divide entre 2: simplemente quitando el bit de menos peso `salida <= '0'&suma(3 downto 1);`. Al fin y al cabo, dividir un número decimal entre 10 consiste en quitar el último dígito.

```
suma<=T1+T2;

process(T1, T2, suma)
begin
if (T1 <= 4) and (T2 <= 4) then
    if T1<T2 then
        salida<=T1;
    else
        salida<=T2;
    end if;
elsif (T1> = 5) and (T2 >= 5) then
    if T1>T2 then
        salida<=T1;
    else
        salida<=T2;
    end if;
else
    salida<='0'&suma(3 downto 1);
end if;
end process;
```

También se podría haber dividido `<= suma/2`; pero entonces, tanto `salida` como `suma` deberían haber sido enteros, y no es el caso.

Ejemplo 3.26. Convertir un número en binario puro de 10 bits a tres dígitos BCD, de 0000 a 1000.

En este caso la conversión se plantea utilizando `integer`, usando una estrategia semejante a la que se usaría en C. Más adelante este libro presenta una solución secuencial.

```
signal ent_bp_entero: integer range 0 to 1023;
signal unidades_sal_entero: integer range 0 to 9;
signal decenas_sal_entero: integer range 0 to 9;
signal centenas_sal_entero: integer range 0 to 9;
signal millares_sal_entero: integer range 0 to 9;

begin

ent_bp_entero<=to_integer(unsigned(ent_bp));

ent_bp_entero<=to_integer(unsigned(ent_bp));
millares_sal_entero<=(ent_bp_entero/1000);
centenas_sal_entero<=(ent_bp_entero-millares_sal_en-
tero*1000)/100;
decenas_sal_entero <=(ent_bp_entero-millares_sal_entero*1000-
                        centenas_sal_entero*100)/10;
unidades_sal_entero<=(ent_bp_entero-millares_sal_entero*1000-
                        centenas_sal_entero*100-
                        decenas_sal_entero*10);

unidades_sal<=std_logic_vector(to_unsigned(unidades_sal_en-
tero,4));
decenas_sal<=std_logic_vector(to_unsigned(decenas_sal_en-
tero,4));
centenas_sal<=std_logic_vector(to_unsigned(centenas_sal_en-
tero,4));
millares_sal<=std_logic_vector(to_unsigned(millares_sal_en-
tero,4));
```

PROBLEMAS PROPUESTOS

3.1. Diseñar el circuito digital que controle dos bombas B1 y B2 en función de la cantidad de agua en un depósito. Los sensores B (nivel bajo de agua) y A (nivel alto de agua) entregan un 1 lógico cuando el agua supera dicho nivel. Los sensores TB1 y TB2 indican mediante un 1 si la temperatura de las bombas B1 y B2 ha superado el límite de funcionamiento. Si el nivel del depósito se encuentra:

- Por debajo de B se deben activar las dos bombas.
- Por encima de B, pero por debajo de A se debe activar una bomba, preferiblemente B1 (teniendo en cuenta su temperatura).
- Por encima de A se deben desactivar B1 y B2.
- Si la temperatura del motor superara el límite, este debe pararse.
- Cualquier situación anómala en los valores de los sensores conllevará la parada de ambas bombas por seguridad.

3.2. Implementar el mínimo circuito capaz de controlar el comportamiento de varias bombas de agua que controlan el nivel de agua de un depósito en función de cuatro sensores de nivel SMB, SB, SA, SMA (SMB: muy bajo, SB: bajo, SA: alto y SMA: muy alto). El depósito se vacía por gravedad a un ritmo que depende de su nivel de llenado. Si el depósito está muy lleno se vacía a 10 litros por segundo, si está lleno se vacía a 8 litros por segundo, si está a medio nivel se vacía a 5 litros por segundo, si está algo vacío se vacía a 2 litros por segundo, y si está muy vacío se vacía a 1 litro por segundo.

La instalación industrial cuenta con bombas que aportan 1 litro por segundo, 2 y 5. La última bomba es más cara que la primera, y se desea que la instalación sea lo más barata posible.

3.3. Una máquina expendedora de golosinas tiene cuatro entradas: dos para el dinero introducido D1-D0 (10 y 5 céntimos de euro) y dos para seleccionar el producto P1-P0 (11 para pipas, 10 para chicles, 01 para cerillas y 00 para no comprar). Las pipas cuestan 10 céntimos, el chicle 7 y las cerillas 3. Implementar el mínimo circuito capaz de visualizar en un *display* 7-segmentos cuántos céntimos faltan o sobran para el producto elegido.

3.4. La empresa AZ&AG ha creado un nuevo método para poder clasificar sus dos productos más vendidos.

Dicho método consiste en utilizar cuatro dígitos binarios, de los cuales el primero diferencia los pantalones de las sudaderas y los restantes tres sirven para establecer el color del producto. El resultado se muestra en un *display* 7 segmentos de cátodo común.

En cuanto a la primera entrada, si es 0 significa que el producto es una sudadera y no tendrá ningún efecto en el *display*. En cambio, si la cifra es un 1 será un pantalón y se tendrá que encender un punto en la parte inferior del *display* (dp).

Con respecto a los tres últimos dígitos, el primero de ellos indicará que el producto contiene una mezcla con rojo (*Red*), el segundo corresponde al verde (*Green*) y el último estará sujeto al azul (*Blue*). Es decir, estamos ante un código de colores RGB y se debe mostrar en el *display* lo que sucede al mezclar cada uno de los tres colores primarios (se mostrará la letra inicial de la mezcla). Los colores principales que se obtienen con el RGB son los siguientes:

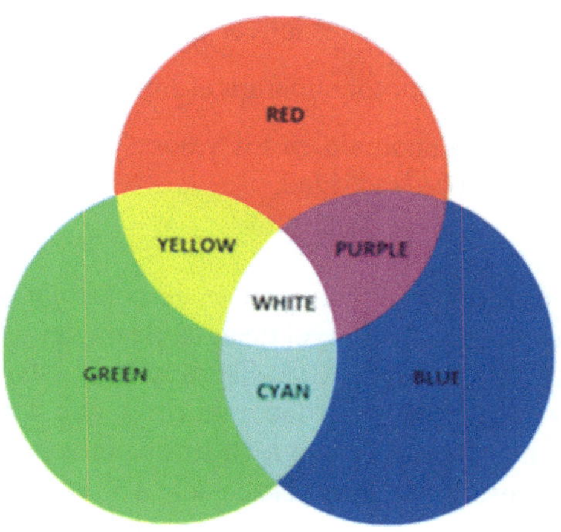

Por motivos empresariales, no se fabrican *nunca* productos blancos ni negros.

3.5. Una báscula dispone de cuatro sensores: SB, SA, SF, SG para medir la altura y el peso de una persona.

Los sensores SA (sensor alto) y SB (sensor bajo) están situados de forma que pueden estar activos para conocer la altura de una persona. Los sensores por defecto entregan un 1, excepto cuando la persona los intercepta, en cuyo caso entregan un 0. Una persona puede ser de estatura baja (no se intercepta ningún sensor), mediana (se intercepta solo SB) o alta (se interceptan los dos sensores).

Los sensores SF y SG se activan por peso. SF se activa si el peso es mayor de 60 kilos y SG se activa si el peso es mayor de 90 kilos. Así una persona puede tener poco peso, peso mediano y demasiado peso.

Se desea añadir a la báscula un *display* 7-segmentos de manera que sea un número indicador de su relación peso/estatura. El número a visualizar se encuentra en la siguiente tabla. Lo normal es ver un 2, por debajo de 2 la persona tiene poco peso para su estatura, y por encima de 2 tiene demasiado peso.

	Bajo	**Mediano**	**Alto**
Poco peso	2	1	0
Peso mediano	3	2	1
Demasiado peso	4	3	2

3.6. Un sistema industrial tiene cuatro sensores, S3, S2, S1 y S0, que pueden entregar cada uno de ellos un 0 o un 1. Se desea visualizar en un led el valor obtenido por la mayoría de los sensores, ya sea 0 o 1. Para que no haya empates se ha comprado el sensor S3 de mayor calidad, así que en caso necesario su valor será determinante. Además, un 7-segmentos debe visualizar determinadas situaciones según el siguiente código de rayas:

- Si todos los sensores indican el mismo valor, en el *display* 7-segmentos no se activará ningún segmento.
- Si hay mayoría de un valor, pero no hay unanimidad, entonces se activa el segmento *d* del *display* 7-segmentos.
- Si hay empate en el número de sensores activos o inactivos, entonces en el *display* 7-segmentos se activará el segmento *g*.
- Además, se quiere activar el segmento *a* en el caso de que el valor de S3 discrepe del valor de los otros tres sensores.

3.7. Un ascensor sube y baja sin parar gracias a un bit de dirección (DIR), tres sensores de posición (S1, S2 y S3) y un motor. El tamaño del ascensor y la distribución de sensores hace que nunca haya más de dos sensores con el haz de luz cortado. Se desea indicar la velocidad (*V* de varios bits) del motor expresada en binario puro con signo en C-2 según la siguiente lógica:

- Si DIR = 0 entonces el ascensor está subiendo y lo hace a una velocidad que depende de cuántos sensores ha cruzado: Si no ha llegado a ninguno, entonces sube a una velocidad de 8 m/s, cuando corta un solo sensor lo hace a 6 m/s y cuando corta dos lo hace a 4 m/s.
- Si DIR = 1 entonces el ascensor está bajando y lo hace a una velocidad que depende de cuántos sensores ha cruzado: Si no ha llegado a ninguno, entonces baja a una velocidad de –8 m/s, cuando corta un solo sensor lo hace a –6 m/s y cuando corta dos lo hace a –4 m/s.

Los sensores son de luz y, por tanto, entregan un 1 si ningún objeto interfiere entre el emisor y el receptor. Así cuando el ascensor pasa por un sensor, entonces este toma el valor 0.

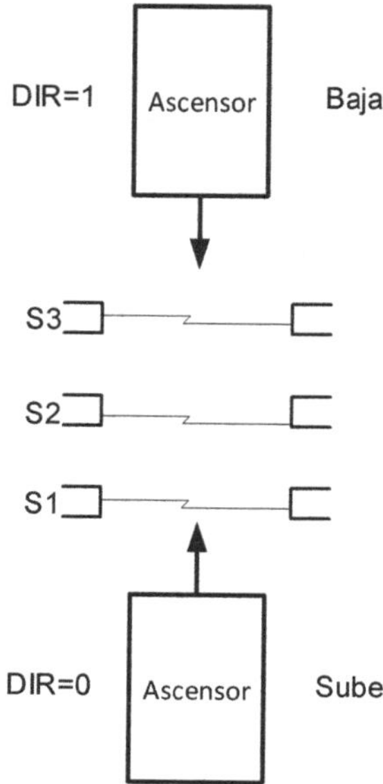

3.8. Una cafetera cuenta con cuatro entradas: INT, NA, NB y C. La señal INT enciende (1) y apaga (0) la cafetera. Las señales NA y NB indican el nivel de agua de la cafetera, NA es un sensor en la parte suprior del depósito de la cafetera y NB es un sensor en la parte baja del depósito de la cafetera, indicando si no hay agua (NA = 0 y NB = 0), hay poca agua (NA = 0 y NB = 1) y hay mucha agua (NA = 1 y NB = 1). La señal C indica si hay poco (0) o mucho café (1).

Los fabricantes quieren añadir un *display* 7-segmentos a la cafetera:

- Si INT está a 0, el *display* 7 segmentos dibuja un 0.
- Si INT es 1 el 7-segmentos indica lo fuerte que está el café: suave, normal y fuerte:
- Si no hay agua, se enciende una E mayúscula de error, independientemente del café.
- Si hay mucha agua y poco café, el café es suave y solo se excita el segmento d (segmento inferior).
- Si hay mucha agua y mucho café o hay poco agua y poco café, el café es normal y se excitan los segmentos d y g (los dos segmentos inferiores en vertical).
- Si hay poca agua y mucho café, el café es fuerte y se excitan los segmentos a, d y g (los tres segmentos centrales).
- Las posibles situaciones imposibles deben ser tratadas como condiciones libres.

3.9. Implementar el mínimo circuito capaz de obtener el valor absoluto de un número de cuatro bits codificado en binario puro con signo en C-2. La entrada siempre estará dentro del rango [–5, + 5] y la salida se visualizará en un *display* 7 segmentos.

3.10. Cuatro bits codifican en binario puro con signo en complemento a 2 la temperatura de una sala de curado de jamones; dicha temperatura siempre estará en el rango de + 4 a –4, no pudiendo salir de él. Diseñar el mínimo circuito que se visualiza en un *display* 7-segmentos si hay que activar el refrigerador, el calentador o nada. En el rango + 2 a – 2 no es necesario activar ni el refrigerador ni el calentador; en el rango –3 a –4, es necesario activar el calentador; y en el rango + 3 a + 4 hay que activar el refrigerador.

Para indicar que se ha activado el refrigerador se debe visualizar una A en el *display* 7-segmentos; al calentador le corresponde una C (mayúscula); y si no hay que activar nada, se debe excitar solo el segmento *g*.

3.11. Implementar el circuito digital que activa un led en la salida si de los cuatros bits de entrada (interruptores) dos o más no están a 1 consecutivamente. Si 2 o más entradas consecutivas estuvieran a 1, entonces el led debe estar apagado.

3.12. Se desea visualizar en un 7-segmentos si un número es primo o no. La entrada son cuatro bits codificados en binario puro con signo en C2. El planteamiento es el siguiente:

- Si un número es primo en valor absoluto, no importa si es positivo o negativo, entonces se debe ver una P en el 7-segmentos.
- Si el número en valor absoluto no es primo, entonces debe verse el valor absoluto de dicho número en el 7-segmentos. Es decir, si el número es +4 o –4, se verá un 4 en el 7-segmentos.
- La entrada se encuentra entre –5 y +5, ambos incluidos. Todas las combinaciones restantes son consideradas imposibles.

3.13. Un circuito recibe como entrada un número de dos bits codificado en binario puro con signo en C-2 y dos bits de código de operación. El resultado de la operación debe visualizarse en dos 7-segmentos: uno para el número y otro para el signo. Las operaciones disponibles según los otros dos bits de entrada son:

- Con 00 la salida es igual a la entrada,
- Con 01 la salida es igual al valor absoluto de la entrada.
- Con 10 la salida es igual a la entrada multiplicada por –2.
- Con 11 la salida es igual a la entrada menos 2.

Si un resultado no es representable (visualizable) con los dos 7-segmentos, entonces es imposible y no debe tenerse en cuenta en el circuito.

3.14. Implementar el mínimo circuito capaz de obtener el cuadrado de un número de cuatro bits, donde tanto la entrada como la salida están codificadas en binario puro con signo en C-2. La entrada siempre estará en el rango [–4, +4].

3.15. Las dos ruedas A y B de un robot deben ir a la misma velocidad. Para ello cada una dispone de un acelerador y de un freno. El sistema entrega la velocidad de giro de cada rueda en BCD, con su valor comprendido entre 0 y 9: VA y VB. Para conseguir que ambas ruedas vayan a la misma velocidad se plantea como estrategia restar las velocidades, aplicar la diferencia al freno de la rueda rápida y lo mismo con el acelerador de la rueda lenta. Por ejemplo, si A va a 9 rpm y B a 6 rpm, entonces A se frena con valor 3 y B se acelera con valor 3.

El circuito debe obtener el valor del acelerador y el freno de cada rueda: AA, FA, AB y FB. Además, se quieren visualizar dichos valores siempre y cuando sean distintos de 0. Así el usuario verá cuánto está frenando y acelerando cada rueda.

3.16. Se desea visualizar la nota de un alumno de 0 a 5. Para ello se recibe la nota del alumno en cuatro bits A y además el profesor dispone de 1 interruptor S/R para Sumar o Restar (con 0 suma y con 1 resta) de la nota A la cantidad expresada por otros dos interruptores I, es decir:

- Si S/R = 0 e I = 10, se le suma 2 a la nota A.
- Si S/R = 1 e I = 11, se le resta 3 a la nota recibida.
- Si S/R = 0 e I = 00, se le suma 0 a la nota recibida.
- Se supone que el profesor nunca restará una cantidad para dejar negativa la nota.

3.17. Se reciben de un alumno tres notas A, B y C. Obtener su nota final como la media por defecto de las dos mayores, teniendo en cuenta que las tres notas son diferentes. Diseñar el circuito que visualiza el resultado en un *display* 7-segmentos.

3.18. El consejo de administración de una empresa, formado por el presidente y los cuatro consejeros delegados, debe votar para aprobar o rechazar los presupuestos del próximo año. Teniendo en cuenta que el voto del presidente vale doble, diseñar un circuito que visualice un 1 en un *display* 7 segmentos si los presupuestos son aprobados, un 0 si se rechazan o un 8 en caso de empate. Además, se dispone de un interruptor de TRAMPA (debajo de la mesa) que da la vuelta al resultado (si es empate lo deja como está).

3.19. Diseñar el circuito capaz de sumar/restar según el valor de OP (con 0 suma, con 1 resta) dos números de cinco bits cada uno, A4-0 y B4-0, codificados en binario puro con signo en C-2. Además del resultado se deben obtener tres *flags* o indicadores de resultado:

- FZ: *flag* de cero, se pone a 1 si el resultado es cero.
- FS: *flag* de signo, se pone a 1 si el resultado es negativo.
- FO, *flag* de *overflow*, se pone a 1 si el resultado ha desbordado el rango de los cinco bits.

3.20. Escribir el programa en VHDL que implementa el control del acelerador y el freno de dos ruedas que deben avanzar más o menos a la misma velocidad. Se dispone de dos sensores de velocidad: velocidad rueda derecha, VRD, y velocidad rueda izquierda, VRI, ambos sensores entregan la velocidad en cuatro bits del 0 a 15 rpm (0000-1111). El funcionamiento es el siguiente:

- Si la diferencia entre VRD y VRI es mayor que 1 rpm entonces se activa el freno.
- Si la diferencia entre VRI y VRD es mayor que 1 rpm entonces se activa el acelerador.
- En el resto de casos se enciende un diodo led verde para indicar que todo va bien.

El acelerador, A, el freno, F, y el led verde, LV son salidas de 1 bit.

3.21. Una planta química dispone de dos depósitos de 9 litros A y B para albergar un determinado líquido. Ambos depósitos cuentan con un sensor que indica el nivel de llenado en litros del mismo mediante un código en BCD (NA, NB respectivamente). Además, existen dos bombas, una capaz de traspasar líquido del depósito A al B, a la que llamaremos Bomba1 y que se activa mediante la señal de control B1 y la otra que traspasa el líquido del depósito B al A, a la que llamaremos Bomba2 y que se activa a través de la línea de control B2. Implementa un circuito que busque mantener ambos depósitos al mismo nivel. Además, se debe mostrar la diferencia en litros existente entre ambos depósitos mediante un *display* 7- segmentos. En la visualización no importa si tiene más líquido A que B, o viceversa.

3.22. Un coche tiene dos sensores de temperatura, uno interior SI, y otro exterior, SE, que ofrecen una señal de cuatro bits en binario puro con signo. Se desea visualizar en un *display* 7-segmentos el valor absoluto de la diferencia entre ambos solo si el resultado está entre 4 °C y 9 °C, ambos incluidos.

3.23. Dados dos números a y b en BCD se desea ver el mayor de ellos en un 7-segmentos. Si alguno de ellos no fuera BCD, entonces el otro será el mayor. Si ambos no fueran BCD, debe verse una E.

Capítulo **4**

DISEÑO DE SISTEMAS SECUENCIALES BÁSICOS EN VHDL

Índice del capítulo

4.1. INTRODUCCIÓN

En los sistemas combinacionales, las salidas solo dependen de las entradas: si una salida cambia es porque lo ha hecho al menos una entrada, es decir, la salida no necesita memoria.

Sin embargo, un sistema secuencial se define como aquel que tiene memoria, en el que el tiempo tiene importancia. En un sistema secuencial, la salida en un instante t depende la entrada en ese instante y de la salida en el instante anterior.

$$y(t) = f(e(t), y(t-1))$$

Cualquier diseño medianamente complejo es secuencial, tiene memoria. Más específicamente estos sistemas son síncronos gracias a un reloj o *clock* (`clk`).

Los sistemas secuenciales pueden ser de cuatro tipos: elementos básicos de memoria o biestables, registros, contadores y autómatas. Este capítulo contempla los tres primeros, quedando el último para el siguiente capítulo.

4.2. ELEMENTOS BÁSICOS DE MEMORIA EN VHDL

Un *elemento básico de mem*oria o *biestable* o *flip-flop* es aquel circuito capaz de almacenar un bit. En un libro de electrónica digital la secuencia típica es: RS asíncrono, *latch* D, *flip-flop* D y *flip-flop* JK, pero cuando se trabaja en VHDL estos conceptos si bien son importantes no son críticos. En este libro, estos ejemplos se usan para introducir los conceptos de memoria, sincronismo y reloj y para reforzar elementos esenciales de VHDL.

4.2.1. Biestables y *flip-flops*

Un biestable recuerda el valor de un bit hasta que este cambie, síncrona o asíncronamente. En un biestable lo más importante es que la salida es capaz de mantenerse en el tiempo, se memoriza. O dicho más específicamente: el efecto (salida) de la acción generatriz (entrada) se mantiene, aunque esta haya desaparecido.

Mediante un ejemplo se ve muy bien: un secador de pelo en un vestuario tiene un pulsador de arranque (A) y uno de paro (P) ¿qué espera un nadador que pase al pulsar A? Pues que arranque el secador ¿y qué espera que pase al soltar el dedo? Pues seguramente espera que siga encendido, de manera que no tenga que seguir apretando A. Y lo mismo para el paro del secador. Es decir, que desaparecido el pulso en A su efecto se mantenga, que el secador tenga memoria.

Existen varios tipos de biestables, RS, D, JK y T. Y si existen es porque los diseñadores los encuentran útiles para sus diseños. Es decir, no aparecen conceptualmente, sino por utilidad. La diferencia entre los cuatro está en las entradas disponibles y en su efecto en la salida. Por ejemplo ¿qué pasa en el secador si A y P están apretados por un nadador un poco torpe?

Por razones históricas, las salidas siguen siendo dos, Q y noQ, ambas contrarias entre sí, aunque en general baste con Q. También es momento ahora de decir que el diseñador no tiene por qué estar al tanto de estos biestables, no tiene por qué describirlos de forma explícita, sino que seguramente será el propio VHDL el encargado de "extraerlos" o sintetizarlos de la descripción en VHDL. Todo esto se irá viendo en el desarrollo del capítulo.

El sincronismo es un aspecto más delicado. Por ejemplo, el secador de pelo anterior es asíncrono: todo cambio en la entrada es importante ya que puede afectar al secador. Generalmente los sistemas son asíncronos en esencia, pero se convierten en síncronos por necesidades tecnológicas.

Un biestable es síncrono cuando solo "escucha" a las entradas en un momento determinado según la señal de reloj o *clock*. Una metáfora útil es el de una persona que se tapa y destapa los oídos, ya que solo podemos hablarle cuando los tiene destapados. En un biestable síncrono las manos son el reloj.

El reloj es una señal cuadrada interna de la FPGA que trabaja a una frecuencia fija y generalmente alta, por ejemplo 50 MHz (en el caso de Altera) y 100 MHz (Xilinx). Para 100 MHz los oídos se destapan cada 10 nanosegundos para escuchar la entrada y procesarla en la salida. El sincronismo se entenderá mejor al describir los biestables, y más todavía al usar estos en registros y contadores.

Solo un comentario final. Antes los diseñadores solían crear sus propias señales de reloj o modificaban la señal interna de reloj según sus necesidades, el reloj estaba en manos del diseñador. Ahora ya no, el reloj debe ser el interno de la FPGA y el diseñador no lo puede modificar a su gusto si no es a través de los recursos dados por la FPGA. El reloj o *clock* es intocable en un principio, aunque luego usaremos algún truco rastrero y útil por igual.

4.2.2. RS asíncrono

Su diseño con puertas lógicas está en la Figura 4.1, donde se ve que la salida vuelve a ser entrada y afecta a la salida. En la tabla de verdad cobran sentido las letras R (*reset* o puesta a 0) y S (set o puesta a 1), ambas por nivel bajo: si R está a 0, entonces la salida se pone a 0, si S está a 0 entonces la salida se pone a 1 y si ambas están a 1, entonces la salida mantiene su valor. No tiene sentido poner R y S a 0, ya que entonces la orden es que la salida se ponga a 0 y a 1 simultáneamente.

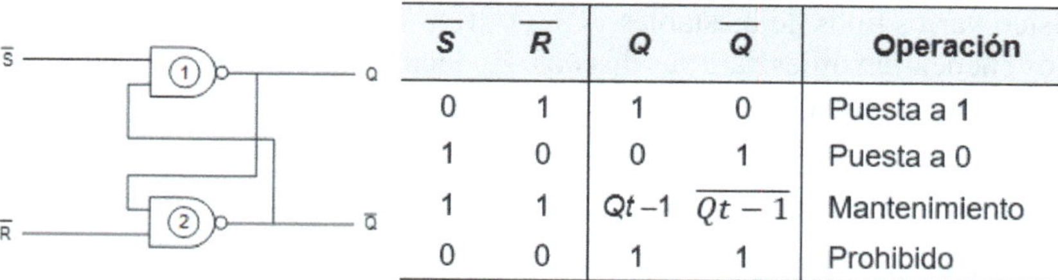

$\overline{S}$	$\overline{R}$	Q	$\overline{Q}$	Operación
0	1	1	0	Puesta a 1
1	0	0	1	Puesta a 0
1	1	$Qt-1$	$\overline{Qt-1}$	Mantenimiento
0	0	1	1	Prohibido

Figura 4.1. Circuito lógico y tabla de verdad de un RS asíncrono

En VHDL la descripción es la siguiente y para probarla hay que recordar que las entradas son activas por nivel bajo, y que, por tanto, al probar el diseño, R y S deben estar a 1, excepto cuando estén activas.

```
process(R,S)
begin
Q<=not(S and noQ);
noQ<=not(R and Q);
end process;
```

En algunos entornos de diseño VHDL esta implementación entrega un *warning* o un error: el diseño puede tener *races*, carreras, una de las peores situaciones de diseño.

Este biestable funciona, pero es poco útil en diseños ya que es preferible que sean síncronos.

Por ejemplo, en el Vivado de Xilinx, el entorno de desarrollo más conocido por los autores, para la anterior descripción indica que hay un error tipo *loop*, lo que significa que hay una estructura hardware en la que una salida es entrada sin que haya reloj.

> [DRC LUTLP-1] Combinatorial Loop Alert: 1 LUT cells form a combinatorial loop. This can create a race condition. resolution is to modify the design to remove combinatorial logic loops. If the loop is known and understood, this D condition and setting the following XDC constraint on any one of the nets in the loop: 'set_property ALLOW_COMBI <myHier/myNet>]'. One net in the loop is led_OBUF[0]. Please evaluate your design. The cells in the loop are: led_

Curiosamente esta situación no ofrece problemas aparentes en Altera, al menos en LabsLand-FPGA.

Antes de seguir con nuevos biestables es interesante plantear una descripción VHDL alternativa. El VHDL anterior simplemente expresa en modo texto (VHDL) el circuito digital original, es decir, el código VHDL describe directamente el hardware. La siguiente descripción VHDL es algorítmica (`behavioral`) y describe el comportamiento deseado. Además, esta descripción VHDL permite controlar específicamente la situación R = S = 0, que puede derivar en la pérdida de control del biestable (la explicación está en los libros de electrónica digital).

En este capítulo se incidirá de nuevo en la siguiente idea: no se debe diseñar igual que con puertas/biestables; es necesario describir comportamientos más que el uso de puertas/biestables. Así es más fácil y potente. Así pues, estos ejemplos quieren ser nexo de unión entre las puertas y los biestables con la descripción VHDL correspondiente.

Ejemplo 4.1. Descripción VHDL de un biestable RS asíncrono

```
entrada<=S&R;
process(entrada)
begin
case entrada is
when "11" =>    Q<=Q; --memoria
                noQ<=noQ;
when "01" =>    Q<='1'; --puesta a 1
                noQ<='0';
when "10" =>    Q<='0'; --puesta a 0
                noQ<='1';
when "00" =>    Q<=Q; --situación prohibida
                noQ<=noQ;
when others => Q<=Q;
                noQ<=noQ;
end case;
end process;
```

4.2.3. Biestable síncrono por nivel tipo D o *latch*

En un biestable tipo D las entradas son `D` y *clock* (`clk`) y su comportamiento funcional es: estando *clock* a 1 si D es 0, la salida es 0, pero si D es 1, la salida es 1; y si *clock* está a 0, entonces la salida no cambia, aunque lo haga D (Figura 4.2).

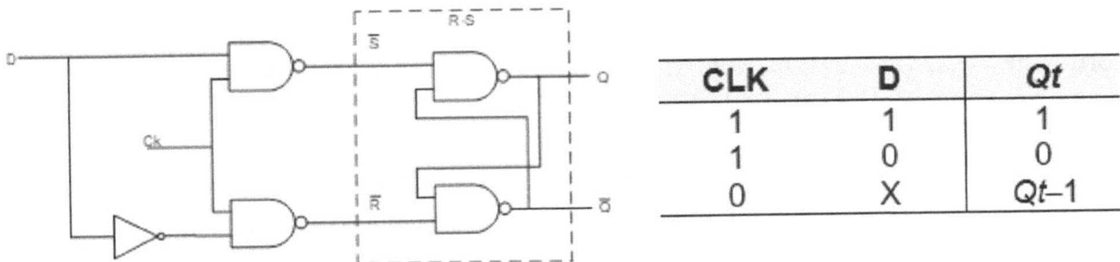

CLK	D	*Qt*
1	1	1
1	0	0
0	X	*Qt*–1

Figura 4.2. Circuito lógico y tabla de verdad de un D síncrono por nivel alto, *latch*

Ejemplo 4.2. Descripción VHDL de un *latch* D síncrono por nivel

```
process(D, clk)
begin
if clk='1' then
    Q<=D;
    noQ<=not(D);
end if;
end process;
```

La descripción VHDL anterior tiene un "error" según lo visto hasta ahora: el `if` no tiene `else`. Pero es que lo anterior era para sistemas combinacionales, y este es secuencial. La ausencia del `else` debe leerse como: si el reloj no está a 1, entonces la salida no cambia, debe mantenerse y memorizarse.

Además, en un diseño secuencial cabe hacerse esta pregunta: al arrancar o iniciarse el sistema ¿qué valores toman Q y noQ, ya que estos dependen del anterior, que no existe? La solución pasa por indicar mediante VHDL qué valor debe tener una `signal` al declararla.

```
signal Q: std_logic :='0';
signal noQ: std_logic :='1';
```

La anterior descripción es síncrona por nivel alto, ya que `clk` debe ser 1 para que el *latch* esté sincronizado o a la escucha, pero del mismo modo podemos diseñar un *latch* síncrono por nivel bajo, donde en vez de `if clk='1' then`, podemos poner `if clk='0' then`.

Además, en algún punto del proceso de síntesis (depende si se usa Altera o Xilinx) podemos ver algo como lo siguiente.

```
Info (10041): Inferred latch for "noQ" at base.vhd(37) File: COMPILATION_DIRECTORY/base.vhd Line: 37
Info (10041): Inferred latch for "Q" at base.vhd(37) File: COMPILATION_DIRECTORY/base.vhd Line: 37
```

Latch quiere decir *cerrojo* y no está mal ya que el *clock* funciona como la llave de un cerrojo: deja pasar o no a D hasta Q, pero en VHDL la palabra *latch* indica peligro: si un diseño tiene *latche*s entonces no es síncrono por flanco, lo es por nivel y eso también es tan peligroso como la inclusión de RS en un diseño.

Es interesante en este punto introducir una opción de la que suelen disponer los entornos de desarrollo VHDL/FPGA. Por ejemplo, en Vivado se puede acceder al diseño hardware funcional obtenido de la descripción VHDL. La Figura 4.3 muestra lo que la FPGA de Xilinx va a implementar. Se ve que el diseño usa el recurso LDCE (es la primitiva de *Xilinx Transparent Data Latch with Asynchronous Clear and Gate Enable*), donde CLR es *clear* y está siempre a 0 en este caso (inactiva), GE (*gate enable*) está siempre activa (a 1), `D` está conectado a D y G es el `clk`. Esta imagen es puramente informativa y se obtiene con la opción Schematic dentro de *Open Synthesized Design* de Vivado. Vemos que la descripción VHDL "acaba" siendo hardware.

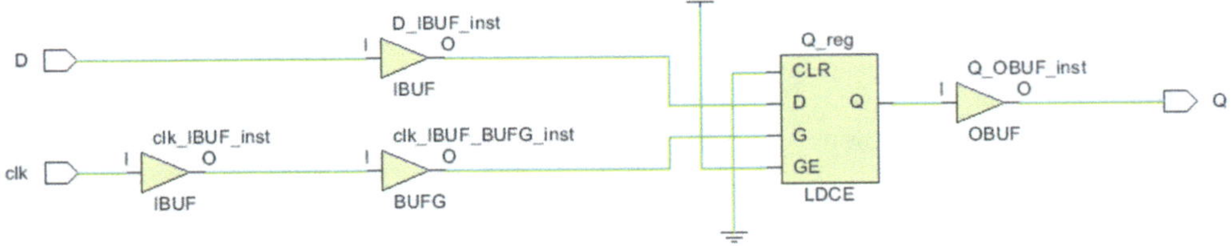

Figura 4.3. Detalle hardware de la implementación de un biestable D

Cabe añadir que la descripción del *latch* D también podríamos haberla abordado desde las puertas lógicas, usando nand, pero esto solo tendría un cierto interés, ya que este libro se enfoca primordialmente al diseño algorítmico (*behavioral*).

4.2.4. Biestable síncrono por flanco tipo D o *flip-flop* D

El término *flip-flop* es otro ejemplo del ingenio anglosajón para denominar dispositivos e indica que la báscula o biestable pasa de 0 a 1, y viceversa, *flip/flop*.

La diferencia entre un *flip-flop* y un *latch* está en el sincronismo (ver Figura 4.4). En el *latch* la salida toma el valor de D durante el nivel alto (o bajo) del reloj (clk), mientras que en el *flip-flop* D la salida toma el valor de D en el instante del flanco ascendente (o descendente). La diferencia está en las palabras "durante" e "instante".

Un flanco ascendente es el instante en el que el reloj pasa de 0 a 1 (descendente sería de 1 a 0), y así por cada ciclo de reloj, el *flip-flop* toma el valor de la entrada D en un único instante.

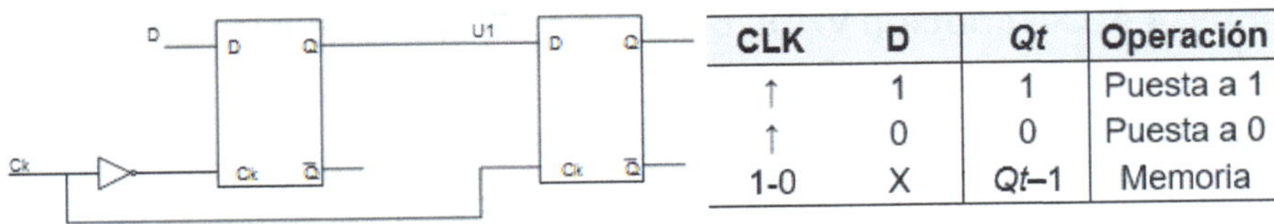

CLK	D	*Qt*	Operación
↑	1	1	Puesta a 1
↑	0	0	Puesta a 0
1-0	X	*Qt*–1	Memoria

Figura 4.4. Circuito lógico y tabla de verdad de un flip-flop D, síncrono por flanco

La descripción en VHDL es bien sencilla y solo se distingue de la anterior en el sincronismo.

Ejemplo 4.3. Descripción VHDL del *flip-flop* D síncrono por flanco

```
process(clk, D)
begin
if rising_edge(clk) then
    Q<=D;
    noQ<=not(D);
end if;
end process;
```

Para que el *flip-flop* fuera síncrono por flanco descendente bastaría con incluir `if falling_edge(clk) then`. Aunque hay que tener en cuenta que al menos en Xilinx no se permite usar el flanco descendente, ya que los *flip-flop* incluidos en la FPGA son síncronos por flanco ascendente. Y claro que Xilinx podría permitirlo usando simples inversores, pero no lo hace porque indica que degrada el diseño. Lo mismo ocurre a veces con *latches* y sistemas asíncronos. Esta situación se da en Xilinx desde hace unos años y supone que Xilinx no solo indica al diseñador qué está mal o es incorrecto desde el punto de vista del VHDL/FPGA, sino que también le dice si su diseño incumple reglas que se entienden como básicas. Es una situación interesante.

Por último, cabe decir que en este *flip-flop*, y en los anteriores biestables, faltan dos señales: `preset` y `clear`. Estas dos señales son asíncronas y su cometido es: pase lo que pase en el biestable, si se activa `clear`, entonces el biestable se pone a 0.

Estas señales son muy importantes ya que permiten al usuario recuperar el control de un diseño. El `clear` es el famoso "botón rojo" que uno aprieta cuando ha perdido el control del diseño.

La descripción es claramente más larga, pero no más difícil. En este caso, y en la mayoría, solo se incluye la señal de `clear`, ya que es la más común.

Ejemplo 4.4. Descripción VHDL del flip-flop D síncrono por flanco con línea de `clear`

```
process(clear, D, clk)
begin
if clear='1' then
    Q<='0';
    noQ<='1';
elsif rising_edge(clk) then
    Q<=D;
    noQ<=not(D);
end if;
end process;
```

Las señales *preset* y *clear* se pueden usar sin mayor complicación, aunque en ciertos diseños su uso es delicado y además los fabricantes de FPGA suelen tener sus propias recomendaciones. Las cuestionas principales son: ¿deben ser síncronas o asíncronas? ¿deben ser locales o globales? ¿por nivel alto o por nivel bajo? A continuación se incluye lo recomendado por Xilinx.

La Figura 4.5 relaciona la primera imagen con el *reset* asíncrono, y la segunda, con el síncrono. La diferencia está en el *flip-flop* usado: en el primer caso es FDCE (con *reset* asíncrono) y en el segundo con FDRE (con *reset* síncrono).

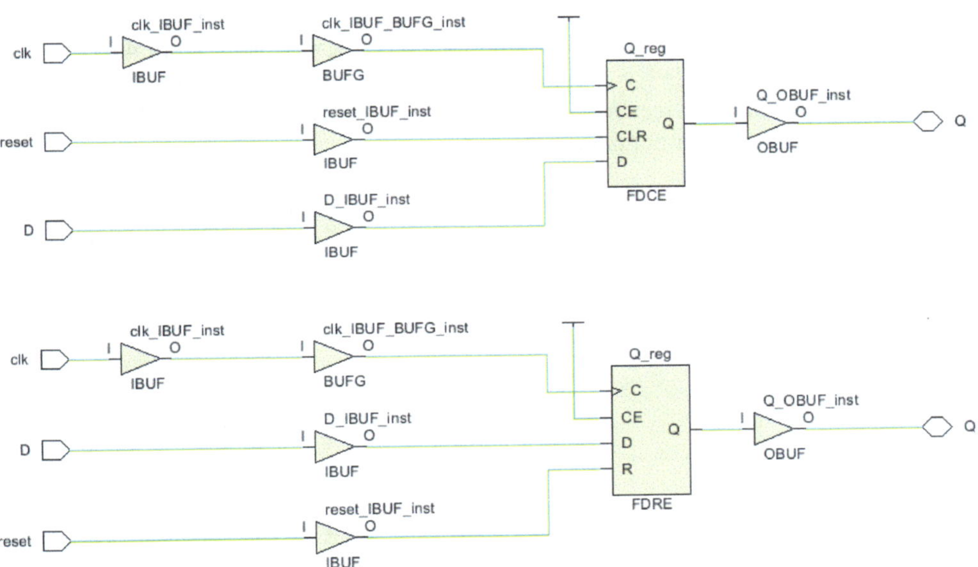

Figura 4.5 Diseño interno del *flip-flop* D en la FPGA con *reset* asíncrono y síncrono

Visto lo anterior parece que el diseñador puede usar cualquier tipo de *reset*, activo tanto por nivel alto como bajo. Esto es verdad, sobre todo para los diseños de este libro. Sin embargo, Xilinx recomienda claramente tres cosas: que el *reset* sea *síncrono*, por *nivel alto* y a ser posible *local*, mientras la tradición en diseño trae hasta nosotros el uso de *reset* asíncrono, activo por nivel bajo y global. Están fuera de este libro las explicaciones (se pueden leer en el report WP272 de Xilinx publicado en el 2008), pero valgan dos imágenes extraídas del foro de Xilinx.

> The *rule* "Do not asynchronously set or reset registers"

> And we also have to acknowledge that designs in the past have used asynchronous presets and clears - we don't want to force everyone to re-code.

Resumiendo, si el diseño es básico no debemos preocuparnos por el estilo de reinicio del sistema, síncrono o asíncrono. En este libro en general se utiliza el *reset* asíncrono

4.2.5. Biestable síncrono por flanco tipo J-K o *flip-flop* J-K

En el biestable D la salida Q siempre toma el valor de la entrada D, es decir se pone a 1 o a 0. El J-K se parece más al RS, la J es la S (*set*) y la K es la R (*reset*) y, por tanto, y como la tabla muestra, la salida no solo se pone a 1 (J=1 y K=0) o a 0 (J=0 y K=1), sino que también se memoriza en el valor anterior (J=0 y K=0) (ver Figura 4.6). Todavía sobra una combinación, J=1 y K=1, que se usa para voltear la salida, para negarla, si estaba a 1, se pone a 0, y viceversa. Esta situación de volteo hace que el J-K sea el mejor *flip-flop* para implementar contadores.

Cabe decir que si el RS se llamaba así por el *reset*/*set*, para el JK solo hay una explicación posible según Mariano Barrón (profesor de electrónica que fue de la EHU/UPV): Jack Kilby, premio Nobel especial en el año 2000 y quizá el investigador más reconocido en el ámbito de la electrónica.

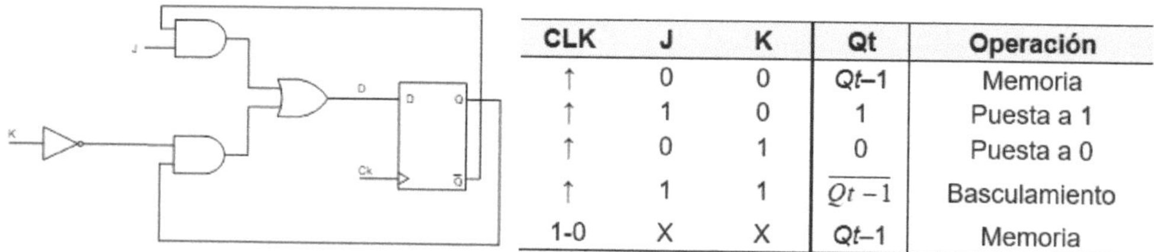

CLK	J	K	Qt	Operación
↑	0	0	*Qt*–1	Memoria
↑	1	0	1	Puesta a 1
↑	0	1	0	Puesta a 0
↑	1	1	$\overline{Qt-1}$	Basculamiento
1-0	X	X	*Qt*–1	Memoria

Figura 4.6. Circuito lógico y tabla de verdad de un *flip-flop* J-K, síncrono por flanco

La descripción VHDL es muy similar a las anteriores, aunque ahora las entradas son 2 y las combinaciones son 4.

Ejemplo 4.5. Descripción VHDL del *flip-flop* JK síncrono por flanco

```
entrada<=J&K;
process(clear, clk)
begin
if clear='1' then
    Q<='0';
    noQ<='1';
```

```
elsif rising_edge(clk) then
    case entrada is
    when "00" => Q<=Q;
                 noQ<=noQ;
    when "10" => Q<='1';
                 noQ<='0';
    when "01" => Q<='0';
                 noQ<='1';
    when "11" => Q<=noQ;
                 noQ<=Q;
    end case;
end if;
end process;
```

La descripción es algo larga (típico en VHDL), pero muy sencilla de seguir: por cada flanco ascendente de `clk` hace que la salida `Q` quede como estaba (`J=K=0`), se ponga a 1 (`J=1 y K=0`), se ponga a 0 (`J=0 y K=1`) o que voltee (`J=K=1`). De nuevo el `noQ` se mantiene por razones históricas y no prácticas

Otro aspecto destacable y formativo es el caso `11`. En esta situación `Q` toma el valor de `noQ` y `noQ` la de `Q`, y si nos fijamos un poco podemos detectar el siguiente problema, aunque no exista. Si `Q` es 0 y `noQ` es 1, entonces `Q` pasa a 1 y `noQ` ¿a qué valor pasa? ¿al anterior de `Q`, 0, o al nuevo, 1? Pasa al anterior porque no olvidemos que es hardware.

Además en la anterior descripción destaca la lista de sensibilidad `process(clear, clk)`, ya que no aparece `entrada` en ella ¿por qué? Pues porque los valores de `J` y `K` solo son "escuchados" en cada flanco ascendente del reloj, es decir, ni `J` ni `K` controlan la salida `Q` por sí solos.

Pongamos un poco de atención en el sincronismo. ¿Cuándo cambia el usuario las entradas `J` y/o `K`? Si pensamos que `J` y `K` son dos pulsadores la respuesta es "cuando cada uno quiera, asíncronamente". La siguiente pregunta es la descripción VHDL ¿es asíncrona? La respuesta es claramente no. Y entonces la tercera pregunta es ¿no debería ser asíncrono el `JK`? La respuesta funcional es sí, pero la tecnológica es no, y gana esta última. Los sistemas asíncronos son peligrosos y son mejores los síncronos porque son más estables y controlables, pero ¿podría ser que un cambio en `J` y/o `K` no tuvieran efecto en `Q`? La respuesta es sí: si el cambio en `J` y/o `K` no coincide con un flanco ascendente, es decir, si se da entre dos flancos ascendentes, entonces se pierde.

La situación conceptualmente no es buena, pero puede aliviarse gracias a la tecnología que la generó. Veamos, si el reloj, `clk`, evoluciona a 100 MHz, entonces cada segundo el JK se "despierta" o sincroniza 100 millones de veces, ¿suficiente? Es decir, el JK se sincroniza cada 10 nanosegundos ¿suficiente? O también, solo si un cambio en `J` y/o `K` dura menos de 10 ns puede que este sea obviado. Si pensamos en pulsadores y en dedos, está claro que no hay problema ya que vemos imposible un dedo que apriete y suelte en menos de 10 ns, pero podría darse y se da con muy baja probabilidad. Pero si pensamos en señales electrónicas y no en dedos, entonces el problema puede ser más acuciante. Solo cabe decir que el reloj de un sistema no puede ir tan rápido como uno quiere, hay una limitación alrededor del GHz, y que una señal no tiene por qué ir tan lento como un reloj, la señal es libre. En conclusión, el diseño a altas frecuencias es peligroso y difícil, como bien saben los ingenieros en telecomunicaciones.

4.2.6. Biestable síncrono por flanco tipo T o *flip-flop* T

En el *flip-flop* JK hemos dicho que para J=K=1 la salida se voltea, se niega, y hemos dicho que esto es muy importante para los contadores, uno de los diseños más populares en electrónica digital. El *flip-flop* T (Toggle) está especializado en voltear. La tabla y el diseño lo describen en la Figura 4.7.

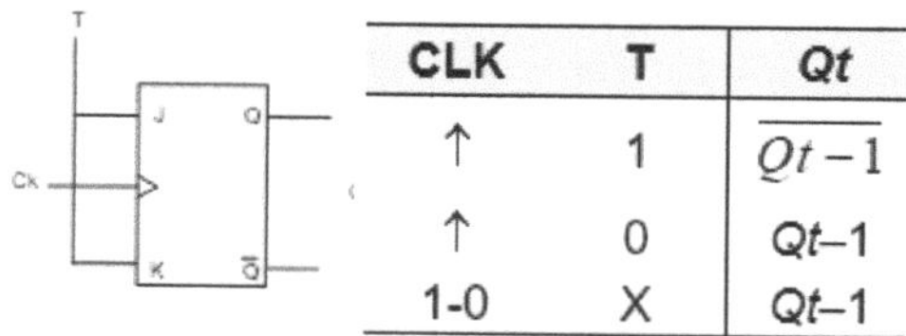

CLK	T	Qt
↑	1	$\overline{Qt-1}$
↑	0	Qt–1
1-0	X	Qt–1

Figura 4.7. Circuito lógico y tabla de verdad de un *flip-flop* T, síncrono por flanco

La descripción en VHDL de un *flip-flop* T es muy sencilla. La opción `else` podría eliminarse, pero se deja por claridad.

Ejemplo 4.6. Descripción VHDL del *flip-flop* T síncrono por flanco

```
process(clear, clk)
begin
if clear='1' then
    Q<='0';
    noQ<='1';
elsif rising_edge(clk) then
    if T='1' then
        Q<=noQ;
        noQ<=Q;
    else
        Q<=Q;
        noQ<=noQ;
    end if;
end if;
end process;
```

4.3. REGISTROS

En la sección anterior hemos descrito en VHDL los distintos biestables, y lo único común a todos ellos es que almacenan de una forma u otra un solo bit. Sin embargo, lo normal es almacenar más de un bit. Un *registro* es una agrupación de biestables para almacenar de distintas formas varios bits que luego serán leídos.

Las formas de escribir y leer un registro son dos: paralelo y serie. La más fácil de entender es la paralela: todos los bits de entrada se escriben y se leen a la vez en un flanco de reloj. La más rara pero muy común es en serie: los bits de entrada se escriben uno a uno y la salida se lee bit a bit. Si el registro serie tiene 8 bits, hacen falta 8 flancos para leerlo y escribirlo.

Un buen ejemplo es el cajero de un banco. La clave suele tener cuatro dígitos ¿metes la clave de golpe (el teclado tiene 10.000 teclas) o la metes dígito a dígito (hay diez teclas)? Está claro que metemos la clave en serie.

No es ni mejor ni peor serie o paralelo, cada una es apropiada según la situación. Hay cuatro tipos de registros: paralelo-paralelo, serie-serie, serie-paralelo y paralelo-serie (Figura 4.8), y además está el registro universal que puede comportarse como cualquiera de los cuatro anteriores.

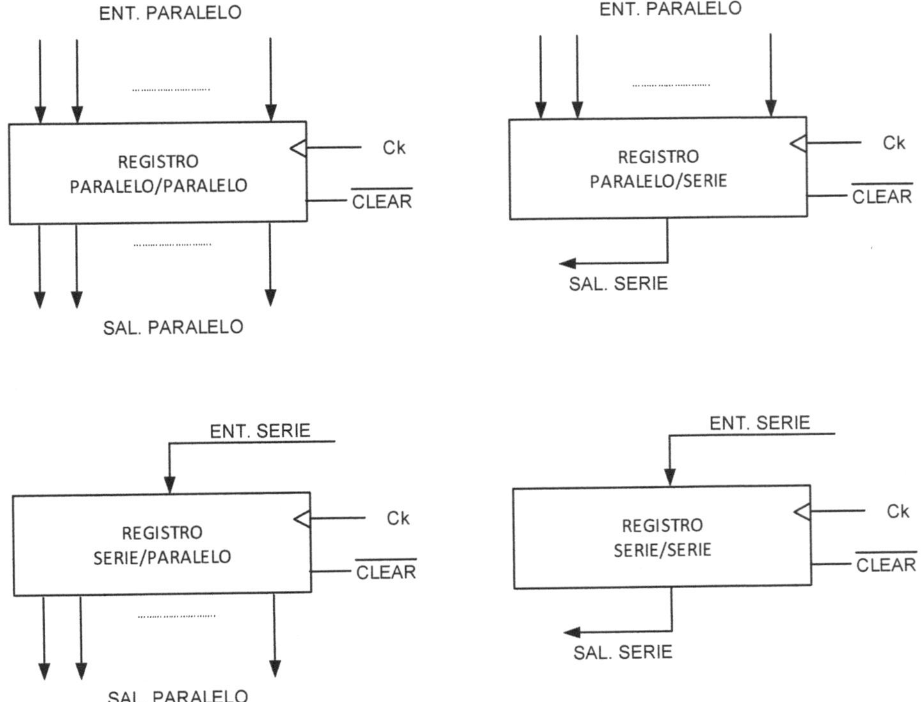

Figura 4.8. Distintos tipos de registro

Por último, cabe decir que memorizar o registrar es muy importante y popular en los diseños digitales, pero en general no se describen de forma explícita. Es decir, es muy normal que al sintetizar el VHDL este proceso "encuentre" que hay registros, aunque estos no hayan sido descritos explícitamente. A estos registros (y a otros bloques) se les llama *buried*, porque están enterrados en la FPGA.

Todos los registros descritos en el libro son síncronos por flanco.

A diferencia de los biestables que han sido descritos con cierto detalle para discutir aspectos esenciales como el sincronismo, en los registros simplemente se darán las descripciones.

4.3.1. Registro paralelo-paralelo

En el *registro paralelo-paralelo* todos los bits de entrada se cargan o escriben de forma simultánea, en un solo flanco. La lectura también es en paralelo.

La descripción VHDL de un registro paralelo-paralelo es muy similar a la del *flip-flop* D, pero en vez de 1 bit, son 4 bits.

Ejemplo 4.7. Descripción VHDL del registro paralelo-paralelo de 4 bits

```
process(clear, clk)
begin
if clear='1' then
    salida<="0000";
elsif rising_edge(clk) then
    salida<=entrada;
end if;
end process;
```

Pasar de 4 bits a 8 bits o cualquier número solo supone aumentar el tamaño de la `signal`.

En este primer ejemplo surge una pregunta ¿se ve por algún lado la descripción VHDL de los biestables del punto anterior? La respuesta es no, ya que describimos un comportamiento y es VHDL quien infiere que ahí hay un *flip-flop* D. VHDL y la herramienta de síntesis se encargan del "trabajo sucio".

Recordemos que por ejemplo para la FPGA de Altera del laboratorio remoto, el reloj es de 50 MHz y por tanto escribe y lee 50 millones de veces por segundo. ¿Necesitamos tanto? Esta frecuencia hace que la lectura sea casi asíncrona, sin reloj, porque va tan rápido que el diseño puede considerarse asíncrono.

Ahora bien, una cuestión más interesante es ¿quiere el diseñador y escribir y leer cada 20 nanosegundos? Seguramente no y en ese caso el registro tendrá una señal de control de escritura llamada `load`, por ejemplo.

La descripción VHDL de un registro paralelo-paralelo con línea de carga es muy sencilla.

Ejemplo 4.8. Descripción VHDL del registro paralelo-paralelo de 4 bits con línea de carga

```
process(clear, clk)
begin
if clear='1' then
    salida<="0000";
elsif rising_edge(clk) then
    if load='1' then
        salida<=entrada;
    end if;
end if;
end process;
```

Cada 20 nanosegundos el registro se pregunta si load está a 1, en cuyo caso la salida toma el valor de la entrada, y en caso contrario la salida se memoriza, se mantiene su contenido.

4.3.2. Registro serie-serie

En este caso las entradas entran bit a bit, de uno en uno. Y se leen de la misma manera.

En un registro serie es importante tener claro el orden o posición de cada bit. En general el que está más a la derecha es el 0 y el que está más la izquierda es el n-1, donde n es el número de bits del registro.

En la descripción VHDL destaca el uso del operador & para concatenar bits.

Ejemplo 4.9. Descripción VHDL del registro serie-serie o de desplazamiento a la izquierda de 4 bits

```
process(clear, clk)
begin
if clear='1' then
    registro<="0000";
elsif rising_edge(clk) then
    registro<=registro(2 downto 0)&entrada;
end if;
end process;
salida<=registro(3);
```

Esta descripción corresponde a la de un registro serie-serie con desplazamiento a la izquierda, ¿qué significa esto? Pues que la entrada, 1 bit, entra por la derecha (`registro<=registro(2 downto 0)&entrada;`) y que la salida sale por el bit de la izquierda (`salida<=registro(3);`). Por esto a estos registros también se les llama *registros de desplazamiento*, destacando cómo lo hacen y no qué hacen.

También destaca el uso de registro y salida, que no son la misma cosa. La señal registro almacena los 4 bits del registro y la señal salida entrega solo uno de ellos, el cuarto.

¿Cómo se implementa un registro de desplazamiento a la derecha? Pues muy sencillo, la entrada entra por la izquierda (3) y sale por la derecha (0). La descripción VHDL queda como sigue.

Ejemplo 4.10. Descripción VHDL del registro serie-serie o de desplazamiento a la derecha de 4 bits

```
process(clear, clk)
begin
if clear='1' then
    registro<="0000";
elsif rising_edge(clk) then
    registro<=entrada&registro(3 downto 1);
end if;
end process;
salida<=registro(0);
```

Se ve en `registro<=entrada®istro(3 downto 1);` que `registro(0)` se pierde, y podría verse así, pero no es correcto: no se pierde, se lee.

Una pregunta interesante ¿en cuántos flancos se escribe el registro? La respuesta es en cuatro flancos, en tantos como bits, ¿y en cuántos se lee? La respuesta de en cuatro flancos no es incorrecta, pero lo es más decir que lo hace en tres flancos, ya que el primer bit siempre está disponible.

Otra pregunta ¿se puede meter `salida<=registro(0);` dentro del `process`? ¿en qué parte del `process`? La descripción VHDL siguiente visualiza en cuatro diodos led el mismo valor de `registro`, la posición 0. La diferencia entre los leds se centra en dónde se produce la asignación, fuera o dentro del `process`, y dentro del `process` dónde.

La Figura 4.9 muestra que, aunque parezca mentira, los `g_led(2)` y `g_led(1)` siempre valen lo mismo, independientemente de la posición de la asignación respecto del cambio de la señal `registro`. Además, estos dos diodos led están retrasados un ciclo de reloj respecto de los leds 3 y 0, cuya asignación es distinta, aunque el comportamiento sea el mismo. Esto es así porque las sentencias dentro del `process` no se "ejecutan" en ningún orden, sino que se convierten en hardware, es decir, al llegar un flanco ascendente, de manera simultánea —en paralelo— se actualiza registro y a la vez se asigna el valor del g_led, no es en orden para las asignaciones dentro del if.

Queda como cuestión ¿qué valor tomaría g_led(4) si su asignación estuviera justo debajo del begin del process?

```
process(clear, clk)
begin
if clear='1' then
    registro<="01";
elsif rising_edge(clk) then
    g_led(2)<=registro(0);
    registro<=registro(0)&registro(1);
    g_led(1)<=registro(0);
end if;
    g_led(3)<=registro(0);
end process;

g_led(0)<=registro(0);
```

Figura 4.9. Análisis del comportamiento de distintas asignaciones secuenciales.

También es un buen momento para quitar clk de la lista de sensibilidad y ver qué pasa. Resulta que el registro sigue evolucionando con normalidad, igual que antes.

Volviendo al discurso normal de antes, ¿se puede añadir una señal desp para indicar si se quiere desplazar o no el registro en cada flanco de reloj? La descripción VHDL es muy sencilla.

```
process(clear, clk)
begin
if clear='1' then
    registro<="0000";
elsif rising_edge(clk) then
    if desp='1' then
        registro<=registro(2 downto 0)&entrada;
    end if;
end if;
end process;
salida<=registro(3);
```

4.3.3. Registro serie-paralelo

Este registro es muy útil y se le llama conversor serie-paralelo: los datos se reciben de uno en uno, pero se entregan y procesan todos a la vez, en paralelo. Por ejemplo y trabajando en decimal, la clave del cajero se introduce dígito a dígito en cuatro pulsaciones, pero luego se usa todo junto.

Este registro es el anterior donde solo cambia la forma en la que se extrae la salida. En la descripción VHDL se ve que se ha añadido una salida nueva.

Ejemplo 4.11. Descripción VHDL del registro serie-paralelo de 4 bits

```
process(clear, clk)
begin
if clear='1' then
    registro<="0000";
elsif rising_edge(clk) then
    registro<=registro(2 downto 0)&entrada;
end if;
end process;
salida_serie<=registro(3);
salida_paralelo<=registro;
```

4.3.4. Registro paralelo-serie

Este registro es menos común. La entrada es en paralelo, todos los bits en un flanco de reloj, mientras que la salida es bit a bit. De nuevo hablamos de un conversor, en este caso paralelo-serie.

En la descripción VHDL se necesita de una señal adicional `carga_desp`, ¿por qué? Pues porque el registro se carga en un solo flanco, pero se lee en cuatro y por tanto sin esa señal por cada lectura habrá una escritura completa, lo que afectaría al funcionamiento. Así si `carga_desp` es 1, entonces se carga el registro, pero si es 0, no lo hace, se memoriza el valor y solo se lee.

Ejemplo 4.12. Descripción VHDL del registro paralelo-serie de 4 bits

```
process(clear, clk)
begin
if clear='1' then
    registro<="0000";
elsif rising_edge(clk) then
    if carga_desp='1' then
        registro<=entrada;
```

```
    else
        registro<=registro(2 downto 0)&'0';
    end if;
end if;
end process;
salida_serie<=registro(3);
```

En la anterior descripción destaca porque mete un 0 por la derecha mientras lee, pues porque algo hay que meter para ir desplazando el contenido hacia la izquierda. También podría haber sido un 1 o cualquier otro bit.

4.3.5. Registro universal

En este caso el registro puede comportase como cualquiera de los anteriores mediante las dos líneas de `sel_reg`:

- 00: registro paralelo-paralelo
- 01: registro desplazamiento a la izquierda
- 10: registro de desplazamiento a la derecha
- 11: memoriza, no cambia

Además, le hemos añadido la señal de control `enable_sal`. Si esta es 1, la salida es ofrecida, pero si está a 0, todas las salidas quedan a alta impedancia, lo que es muy común en ciertos diseños. Esta opción de alta impedancia se puede usar en cualquiera de los registros anteriores.

La descripción VHDL es la siguiente, y de nuevo hay que ser muy cuidadoso con qué consideramos derecha, izquierda, etc. Parece fácil, pero no lo es tanto.

Ejemplo 4.13. Descripción VHDL del registro universal de 4 bits

```
process(clear, clk)
begin
if clear='1' then
    registro<="0000";
elsif rising_edge(clk) then
    case sel_reg is
    when "00" => registro<=entrada_paralelo;
    when "01" => registro<=registro(2 downto 0)&entrada_serie_derecha;
    when "10" => registro<=entrada_serie_izquierda&registro(3 downto 1);
    when "11" => registro<=registro;
    end case;
end if;
end process;
```

```
process(enable_sal, registro)
begin
if enable_sal='0' then
    salida_serie_izquierda<='Z';
    salida_serie_derecha<='Z';
    salida_paralelo<="ZZZZ";
else
    salida_serie_izquierda<=registro(3);
    salida_serie_derecha<=registro(0);
    salida_paralelo<=registro;
end if;
end process;
```

Del registro universal en VHDL cabe decir que se usa poquísimo ya que no tiene en general mucho sentido implementar cuatro registros para usar uno solo (lo más normal). Tiene un interés como ejemplo de VHDL y porque hace referencia a los diseños digitales con circuitos integrados MSI típicos de la electrónica digital.

4.3.6. Registro de desplazamiento con recirculación

Un registro de desplazamiento es aquel que no tiene entrada ya que su contenido se recircula continuamente. Por ejemplo, si el registro tiene "0001" y desplaza a la izquierda lo que se va a generar durante los siguientes cuatro flancos es "0010", "0100", "1000", "0001" y así sucesivamente.

Este bloque VHDL se utiliza mucho para multiplexar en el tiempo: según pasa el tiempo el 1 se va desplazando activando uno de cuatro procesos. Este bloque se usa para multiplexar *display* 7-segmentos como se verá más adelante, aunque también podría valer para activar los distintos procesos de una lavadora.

La descripción VHDL es muy similar a la del registro de desplazamiento, pero sin entrada. La salida es en paralelo de cuatro bits.

Ejemplo 4.14. Descripción VHDL del registro de desplazamiento con recirculación de 4 bits

```
process(clear, clk)
begin
if clear='1' then
    registro<="0001";
elsif rising_edge(clk) then
    registro<=registro(2 downto 0)&registro(3);
end if;
end process;
salida<=registro;
```

En vez de `registro(2 downto 0)®istro(3)` se podrían haber usado otros operadores de VHDL. Pero hay que advertir que estos operadores dependen mucho de las librerías incluidas y que no todas las librerías incluidas tienen el mismo comportamiento ni el mismo reconocimiento. Nuestro consejo es usar siempre use `IEEE.numeric_std.all;` y con ella los operados `shift_left` y `shift_right` y no usar `std_logic_arith`. anterior a la librería previa y que ofrece `ror, rol, sll, srr`, etc. Pero claramente esto depende de cada diseñador.

4.4. CONTADORES

Un *contador* es un dispositivo básico y simple de diseñar, y su objetivo es generar en el tiempo una secuencia que se repite.

Un contador se distingue por tres aspectos. El primero es cuánto cuenta, de dónde a dónde va, por ejemplo, de 0 a 9 (módulo 10), o de 00 a 99 (módulo 100), de 0x00 a 0xFF (módulo 256), o de 00:00:00 a 23:59:59 (módulo un montón), la secuencia de números primos (módulo infinito), etc. La segunda cuestión es cómo cuenta, por ejemplo, en todos los casos anteriores la secuencia ha sido ascendente, pero podría haber sido descendente (de 99 a 00) o desordenada, por ejemplo 0-7-3-4-0-7... La característica a establecer es cuándo cuenta, qué debe darse para que el contador pase de un estado al siguiente. Lo más normal es que el contador cuente tiempo, que cuente flancos, por ejemplo, para un contador de 1 segundo si el reloj es de 50 MHz (reloj de Altera) entonces hay que contar de 0 a 49.999.999, y no de 0 a 50.000.000 como podría parecer y que se explica luego. Parece largo, pero lo hace la FPGA, no nosotros. Tan común como contar tiempo es contar eventos, por ejemplo, contar cuántas veces se ha pulsado un pulsador, o cuántos coches han pasado por un semáforo, etc. Estos últimos contadores son fáciles de entender, pero no lo son tanto de diseñar.

A continuación, se describen los contadores básicos, empezando por los más básicos de ambos tipos (tiempo y eventos) y siguiendo por el resto.

4.4.1. Contador BCD de 0 (0000) a 9 (1001) y otros contadores

Un contador muy básico es un contador que va de 0 a 9, decodificándose su valor en un *display* 7-segmentos, pero más básico es el que va de 0000 a 1111, y vuelta a empezar.

Su descripción VHDL es la siguiente. Destaca que siempre sume 1, pero ¿qué resultado ofrece sumar 1 a 1111? La suma da 0000, ya que es en cuatro bits. Por tanto, el contador vuelve "solo" al comienzo cuando llega al final.

Ejemplo 4.15. Descripción VHDL de un contador de 0000 a 1111

```
process(clk)
begin
if rising_edge(clk) then
    contador<=contador+1;
end if;
end process;
```

Si se prueba en WebLab o en una FPGA el diseño anterior, la conclusión será que no funciona, pero sí funciona. El reloj de la FPGA de Altera tiene una frecuencia de 50 MHz (periodo de 20 ns) y el de Xilinx, de 100 MHz (periodo de 10 ns), por tanto, el contador cuenta tan rápido que nuestro ojo no lo ve.

¿Podríamos verlo evolucionar bien? Hay una chapuza que Xilinx no permite y Altera sí. Consiste en asignar un pulsador al reloj, es decir nuestro dedo será el reloj e irá tan rápido como queramos. Esta situación incumple lo dicho antes: no tocar el reloj en ningún caso y usar siempre el interno de la FPGA. Pero a cambio podemos probar con libertad. Más adelante se dan soluciones más elegantes a este problema.

```
clk<=not(v_bt(0)); --debe negarse porque el pulsador es activo por nivel bajo

process(clk)
begin
if rising_edge(clk) then
    contador<=contador+1;
end if;
end process;
```

La siguiente descripción VHDL es de un contador BCD, y suma 1 por cada flanco hasta llegar al tope, en cuyo caso vuelve a 0. En este caso se añade la señal de `clear`, tan importante para poder reiniciar el contador en caso necesario.

Ejemplo 4.16. Descripción VHDL de un contador BCD ascendente

```
process(clear, clk)
begin
if clear='1' then
    contador<=0;
elsif rising_edge (clk) then
    if contador=9 then
        contador<=0;
    else
        contador<=contador+1;
    end if;
end if;
end process;
```

¿Cómo sería un contador descendente de 9 a 0? Pues es bien simple.

Ejemplo 4.17. Descripción VHDL de un contador BCD descendente

```
process(clear, clk)
begin
if clear='1' then
    contador<=9;
elsif rising_edge (clk) then
    if contador=0 then
        contador<=9;
    else
        contador<=contador-1;
    end if;
end if;
end process;
```

¿Cómo sería un contador ascendente/descendente mediante una señal de sentido? Pues de nuevo es bien fácil, utilizando lo ya explicado para sistemas combinacionales.

Ejemplo 4.18. Descripción VHDL de un contador BCD ascendente/descendente

```
process(clear, clk)
begin
if clear='1' then
    if sentido='0' then
        contador<=0;
    else
        contador<=9;
    end if;
elsif rising_edge (clk) then
    if sentido='0' then
        if contador=9 then
            contador<=0;
        else
            contador<=contador+1;
        end if;
    else
        if contador=0 then
            contador<=9;
        else
            contador<=contador-1;
        end if;
    end if;
end if;
end process;
```

Una propuesta ¿se puede implementar el anterior contador ascendente/descendente de manera que al cambiar de sentido pase al primer valor de la otra secuencia? Por ejemplo, si el contador era descendente y se pasa a ascendente entonces el nuevo valor es el 0.

Otra propuesta ¿se puede implementar un contador que genere de continuo la secuencia de 0 a 9 y luego de 9 a 0? O sea 0-1-2-…8-9-8-7-6-...0-1-2…

4.4.2. Contador de tiempo

¿Cómo se cuenta el tiempo en una FPGA? Simplemente contando flancos, muchos flancos.

Por ejemplo ¿cómo se describe en VHDL un led que parpadea cada medio segundo: 0,5 s en ON y 0,5 s en OFF? Hay al menos dos formas. La más sencilla es plantear un contador de 0 a 50 millones (o 100 millones) y luego en función del valor activar o desactivar el led.

Ejemplo 4.19. Descripción VHDL de un contador de tiempo de 1 segundo con parpadeo

```
process(clear, clk)
begin
if clear='1' then
    contador<=0;
elsif rising_edge (clk) then
    if contador=50000000-1 then
        contador<=0;
    else
        contador<=contador+1;
    end if;
end if;
end process;

process(contador)
begin
if contador<25000000-1 then
    led<='0';
else
    led<='1';
end if;
end process;
```

Puede parecer un poco excesivo contar hasta 50 millones, pero es lo que hay que hacer. Curiosamente el contador no llega hasta 50 millones sino hasta 49.999.999 ¿por qué? Pues porque cuando llega a ese valor y vuelve a 0, entonces ya lleva contado un flanco, el primero, con el segundo flanco el contador se pone a 1, es decir, el contador almacena un flanco menos de los que lleva, y por tanto si dejáramos en el `if` el valor 50.000.000, entonces contaría 1 flanco más, 20 nanosegundos más ¿es mucho o es poco? Eso depende del diseñador, pero lo correcto es poner –1.

Aunque, siguiendo con este análisis resulta que ahora cuenta bien siempre menos la primera vez tras el *reset* ¿cómo se podría resolver? ¿cómo debe ser el *reset*: síncrono o asíncrono?

Otra solución es contar hasta medio segundo y voltear el valor del led. Este diseño es puramente secuencial, mientras que el anterior era en parte combinacional, ahora hay un registro para el led.

La Figura 4.10 muestra la diferencia entre ambos diseños.

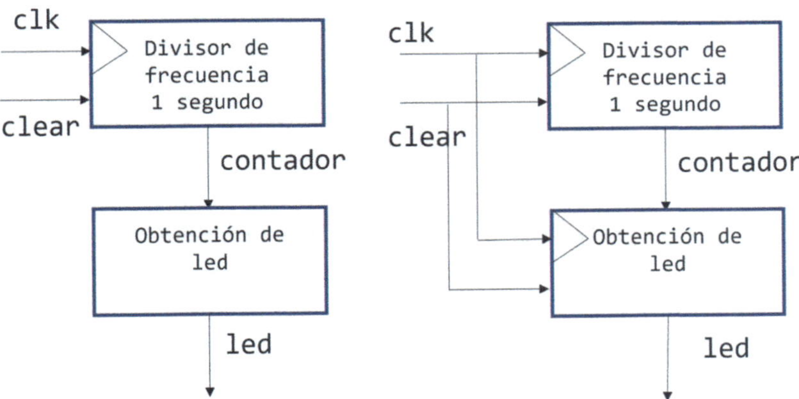

Figura 4.10. Diagramas de bloques para parpadeo de led.

Ejemplo 4.20. Descripción VHDL alternativa de un contador de tiempo de 1 segundo con parpadeo

```
process(clear, clk)
begin
if clear='1' then
    contador<=0;
elsif rising_edge (clk) then
    if contador=25000000-1 then
        contador<=0;
    else
        contador<=contador+1;
    end if;
end if;
end process;
```

```
process(clear, clk)
begin
if clear='1' then
    led<='0';
elsif rising_edge(clk) then
    if contador=25000000-1 then
        led<=not(led);
    end if;
end if;
end process;
```

También se puede diseñar un contador de segundos de 0 a 9 combinando los dos diseños anteriores: un `process` cuenta hasta 1 segundo y el otro de 0 a 9 cuando el anterior ha alcanzado 1 segundo. Se ve que el `cont_BCD` solo suma 1 cuando el `cont_1seg` vale 50 millones –1, es decir, suma uno cada 50 millones de flancos.

La Figura 4.11 muestra el diagrama de bloques.

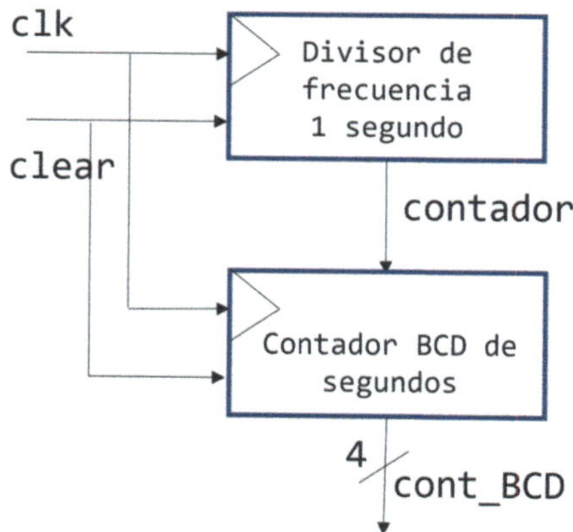

Figura 4.11. Diagramas de bloques del contador BCD, de 0 a 9, de segundos.

Ejemplo 4.21. Descripción VHDL de un contador BCD de segundos

```
process(clear, clk)
begin
if clear='1' then
    cont_1seg<=0;
elsif rising_edge (clk) then
    if cont_1seg=50000000-1 then
        cont_1seg<=0;
    else
```

```
        cont_1seg<=cont_1seg+1;
    end if;
end if;
end process;

process(clear, clk)
begin
if clear='1' then
    cont_BCD<=0;
elsif rising_edge (clk) then
    if cont_1seg=50000000-1 then
        if cont_BCD=9 then
            cont_BCD<=0;
        else
            cont_BCD<=cont_BCD+1;
        end if;
    end if;
end if;
end process;
```

Lo anterior podría haber quedado en un solo `process`. Usar una u otra descripción es una cuestión de estilo. En el libro preferimos hacerlo en dos `process`.

Ejemplo 4.22. Descripción alternativa VHDL de un contador BCD de segundos

```
process(clear, clk)
begin
if clear='1' then
    cont_1seg<=0;
    cont_BCD<=0;
elsif rising_edge (clk) then
    if cont_1seg=50000000-1 then
        cont_1seg<=0;
        if cont_BCD=9 then
            cont_BCD<=0;
        else
            cont_BCD<=cont_BCD+1;
        end if;
    else
        cont_1seg<=cont_1seg+1;
    end if;
end if;
end process;
```

También puede ser interesante hacer que el tiempo de evolución se pueda cambiar. Por ejemplo, podemos hacer que el contador BCD vaya a un ritmo de 1 segundo o de 2 segundos. En este caso nos hace falta una entrada `modo` para indicar a qué frecuencia va a evolucionar el contador: 0 va a 1 segundo y con 1 va a 2 segundos.

Ejemplo 4.23. Descripción VHDL de un contador BCD de segundos con control de rapidez

```
process(modo)
begin
if modo='0' then
    tope<=50000000-1;
else
    tope<=100000000-1;
end if;
end process;

process(clear, clk)
begin
if clear='1' then
    cont_1seg<=0;
elsif rising_edge (clk) then
    if cont_1seg=tope then
        cont_1seg<=0;
    else
        cont_1seg<=cont_1seg+1;
    end if;
end if;
end process;
```

La señal `tope` indica cuántos flancos hay que contar, y así donde antes ponía 50 millones menos 1, ahora debe poner `tope`.

4.4.3. Divisor de frecuencia

Uno de los diseños más comunes y sencillos en VHDL/FPGA es el del *divisor de frecuencia.*

Como ya se ha dicho cada FPGA tiene un reloj interno y este tiene una frecuencia del orden de MHz. Pero ¿qué pasa si necesitamos un reloj de 1 kHz? La solución pasa por diseñar un divisor de frecuencia.

Su diseño es muy sencillo y se basa en el valor de la señal de `tope`. Esta se obtiene dividiendo la frecuencia del reloj de la FPGA, 100 MHz, por ejemplo, entre la deseada. Por ejemplo, para una frecuencia de 1 kHz, tope = 100.000.000/1000 = 100.000, o para 1 MHz tope = 100.000.000/1.000.000 = 100. Esta señal de `tope` controla un contador que toma el valor `tope-1` una vez cada 100.000 o 100 flancos.

Este valor del contador se usa para sincronizar los nuevos `process` a la nueva frecuencia.

La descripción VHDL siguiente se corresponde con un registro de desplazamiento con recirculación que evoluciona a 1 kHz, en vez de a los 100 MHz originales. En este ejemplo la señal `clear` es síncrono.

```
process(clk, inicio)
begin
if rising_edge(clk) then
    if inicio='1' then
        contador_base_enable<=0;
    else
        if contador_base_enable=100000-1 then
            contador_base_enable<=0;
        else
            contador_base_enable<=contador_base_enable+1;
        end if;
    end if;
end if;
end process;

process(clk, inicio)
begin
if rising_edge(clk) then
    if inicio='1' then
        enable_seg<="1110";
    else
        if contador_base_enable=100000-1 then
            enable_seg<=enable_seg(2 downto 0)&enable_seg(3);
        end if;
    end if;
end if;
end process;
```

Mirando a la descripción anterior cabe hacerse una pregunta ¿qué pasa si el `if` hubiera sido `if contador_base_enable=0 then` o incluso `if contador_base_enable=(100000000/2)-1 then`? La decisión pude ser importante en algunos diseños, el diseño ¿debe generar un flanco a 1 kHz con el primer flanco a 100 MHz?

Es importante aprovechar este apartado para hablar del reloj de una FPGA. Uno de los dispositivos más sofisticados de una FPGA es el encargado de generar el reloj, ya que este no solo debe tener una frecuencia lo más exacta posible, por ejemplo, de 100 MHz, sino que además esta señal debe llegar a la vez a todos los biestables de la FPGA (y son millones), ya que si esto no fuera así el sincronismo quedaría comprometido. Así pues, no es absoluto recomendable (en Xilinx está prohibido) crear nuevos relojes (como hemos hecho usando un pulsador como reloj en la FPGA de Altera en el WebLab) o modificar los existentes. La solución pasa por diseñar divisores de frecuencia como se ha mostrado o usando las primitivas propias de cada FPGA.

Cabe decir que la plataforma software de diseño en VHDL/FPGA (Vivado en Xilinx y Quartus en Altera) entregan un análisis temporal para cada diseño, indicando si lo obtenido cumple o no con los requisitos originales del diseño. Este aspecto no es tratado en el libro, ya que queda fuera de lo que entendemos como básico.

4.4.4. Reloj como contador de tiempo

El diseño anterior era de en un contador de segundos, pero ¿por qué no de minutos? La descripción contiene además de un contador de 0 a 9, otro de 0 a 5, y así conjuntamente ser un contador 00 a 59 segundos. Y lo mismo para los minutos. El diagrama de bloques está en la Figura 4.12.

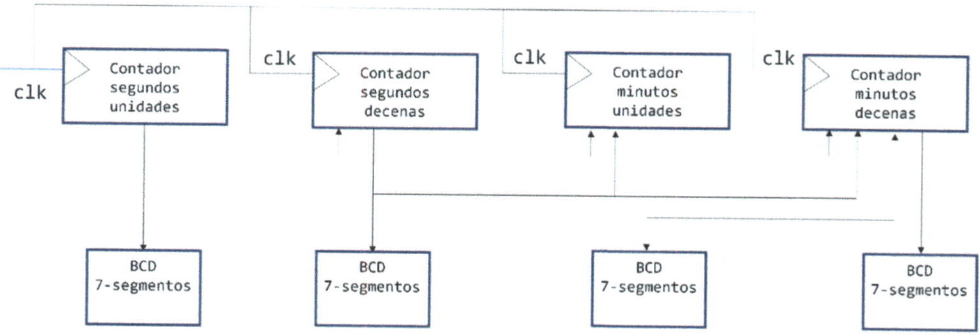

Figura 4.12. Diagramas de bloques del reloj de minutos y segundos.

La descripción VHDL es larga pero no complicada, y es un buen momento para sentir que los `process` funcionan en paralelo, que cada uno va a lo suyo y lo hace bien. Destaca en esta descripción, como novedad, que el *reset* o `inicio` es síncrono, ya que depende de la señal de reloj, está debajo del `if rising_edge(clk)`.

Ejemplo 4.24. Descripción VHDL de un contador de segundos y minutos

```
process(clk, inicio)
begin
if rising_edge(clk) then
    if inicio='1' then
        cont_1seg<=0;
    elsif cont_1seg=50000000-1 then
        cont_1seg<=0;
    else
        cont_1seg<=cont_1seg+1;
    end if;
end if;
end process;
```

```
process(inicio, clk)
begin
if rising_edge(clk) then
    if inicio='1' then
        cont_seg_unidades<=0;
    else
        if cont_1seg=50000000-1 then
            if cont_seg_unidades=9 then
                cont_seg_unidades<=0;
            else
                cont_seg_unidades<=cont_seg_unidades+1;
            end if;
         end if;
    end if;
end if;
end process;

process(inicio, clk)
begin
if rising_edge(clk) then
    if inicio='1' then
        cont_seg_decenas<=0;
    else
        if cont_1seg=50000000-1 and cont_seg_unidades=9 then
            if cont_seg_decenas=5 then
                cont_seg_decenas<=0;
            else
                cont_seg_decenas<=cont_seg_decenas+1;
            end if;
        end if;
    end if;
end if;
end process;

process(inicio, clk)
begin
if rising_edge(clk) then
    if inicio='1' then
        cont_min_unidades<=0;
    else
        if  cont_1seg=50000000-1  and  cont_seg_unidades=9  and  cont_seg_de-
cenas=5 then
            if cont_min_unidades=9 then
                cont_min_unidades<=0;
            else
                cont_min_unidades<=cont_min_unidades+1;
            end if;
        end if;
    end if;
end if;
end process;
```

```
process(inicio, clk)
begin
if rising_edge(clk) then
    if inicio='1' then
        cont_min_decenas<=0;
    else
        if cont_1seg=50000000-1 and cont_seg_unidades=9 and cont_seg_de-
cenas=5 and cont_min_unidades=9 then
            if cont_min_decenas=5 then
                cont_min_decenas<=0;
            else
                cont_min_decenas<=cont_min_decenas+1;
            end if;
        end if;
    end if;
end if;
end process;
```

La siguiente descripción integra los process anteriores en no solo, Esta descripción es más compacta que la anterior, pero también es más compleja y mareante. Es cuestión de estilo usar una u otra.

Ejemplo 4.25. Descripción alternativa VHDL de un contador de segundos y minutos

```
process(inicio, clk)
begin
if inicio='1' then
    cont_1seg<=0;
    cont_seg_unidades<=0;
    cont_seg_decenas<=0;
    cont_min_unidades<=0;
    cont_min_decenas<=0;

elsif rising_edge(clk) then
      if cont_1seg=50000000-1 then
        cont_1seg<=0;
         if cont_seg_unidades=9 then
            cont_seg_unidades<=0;
            if cont_seg_decenas=5 then
                cont_seg_decenas<=0;
                if cont_min_unidades=9 then
                    cont_min_unidades<=0;
                    if cont_min_decenas=5 then
                        cont_min_decenas<=0;
                    else
                        cont_min_decenas<=cont_min_decenas+1;
                    end if;
                else
```

```
                    cont_min_unidades<=cont_min_unidades+1;
                end if;
            else
                cont_seg_decenas<=cont_seg_decenas+1;
            end if;
         else
            cont_seg_unidades<=cont_seg_unidades+1;
         end if;
    else
        cont_1seg<=cont_1seg+1;
     end if;
end if;
end process;
```

Ahora es buen momento para hacerse la siguiente pregunta ¿cuántos recursos de la FPGA consume el diseño del reloj? Este libro sobre todo se centra en VHDL, y no tanto en otros aspectos, pero en LabsLand-FPGA se puede ver el consumo de recursos. Por ejemplo, la Figura 4.13 muestra la parte inferior del editor de VHDL, y ahí se ve que a pesar de los contadores de millones apenas se consume un 1% de la lógica y 40 registros.

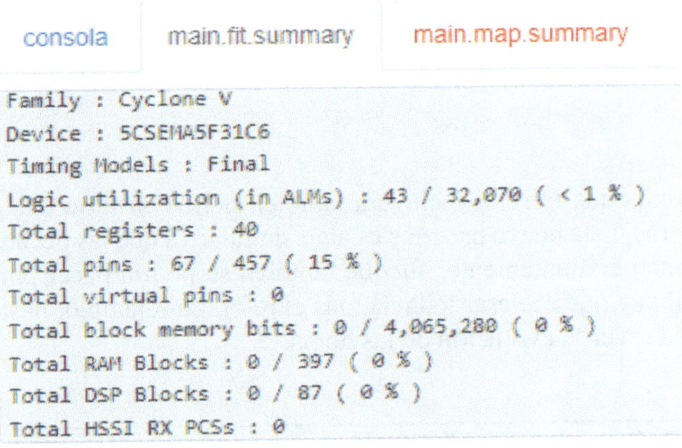

Figura 4.13. Consumo de recursos de la FPGA Cyclone del reloj de minutos y segundos.

Cualquiera de los dos diseños anteriores es correcto, pero tienen el problema de que para verlos evolucionar bien hay que esperar una hora, y quizá es demasiado para nuestra paciencia. La solución pasa por hacer que el reloj vaya más rápido, por ejemplo 50 veces más rápido.

La descripción VHDL planteada añade una nueva entrada, `rapido`: si es 0, el reloj avanza a la frecuencia normal, pero si es 1, va 50 veces más rápido (1 segundo real son 50 segundos en el reloj). En este caso en vez de trabajar con 50 millones de flancos trabajaremos con 1 millón. En cada `process` en vez de preguntarnos por 50 millones menos 1, lo haremos por la señal `tope`.

Ejemplo 4.26. Descripción VHDL de un contador de segundos y minutos con control de rapidez

```
process(rapido)
begin
if rapido='0' then
    tope<=50000000-1;
else
    tope<=1000000-1;
end if;
end process;

process(clk, inicio)
begin
if rising_edge(clk) then
    if inicio='1' then
        cont_1seg<=0;
    elsif cont_1seg=tope then
        cont_1seg<=0;
    else
        cont_1seg<=cont_1seg+1;
    end if;
end if;
end process;
```

Si quisiéramos que el reloj incluyera también horas, bastaría con añadir un nuevo process, de horas. Este nuevo process es algo singular ya que las decenas y las unidades de horas se tratan conjuntamente, aunque también se podría hacer por separado. Cabe decir que igual hay que acelerar todavía más el reloj, por ejemplo, hasta 500 veces más rápido para poder ver la evolución de las horas.

Ejemplo 4.27. Descripción VHDL de un contador de horas

```
process(inicio, clk)
begin
if rising_edge(clk) then
    if inicio='1' then
        cont_hor_decenas<=0;
        cont_hor_unidades<=0;
    else
        if cont_1seg=tope-1 and cont_seg_unidades=9 and cont_seg_decenas=5
and cont_min_unidades=9 and cont_min_decenas=5 then
            if cont_hor_unidades=9 or (cont_hor_unidades=1 and cont_hor_de-
cenas=1) then
                cont_hor_unidades<=0;
```

```
                if cont_hor_unidades=1 and cont_hor_decenas=1 then
                    cont_hor_decenas<=0;
                else
                    cont_hor_decenas<=cont_hor_decenas+1;
                end if;
            else
                cont_hor_unidades<=cont_hor_unidades+1;
            end if;
        end if;
    end if;
end if;
end process;
```

4.4.5 Multiplexado de señales por tiempo

En la tarjeta de desarrollo de Xilinx (Basys3) hay cuatro 7-segmentos que están multiplexados para reducir el número de pines consumidos en la FPGA. Según este enfoque hacen falta 7 pines del *display* y 1 pin de *enable* por cada *display*, en total 11 pines. En las tarjetas de desarrollo de Altera de WebLab hay al menos seis 7-segmentos sin multiplexar, esto es, consume 42 pines, más o menos el triple que si estuvieran multiplexados (13 pines).

Esta reducción en el número de pines tiene como contrapartida que el diseñador debe multiplexar los 7-segmentos. Los 7 pines de los segmentos van a todos los *displays*, a los cuatro, y además solo un pin de *enable* está activo, de manera que solo se ve el *número* en un *display*. Pasado un tiempo el *enable* activo es el de otro *display* y por tanto el número se ve en otro 7-segmentos, y así sucesivamente.

La crítica es evidente: en cada instante solo se ve un número de los cuatro, pero no es así. Resulta que si ese multiplexado (compartir) es rápido, el ojo ve los cuatro *displays* activados a la vez. La frecuencia del ojo es de más o menos 50 Hz-100 Hz, es decir, si un evento dura menos de 10 ms, entonces no lo ve. Por ejemplo, si el barrido del multiplexado es de 1 kHz, entonces a cada *display* le corresponde una frecuencia de 250 Hz, por encima de los 100 Hz del ojo. Es decir, el *display* se apaga, sí, pero durante tan poco tiempo que no se ve. En el circo vemos que una persona lanza 10 bolas al aire y las recoge con las dos manos, y no se caen. ¿Cómo puede ser si son 10 bolas y hay solo dos manos? Lo mismo ocurre con el multiplexado.

La descripción VHDL tiene cuatro elementos principales: un divisor de frecuencia, un registro de desplazamiento, un multiplexor y un decodificador BCD a 7-segmentos. El divisor entrega una frecuencia de 1 kHz para que cada 1 ms el registro de desplazamiento recircule la secuencia "0001", y así el 1 del *enable* pasa de un *display* al siguiente. También y en base al registro anterior, el multiplexor lleva una de las cuatro entradas al decodificador BCD a 7-segmentos (ver Figura 4.14).

El multiplexado solo tiene sentido en la Basys3 con FPGA de Xilinx. En esta placa la frecuencia del reloj es de 100 MHz, y por tanto para obtener 1 kHz hay que dividir entre 100.000. Además, en la siguiente descripción VHDL se ve que el registro es "`1110`" y no "`0001`", esto es porque en los 7-segmentos el `enable` es activo por nivel bajo. De forma genérica las entradas a multiplexar son millares (`mil`), centenas (`cent`), decenas (`dec`) y unidades (`uni`).

```
process(clk, inicio)
begin
if rising_edge(clk) then
    if inicio='1' then
        contador_base_enable<=0;
    else
        if contador_base_enable=100000-1 then
            contador_base_enable<=0;
        else
            contador_base_enable<=contador_base_enable+1;
        end if;
    end if;
end if;
end process;

process(clk, inicio)
begin
if rising_edge(clk) then
    if inicio='1' then
        enable_seg<="1110";
    else
        if contador_base_enable=100000-1 then
            enable_seg<=enable_seg(2 downto 0)&enable_seg(3);
        end if;
    end if;
end if;
end process;

process(enable_seg, mil, cent, dec, uni)
begin
case enable_seg is
when "1110" => BCD<=uni;
when "1101" => BCD<=dec;
when "1011" => BCD<=cent;
when "0111" => BCD<=mil;
when others => BCD<=0;
end case;
end process;
```

```
process(BCD)
begin
case BCD is
when 0 => siete_seg<="1000000";
when 1 => siete_seg<="1111001";
when 2 => siete_seg<="0100100";
when 3 => siete_seg<="0110000";
when 4 => siete_seg<="0011001";
when 5 => siete_seg<="0010010";
when 6 => siete_seg<="0000011";
when 7 => siete_seg<="1111000";
when 8 => siete_seg<="0000000";
when 9 => siete_seg<="0011000";
when others => siete_seg<="0000110";
end case;
end process;
```

Una modificación interesante es bajar la frecuencia de multiplexado. Por ejemplo, si en vez de 100.000 el límite fuera de 1.000.000 entonces la frecuencia de multiplexado sería de 100 Hz, quedando 25 Hz para cada *display*. En este caso puede que el ojo sí vea el multiplexado y así veamos el "truco" del multiplexado. El cambio a 2.000.000 u otro valor facilitaría más la observación del barrido.

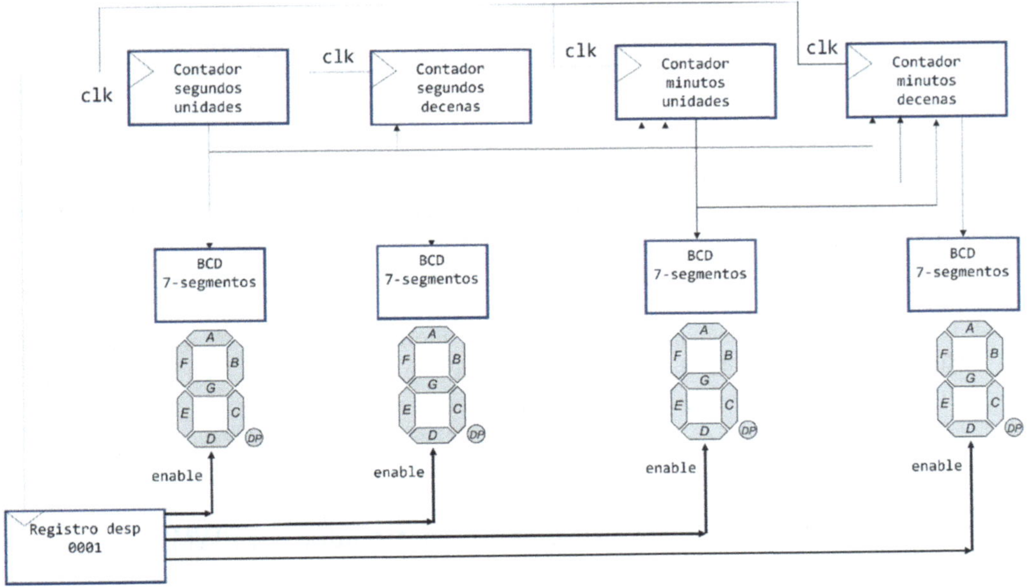

Figura 4.14. Diagramas de bloques del reloj minutos-segundos con *displays* multiplexados.

4.4.6 PWM mediante contador

PWM significa *Pulse Width Modulation* y permite el control de ciertos dispositivos como motores de continua, servomotores, leds, etc. A continuación se explica el principio de funcionamiento

La idea es muy simple: durante un periodo de tiempo, un porcentaje del mismo, está a 1 y el resto a 0. Por ejemplo, si la frecuencia del PWM es de 1 kHz entonces el periodo del PWM es de 1 ms, y si el porcentaje es del 50 %, entonces estará a 1 durante 0,5 ms y a 0 los otros 0,5 ms. Y si el porcentaje fuera del 30 %, entonces estaría a 1 0,3 ms y a 0, 0,7 ms, tal como muestra la Figura 4.15.

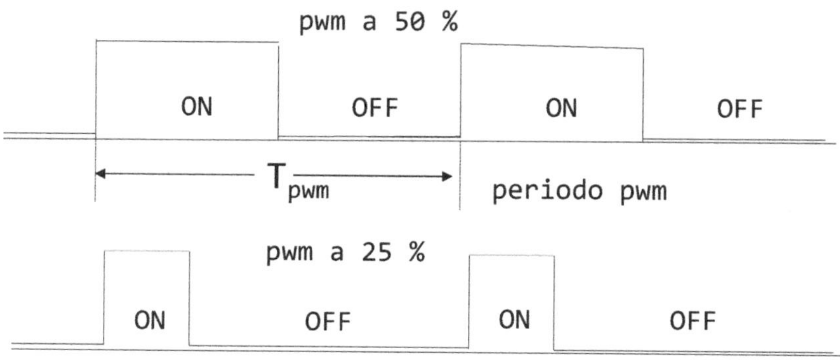

Figura 4.15 Modulación por ancho de pulso (PWM)

La descripción VHDL siguiente se corresponde a una frecuencia PWM de 200 Hz. Son necesarios dos `process`: un divisor de frecuencia a 200 Hz y un generador de `pwm` a 1 o a 0. Además, mediante una entrada de 4 bits se indica un valor de 0 a 9, que luego multiplicado por 10 aporta el porcentaje de PWM.

Si el divisor de frecuencia es de 200 Hz entonces el `tope` es de 50.000.000/200 = 250.000. El número de flancos máximo para que el `pwm` esté a 1 es el porcentaje de 250.000 expresado en el `duty cycle`. Su cálculo debe usar `integer`.

Ejemplo 4.28. Descripción VHDL de un controlador por PWM

```
porcentaje_pwm_entero<=to_integer(unsigned(porcentaje_pwm));
tope_pwm_1 <=(250000*(porcentaje_pwm_entero*10))/100;
```

```
process(clk, clear)
begin
if clear = '1' then
    cont_pwm<=0;
elsif rising_edge(clk) then
    if cont_pwm = 250000-1 then
        cont_pwm<= 0;
    else
        cont_pwm<=cont_pwm + 1;
    end if;
end if;
end process;

process(cont_pwm)
begin
if cont_pwm<tope_pwm_1 then
    pwm<='1';
else
    pwm<='0';
end if;
end process;
```

Si el porcentaje `pwm` es del 50 %, entonces `tope_pwm` será 125.000; si es un 10 %, entonces `tope_pwm` será de 25.000, etc. Quizá se pueda discutir si el valor es el calculado o hay que restarle 1, pero eso no es tan importante.

Los problemas surgen con el 0 % y el 100 %. En este último caso, el `pwm` debe estar siempre a 1, ¿se consigue? No, porque como pone `cont_pwm<tope_pwm_1`, entonces, hay 1 ciclo a 200 Hz (5 ms) que el PWM se pone a 0. Arreglarlo es bien fácil, simplemente debe poner menor o igual: `cont_pwm<=tope_pwm_1.` Con el nuevo `if` el problema surge con el 0 %, ya que en este caso el `pwm` siempre debe ser 0, pero al poner `cont_pwm<=tope_pwm_1` , entonces al menos un ciclo (5 ms) está el `pwm` a 1.

Seguramente ambos problemas, `pwm` al 0 % o al 100 %, no son tales en la vida real ya que no importa que esté un ciclo de más o de menos a 1 o a 0, pero sí es un problema conceptual, que también lo puede ser real.

La solución pasa por implementar el control mediante *pwm* con un autómata, objeto del siguiente capítulo.

EJERCICIOS RESUELTOS

4.1. Diseña un contador de números primos menores que 9 al ritmo de 1 segundo.

Solución

En el diseño son necesarios tres procesos:

1. Divisor de frecuencia a 1 Hz.
2. Contador de números primos.
3. Decodificador BCD a 7-segmentos.

La descripción VHDL muestra que el contador ha de hacerse con un case ya que no hay forma de predecir el siguiente primo dado el actual.

```
process(clk, inicio)
begin
if inicio = '1' then
    cont_1_hz <= 0;
elsif rising_edge(clk) then
    if cont_1_hz = 50000000-1 then
        cont_1_hz <= 0;
    else
        cont_1_hz <= cont_1_hz + 1;
    end if;
end if;
end process;

process(inicio, clk)
begin
if inicio='1' then
    primos<=2;
elsif rising_edge(clk) then
    if cont_1_hz=50000000-1 then
        case primos is
        when 2 => primos<=3;
        when 3 => primos<=5;
        when 5 => primos<=7;
        when 7 => primos<=2;
        when others => primos<=2;
        end case;
    end if;
end if;
end process;
```

4.2. Diseñar un semáforo que genere la secuencia verde-amarillo-rojo cada 6-1-3 segundos, respectivamente.

Solución

Vamos a plantear varias soluciones. En primer lugar, vamos a implementar un process con un contador de 10 segundos y otro process que active uno u otro semáforo. El contador debe contar de 0 a 500 000 000, puede parecer mucho, pero para contar hasta mil millones se necesitan solo 29 bits de los miles que tiene una FPGA.

```
process(clk, inicio)
begin
if inicio = '1' then
    contador_flancos <= 0;
elsif rising_edge(clk) then
    if contador_flancos = 500000000-1 then
        contador_flancos <= 0;
    else
        contador_flancos <= contador_flancos + 1;
    end if;
end if;
end process;

process(contador_flancos)
begin
if contador_flancos <= 300000000 then
    verde <= '1';
    amarillo <= '0';
    rojo <= '0';
elsif contador_flancos>300000000 and contador_flancos <= 350000000 then
    verde <= '0';
    amarillo <= '1';
    rojo <= '0';
else
    verde <= '0';
    amarillo <= '0';
    rojo <= '1';
end if;
end process;
```

La segunda solución es una forma más elegante de resolverlo usando un registro de desplazamiento y un process adicional. Por comodidad dejamos los nombres de las señales del semáforo.

```
process(clk, inicio)
begin
if inicio = '1' then
    contador_flancos <= 0;
elsif rising_edge(clk) then
    if contador_flancos = 500000000-1 then
        contador_flancos <= 0;
```

```
        else
            contador_flancos <= contador_flancos + 1;
        end if;
    end if;
    end process;

    process(clk, inicio)
    begin
    if inicio = '1' then
        registro <= "100";
    elsif rising_edge(clk) then
        if contador_flancos = 300000000 then
            registro <= registro(0)&registro(2 downto 1);
        elsif contador_flancos = 350000000  then
            registro <= registro(0)&registro(2 downto 1);
        elsif contador_flancos = 500000000-1 then
            registro <= registro(0)&registro(2 downto 1);
        end if;
    end if;
    end process;

    verde <= registro(2);
    amarillo <= registro(1);
    rojo <= registro(0);
```

Si queremos que el registro empiece por un valor predeterminado, entonces hay que utilizar: `= "100"` en la declaración de registro para que al darse el `reset` global de la FPGA (no el *reset* mediante la señal de `inicio`) el valor que tome el registro sea el indicado.

4.3. Implementar algo parecido al juego de luces del "coche fantástico" que se encendía del medio hacia afuera y de fuera hacia el medio: 0000110000–0001001000.... 1000000001 a un ritmo de 2 segundos por ciclo completo.

Solución

La descripción en VHDL es un registro de desplazamiento con un valor inicial que desplaza su contenido a un ritmo determinado. En este caso como son 2 segundos y hay cinco desplazamientos, entonces el periodo de cada estado es de 0,4 segundos, es decir, 20 millones de flancos.

```
process(clk, inicio)
begin
if inicio = '1' then
    contador_flancos <= 0;
elsif rising_edge(clk) then
    if contador_flancos = 20000000-1 then
        contador_flancos <= 0;
    else
```

```
          contador_flancos <= contador_flancos + 1;
      end if;
end if;
end process;
process(clk, inicio)
begin
if inicio = '1' then
      registro <= "0000110000";
elsif rising_edge(clk) then
      if contador_flancos = 20000000-1 then
          registro(9 downto 5) <= registro(8 downto 5)&registro(9);
          registro(4 downto 0) <= registro(0)&registro(4 downto 1);
      end if;
end if;
end process;
```

En el WebLab no se ve muy bien por el retardo de la webcam, pero sí lo suficiente.

A la vista del diseño ¿qué pasa si el registro de desplazamiento se cambia por este otro? ¿no es mucho más bonito?

```
registro(9 downto 5) <= registro(8 downto 5) & not(registro(9));
registro(4 downto 0) <= not(registro(0)) & registro(4 downto 1);
```

4.4. Implementar un contador descendente de 9 a 0 que solo generará la secuencia al activarse una señal, completada la secuencia el contador se detiene hasta una próxima activación de la señal.

Solución

Por ejemplo, en un urinario el agua cae al generarse un pulso en el detector de personas, hecho lo cual el agua cae durante un tiempo determinado.

La solución planteada, hay muchas más, se basa en generar la señal `arranque` que controla el contador. Las líneas añadidas al contador BCD de segundos son pocas, pero entenderlas puede ser algo complejo.

Este diseño debería haberse abordado como un autómata, objeto de estudio del siguiente capítulo.

```
process(clk, inicio)
begin
if rising_edge(clk) then
    if inicio='1' then
        cont_1seg<=0;
    elsif cont_1seg=50000000-1 then
        cont_1seg<=0;
    else
```

```
        cont_1seg<=cont_1seg+1;
    end if;
end if;
end process;

process(inicio, clk)
begin
if rising_edge(clk) then
    if inicio='1' then
        cont_seg_unidades<=9;
        arranque<='0';
    else
        if pulso='0' and arranque='0' then
            cont_seg_unidades<=9;
        else
            arranque<='1';
            if cont_1seg=50000000-1 then
                if cont_seg_unidades=0 then
                    cont_seg_unidades<=9;
                    arranque<='0';
                else
                    cont_seg_unidades<=cont_seg_unidades-1;
                end if;
            end if;
        end if;
    end if;
end if;
end process;
```

4.5. Implementar un reloj de 00 a 59 segundos y añadirle una señal de alarma.

Solución

La hora de alarma se introduce mediante 8 interruptores, así si se mete 0011 0110, entonces la alarma (un led) se activará en el segundo 36.

El diseño contará se basa en el contador de segundos ya implementado, donde habrá un nuevo process encargado de generar la señal de alarma. Este ejemplo ilustra muy bien que a veces los diseños se pueden abordar por fases.

Partiendo del contador de 00 a 59 ya implementado antes, una primera solución para la alarma es la siguiente:

```
process(segundos_unidades_alarma_entero, segundos_decenas_alarma_entero,
cont_seg_unidades, cont_seg_decenas)
begin
if  (segundos_unidades_alarma_entero=cont_seg_unidades) and
    (segundos_decenas_alarma_entero=cont_seg_decenas) then
    alarma<='1';
```

```
else
    alarma<='0';
end if;
end process;
```

Pero claro, el process anterior es combinacional lo que hace que la alarma solo suene (se encienda el led) durante el segundo en el que la hora actual y la de alarma coinciden, y eso no es lo esperado. Una alarma debe activarse al ser iguales la hora actual y la de alarma, y debe quedarse activada hasta que se pulse la parada.

La descripción VHDL del nuevo process es secuencial y es un simple biestable con línea de carga. De momento sin la opción de borrar.

```
process(clk, inicio)
begin
if inicio='1' then
    alarma<='0';
elsif rising_edge(clk) then
    if  (segundos_unidades_alarma_entero=cont_seg_unidades) and
        (segundos_decenas_alarma_entero=cont_seg_decenas) then
        alarma<='1';
    end if;
end if;
end process;
```

La descripción VHDL que incluye el borrador de la alarma es la siguiente.

```
process(clk, inicio)
begin
if inicio='1' then
    alarma<='0';
elsif rising_edge(clk) then
    if borra_alarma='1' then
        alarma<='0';
    elsif  (segundos_unidades_alarma_entero=cont_seg_unidades) and
        (segundos_decenas_alarma_entero=cont_seg_decenas) then
        alarma<='1';
    end if;
end if;
end process;
```

Sin embargo, todavía falta un aspecto importante. En este reloj de segundos con alarma la alarma siempre está activada, siempre va a sonar, antes o después. En nuestros relojes hay un interruptor para decir si la alarma está activada o no, ya que, si no lo está, aunque la hora actual y la de alarma sea la misma, la alarma no debe de ponerse a ON.

En la descripción en VHDL cabe preguntarse por el orden de los if y su efecto. El diseño se pregunta primero si hay que borrar la alarma, luego si está activada y por último si debe ponerse a ON ¿es la mejor secuencia? ¿alguna propuesta? O, por ejemplo, ¿qué pasa si está la alarma a ON y bajamos el interruptor de activar la alarma, y no hemos apretado el pulsador de borrar la alarma? ¿qué debería pasar? Parece que lo normal es que se apague ¿no?, pero ¿se apaga? ¿qué habría que cambiar para que lo hiciera?

```
process(clk, inicio)
begin
if inicio='1' then
    alarma<='0';
elsif rising_edge(clk) then
    if borra_alarma='1' then
        alarma<='0';
    elsif activa_alarma='1' then
        if  (segundos_unidades_alarma_entero=cont_seg_unidades) and
            (segundos_decenas_alarma_entero=cont_seg_decenas) then
            alarma<='1';
        end if;
    end if;
end if;
end process;
```

Por último y pensando en un reloj normal, el pitido no es continuo sino que suele ser bip-bip-bip, digamos que un 20 % de bip y un 80 % de silencio, siendo la frecuencia de la alarma de 1 segundo.

En la descripción VHDL destaca que el `process` de `alarma` sigue siendo el mismo, pero la señal de alarma no va al led, va `alarma_suena`. Para obtener esta vemos que hay un `pwm`: un tiempo a 1 (20 % de 1 segundo, es decir, 10.000.000 de flancos) y otra a 0 (80 %). Es fácil pensar lo siguiente: la señal `cont_bip` se genera continuamente cuando solo hace falta si hay `alarma` ¿tiene sentido esto? La respuesta es sí, no importa que el `cont_bip` esté generándose continuamente, esto no es software, es hardware: se genera la señal y ya se verá dónde y cuándo se procesa.

```
process(clk, inicio)
begin
if inicio='1' then
    alarma<='0';
elsif rising_edge(clk) then
    if borra_alarma='1' then
        alarma<='0';
    elsif activa_alarma='1' then
        if  (segundos_unidades_alarma_entero=cont_seg_unidades) and
            (segundos_decenas_alarma_entero=cont_seg_decenas) then
            alarma<='1';
        end if;
    end if;
end if;
end process;
```

```
process(clk, inicio)
begin
if rising_edge(clk) then
    if inicio='1' then
        cont_bip<=0;
    elsif cont_bip=50000000-1 then
        cont_bip<=0;
    else
        cont_bip<=cont_bip+1;
    end if;
end if;
end process;

process(alarma, cont_bip)
begin
if alarma='1' then
    if cont_bip<10000000 then
        alarma_suena<='1';
    else
        alarma_suena<='0';
    end if;
else
    alarma_suena<='0';
end if;
end process;
```

PROBLEMAS PROPUESTOS

Los ejercicios propuestos se dividen en ejercicios sencillos —constan de un único contador o registro— y los más avanzados, que combinan varios contadores y/o registros.

4.1. Diseñar un contador de 0 a 23, es decir de 00000 a 10111 al ritmo de 1 segundo. Ver el resultado en los 5 *leds* de la derecha y en los dos *displays* 7-segmentos de la derecha.

4.2. Diseñar un contador de 0 a 9, es decir de 0000 a 1001 al ritmo de 1 segundo, pero al llegar a 9 se detiene y no rearranca si no se pulsa `reset` de nuevo. El contaje debe verse en un *display* 7-segmentos.

4.3. Diseñar un contador de número pares de 6 bits. Haz que la evolución sea a 1 Hz y se vea en los 6 *leds* de la derecha.

4.4. Diseñar un registro de 4 bits que actúa en función de una señal `selector`: si es 00, mantiene su valor; si es 01, carga la entrada; si es 10, carga su valor negado; y si es 11 carga la entrada negada. La evolución debe ser a 1 Hz.

4.5. Diseñar un sistema capaz de abrir una puerta (poner a ON el `led(0)`) si se ha introducido la secuencia 1011 en los últimos cuatro segundos, un bit por segundo.

La entrada de los bits de la clave se hace mediante `sw(0)`: al llegar el 1er segundo debe haber un 1, luego en el 2° segundo un 0, siendo 11 los siguientes segundos.

Cuando la clave esté OK, se activará un led y ya no se borrará hasta activar *reset*.

4.6. Implementar un reloj de horas-minutos-segundos-centésimas. Mediante un interruptor se elegirá qué ver en 6 *displays* 7-segmentos horas-minutos-segundos (1) o minutos-segundos-centésimas. Además, mediante dos interruptores el usuario podrá elegir a qué velocidad quiere que avance el reloj.

4.7. Modificar el "coche fantástico" para que primera vaya dentro hacia fuera, y luego de fuera hacia dentro. Es decir, y solo con 8 bits para simplificar, 00011000, 00111100, 01111110, 11111111, 01111110, 00111100....

4.8. Implementa un reloj con señal de alarma similar al ya implementado, pero de minutos y segundos. En este caso la hora de alarma se refiere a los minutos, y no a los segundos.

Hay que tener en cuenta que si la alarma suena porque son 31 minutos (lo elegido en los interruptores) y se pulsa el borrado, entonces la alarma debe apagarse, como es lógico. Sin embargo, la descripción VHDL anterior no hacía eso, sino que seguía ON. Antes no se notaba porque el reloj era de segundos, y 1 segundo pasa muy rápido, pero no es el caso con los minutos.

Es decir, el `process` de control de la alarma tiene que ser más sofisticado, y lo mejor es hacerlo con un autómata (próximo capítulo).

4.9. Diseñar un juego de acertar tiempo. El jugador debe pulsar el STOP lo más cerca que pueda de 5 segundos. Si lo hace por encima de 5 segundos o por debajo de 4 segundos, verá FFFF en los *displays* 7-segmentos, y si lo hace entre 4 y 5 segundos, entonces se ve cuántas milésimas ha quedado alejado de 5 segundos. Estas milésimas estarán en hexadecimal.

El led de la derecha indicará si se ha ganado (ON) o se ha perdido (OFF).

4.10. En el control VHDL de PWM el diseño integrará un registro de desplazamiento de 5 bits, 00001–00010–00100–01000–10000–00001..., que evolucionará cada 2 segundos. El PWM del motor DC será de 20%-40%-60%-80%-100% según el valor del registro de desplazamiento.

4.11. Controlar un servomotor mediante un PWM de frecuencia 100 Hz. El PWM debe durar un mínimo de 5 ms y un máximo de 2,5 ms. Mediante 2 interruptores se selecciona la duración del PWM: 0,5 ms con 00, 1 ms con 01, 1,5 ms con 10 y 2,5 ms con 11.

Capítulo 5

DISEÑO DE AUTÓMATAS O MÁQUINAS DE ESTADO EN VHDL

Índice del capítulo

5.1. INTRODUCCIÓN

Un *autómata* o *máquina de estados finitos* o *máquina de estado finito* (FSM, *Finite State Machine*, por sus siglas en inglés) describe el comportamiento de cualquier sistema secuencial, incluyendo los registros y contadores. Por ejemplo, un computador es un autómata más o menos complejo.

Un *autómata* se compone de entradas, salidas y estados. El objetivo del autómata es generar la salida adecuada para cada instante en función de las entradas, y los estados son necesarios para ello: los estados son los intermediarios entre las entradas y las salidas. En un autómata, la salida en cada instante depende únicamente de la entrada y del estado actuales. El estado actual refleja la evolución temporal de lo ocurrido hasta ahora en la entrada.

Los autómatas pueden ser de *Moore* o de *Mealy*. En un autómata de Moore las salidas se asignan a los estados, y como estos solo cambian en cada flanco, entonces la salida evoluciona síncronamente: la salida solo puede cambiar en cada flanco del reloj, y nunca puede cambiar entre flancos.

En un autómata de Mealy la salida está asociada a la transición, y como esta depende de la entrada y la entrada en principio no depende del reloj entonces, la salida no está sincronizada y puede cambiar entre flancos de reloj, lo que no es muy apropiado. Sin embargo, en general las entradas suelen estar sincronizadas lo que simplifica el comportamiento del autómata de Mealy.

Ambos autómatas son muy similares, y siempre se puede pasar de Moore a Mealy, y viceversa. Moore es más "ordenado y tranquilo" y la salida está sincronizada, lo que es obligatorio para muchos diseñadores. Mealy es más "nervioso" y puede resultar más económico ya que suele precisar menos estados, pero no es muy utilizado, ya que la salida puede cambiar entre flancos de del reloj si la entrada cambia y no está sincronizada.

Resumiendo, conceptualmente ambos son válidos e intercambiables (los teóricos tienen más devoción por Mealy), pero en el campo del diseño digital, los autómatas de Moore son más comunes e incluso obligados. Además, atendiendo a la naturaleza propia, algunos diseños digitales "piden" Moore y otros Mealy. Este libro se concentrará en diseñar autómatas de Moore, aunque se introducirá algún ejemplo Mealy.

Entrando en más detalle, se puede expresar el distinto comportamiento de Moore y Mealy usando expresiones matemáticas o mediante un gráfico (Figura 5.1).

Autómata de Moore

Estados $Q(t) = f\big(Q(t-1), X(t)\big)$ y la salida $Y(t) = f\big(Q(t)\big)$

Autómata de Mealy

Estados $Q(t) = f\big(Q(t-1), X(t)\big)$ y la salida $Y(t) = f\big(Q(t), X(t)\big)$

En la Figura 5.1 se ve muy bien que la diferencia Moore *vs*. Mealy está en la obtención de la salida. En Moore la salida solo depende del estado actual, mientras que en Mealy la salida depende del estado y de la entrada actuales. En ambos autómatas el elemento fundamental es la realimentación de la salida a la entrada, lo que da lugar a la memoria.

Desde el punto de vista de la descripción en VHDL, el autómata de Moore se implementa con dos `process` y el de Mealy con uno.

AUTÓMATA DE MOORE

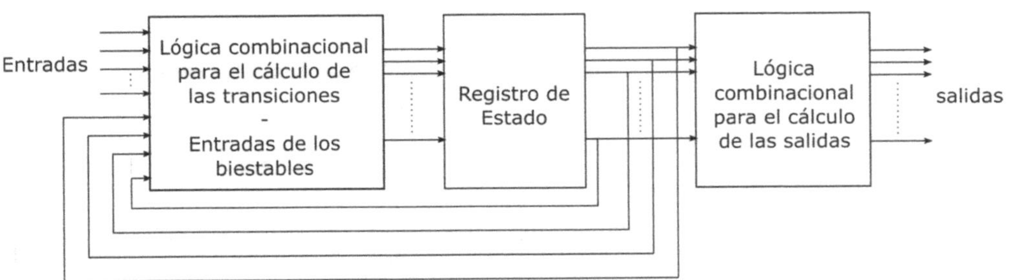

AUTÓMATA DE MEALY

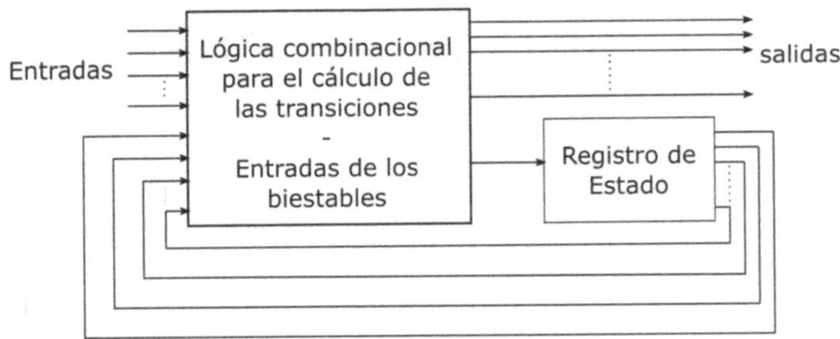

Figura 5.1. Diferencias en la implementación de autómatas de Moore y Mealy

Los autómatas se describen mediante un diagrama de transición de estados, un dibujo formado por círculos y flechas. Cada círculo es un estado y su nombre está en la parte superior del mismo y cada flecha une dos estados (o al el mismo en el caso de un *autolazo*) en función de la entrada que acompaña a la flecha. En un autómata de *Moore* la salida va en el estado, en la parte inferior del círculo, mientras que en Mealy la salida va en la transición separada por una barra inclinada (/) de la entrada.

La Figura 5.2 muestra los autómatas de Moore y Mealy de un sumador en serie. Se ven las diferencias en su estructura y tamaño.

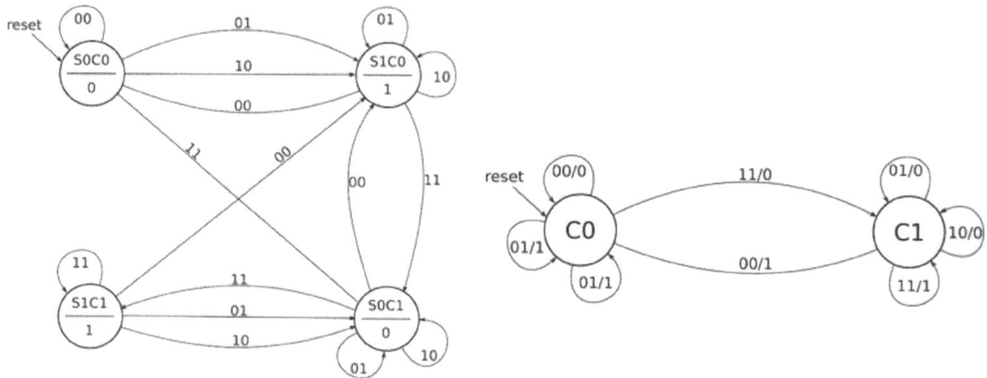

Figura 5.2. Diagramas de Moore y Mealy de un sumador serie

Esta introducción solo busca recordar los elementos fundamentales del diseño de autómatas en electrónica digital. Este libro espera que los lectores sepan obtener los autómatas de los enunciados más sencillos, de manera que el libro se concentra en explicar cómo pasar del autómata al VHDL y en diseñar autómatas más complejos.

5.2. EJERCICIOS RESUELTOS DE AUTÓMATAS BÁSICOS

Un autómata básico es aquel que tiene un número limitado de entradas y salidas y que sobre todo no tiene señales auxiliares, mientras que un autómata es complejo cuando necesita de señales, generalmente relacionadas con el tiempo o con eventos

Como en los anteriores capítulos, el libro presenta en VHDL solo las partes más interesantes, quedando la descripción VHDL completa para el github *https://github.com/garciazubia/Diseno_basico_de_sistemas_digitales_con_FPGA_y_VHDL*..

Ejemplo 5.1. El motor de un limpiaparabrisas tiene dos pulsadores: A (arranque) y P (paro). Al pulsar A, el motor arranca al pulsar P, el motor se para. Si no se pulsa nada, entonces se queda como estaba (en el mismo estado). Si, por error, se pulsaran simultáneamente (arranque y paro), entonces el limpia debe pararse por seguridad.

En este primer ejemplo se describe con cierto detalle cómo se pasa del diagrama de un autómata a su descripción en VHDL.

El autómata queda descrito por la Figura 5.3.

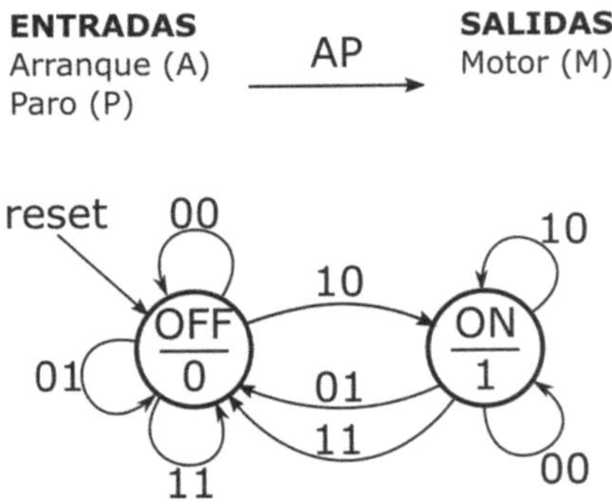

Figura 5.3. Diagrama de transición de estados del Ejemplo 5.1

Las entradas son dos, A y P, la salida es el motor, M, y los estados son dos ON y OFF. A cada estado le corresponde una salida y se va de un estado al otro en función de las entradas.

Paso de un autómata de *Moore* a descripción en VHDL:

1. Obtener el `process` de la salida en función del estado.

2. Obtener el `process` de los estados en función de las entradas.

1. Obtención del `process` de salida

Este `process` debe tener la estructura de un `case` y es tan simple como sigue:

```
process(estado)
begin
case estado is
      when ON => M<='1';
      when OFF => M<='0';
      when others => M<='0';
end case;
end process;
```

2. Obtención del `process` de estados

Se divide en dos o tres pasos (aunque la gente lo suele hacer en uno) que son lentos en el libro, pero muy ágiles en el entorno. En primer lugar, se crea la estructura de un sistema secuencial con un `case`.

```
process(clk, inicio)
begin
if inicio='1' then
   estado<=OFF;
elsif rising_edge(clk) then
      case estado is
         when ON =>
         when OFF =>
         when others =>
        end case;
end if;
end process
```

En el segundo paso añadimos para cada estado todas las combinaciones de entradas posibles, en este caso las cuatro para cada estado. En el `when others` del primer `case` no se ponen las entradas ya que es un estado distinto.

```
process(clk, inicio)
begin
if inicio='1' then
   estado<=OFF;
elsif rising_edge(clk) then
      case estado is
         when ON =>
                         case entrada is
                            when "00" =>
                            when "01" =>
                            when "10" =>
                            when "11" =>
                            when others =>
                         end case;
         when OFF =>
                         case entrada is
                            when "00" =>
                            when "01" =>
                            when "10" =>
                            when "11" =>
                            when others =>
                         end case;
         when others =>
        end case;
end if;
end process;
```

En el tercer y último se asigna el nuevo estado para cada combinación de entradas mirando al diagrama del autómata. Al `when others` (que no debe darse) le asignamos el estado OFF, pero el diseñador lo podría haber dejado en el ON.

```
process(clk, inicio)
begin
if inicio='1' then
   estado<=OFF;
elsif rising_edge(clk) then
      case estado is
         when ON =>
                     case entrada is
                        when "00" =>  estado<=OFF;
                        when "01" =>  estado<=OFF;
                        when "10" =>  estado<=ON;
                        when "11" =>  estado<=OFF;
                        when others => estado<=OFF;
                     end case;
         when OFF =>
                     case entrada is
                        when "00" =>  estado<=ON;
                        when "01" =>  estado<=OFF;
                        when "10" =>  estado<=ON;
                        when "11" => estado<=OFF;
                        when others => estado<=OFF;
                     end case;
         when others => estado<=OFF;
        end case;
end if;
end process;
```

El resultado es largo pero el proceso de obtención es bien sencillo, simplemente hay que ser cuidadoso y revisar el resultado.

A continuación se presenta la descripción VHDL del autómata. Destaca la señal entrada que se obtiene uniendo las entradas `A` y `P` y también destaca la declaración de `signal` que no son 1 y 0. Usando `type` se puede declarar una `signal` mediante nombres, y luego Vivado/Quartus sustituyen ese nombre por una codificación binaria.

Además, no se puede usar ON porque es palabra reservada de VHDL, así que se usa ONN.

```
--aqui comienzan las signals
signal entrada: std_logic_vector (1 downto 0);
type nombre_estado is (OFF, ONN) :=OFF;
signal estado: nombre_estado;

begin

entrada<=A&P;
```

```
process(clk, inicio)
begin
if inicio='1' then
   estado<=OFF;
elsif rising_edge(CLK) then
case estado is
         when OFF =>
                  case entrada is
                     when "00" =>     estado<=OFF;
                     when "01" =>     estado<=OFF;
                     when "10" =>     estado<=ONN;
                     when "11" =>     estado<=OFF;
                     when others => estado<=OFF;
                  end case;
         when ONN =>
                  case entrada is
                     when "00" =>     estado<=ONN;
                     when "01" =>     estado<=OFF;
                     when "10" =>     estado<=ONN;
                     when "11" => estado<=OFF;
                     when others => estado<=OFF;
                  end case;
         when others => estado<=OFF;
end case;
end if;
end process;

process(estado)
begin
case estado is
    when ONN => M<='1';
    when OFF => M<='0';
    when others => M<='0';
end case;
end process;
```

Antes de seguir cabe repasar cómo funciona un autómata. Es fácil ver que el autómata funciona, pero es difícil entender qué hace el reloj en un autómata. Por cada flanco de reloj, el autómata se "despierta" y se hace tres preguntas: ¿en qué estado estoy?, ¿cuál es el nuevo estado en función de la entrada? Y ¿qué salida le corresponde al estado?

Si no hay flanco de reloj, no hay cambio, al menos en *Moore*.

Recordemos que el reloj de la FPGA de Altera va a 50 MHz y el de Xilinx va a 100 MHz, así pues, el autómata se "despierta" 50 millones de veces por segundo para hacerse la pregunta y obtener la respuesta, Si pensamos en el motor de un limpiaparabrisas y en un viaje de 3 horas hablamos de que el autómata tomará 3x60x60x50.000.000 decisiones, más de medio billón. Esto puede parecer desaforado, pero es cómo funciona.

Ejemplo 5.2. Se desea controlar el motor del limpiaparabrisas del ejemplo 5.1, pero en este caso hay un sensor de reposo (S) capaz de detectar cuándo el limpiaparabrisas se encuentra en un extremo, sin penalizar la visión del conductor. Para parar el motor será necesario activar P, pero hecho esto, el motor no se parará inmediatamente, sino que esperará hasta alcanzar el reposo cuando S sea 1.

El diagrama del autómata (Figura 5.4) en este caso tiene un estado más, `TMP` de temporal. En este estado temporalmente la salida, (el motor), está activa, pero dejará de estarlo en cuanto se active el reposo. La diferencia entre el diagrama de la derecha y el de la izquierda está en el número de transiciones que sale de cada estado.

Como son tres entradas, debería haber ocho transiciones, 2^3, en cada estado. ¿Por qué no las hay? Pues porque no todas las combinaciones se pueden o deben dar, por ejemplo, podemos partir de que `A` y `P` nunca estarán simultáneamente a 1. ¿Parece raro?

Otra situación que aparece a la derecha y no a la izquierda es, ¿cuál debe ser el siguiente estado cuando está quieto el limpiaparabrisas, las entradas indican que el sensor de reposo no está activado? En principio es imposible estar quieto y no estar en reposo, pero ¿y si se diera (porque hemos sacado la llave con el limpia en marcha)? Pues lo que ocurre en los coches actuales es que el limpia se activa hasta alcanzar el reposo. Y así sucesivamente para las otras combinaciones.

Recordamos que el diseño de autómatas no pertenece estrictamente a este libro sino al de *Fundamentos de la electrónica digital* 2ª edición de los mismos autores (Garceta grupo editorial 2023).

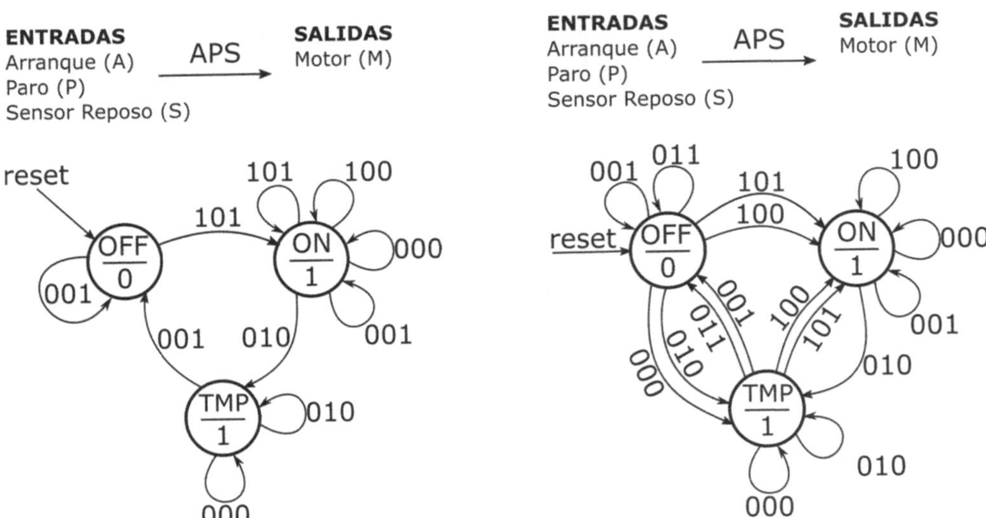

Figura 5.4. Solución al Ejemplo 5.2 añadiendo un tercer estado TMP

Para obtener la descripción en VHDL hay que seguir los mismos pasos de antes. En este caso se muestra el VHDL correspondiente al autómata de la derecha. La instrucción `entrada<=A&P&R;` concatena las tres entradas en una sola para facilitar su uso. El operador & concatena bits.

```
entrada<=A&P&R;

process(CLK, inicio)
begin
if inicio='1' then
   estado<=OFF;
elsif rising_edge(CLK) then
case estado is
        when OFF =>
                case entrada is
                    when "001" | "011" => estado<=OFF;
                    when "101" | "100" => estado<=ONN;
                    when "000" | "010" => estado<=TMP;
                    when others => estado<=OFF;
                end case;
        when ONN =>
                case entrada is
                    when "101" | "100" | "000" | "001"=> estado<=ONN;
                    when "010" => estado<=TMP;
                    when "011" => estado<=OFF;
                    when others => estado<=OFF;
                end case;
        when TMP =>
                case entrada is
                    when "010" | "000" => estado<=TMP;
                    when "100" | "101" => estado<=ONN;
                    when "001" | "011" => estado<=OFF;
                    when others => estado<=OFF;
                end case;
        when others => estado<=OFF;
end case;
end if;
end process;

process(estado)
begin
case estado is
    when ONN => M<='1';
    when OFF => M<='0';
    when TMP => M<='1';
    when others => M<='0';
end case;
end process;
```

Ejemplo 5.3. Volvamos al limpiaparabrisas del Ejemplo 5.1, pero con un solo pulsador P. El pulsador P invierte el estado del motor. P es activo por pulso: para dar la orden ha de ser apretado y soltado, 0-1-0 en al menos dos flancos diferentes.

El diagrama del autómata aparece en la Figura 5.6. Es necesario que para que el autómata vaya de un estado a otro haya un flanco en el reloj: el autómata se despierte y decida en cada flanco de reloj, no por un cambio en la entrada. El autómata es síncrono. Esto quiere decir que, si apretamos y soltamos el pulsador entre dos flancos, entonces el motor no cambia, como se ve en el último pulso de P en la Figura 5.5.

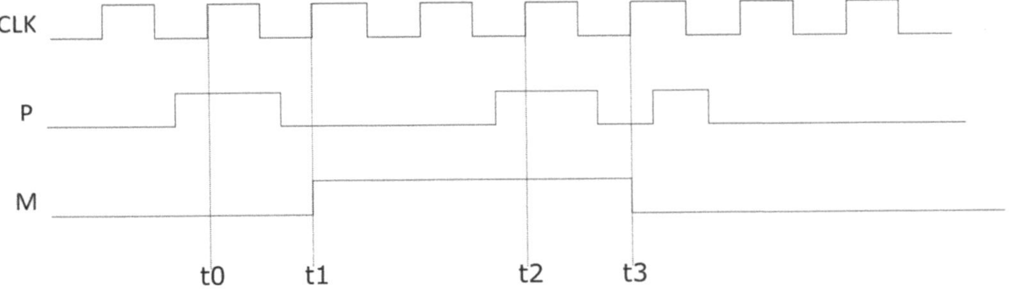

Figura 5.5. Cronograma del Ejemplo 5.3

Ahora bien, la frecuencia es de varios MHz y por tanto el periodo del reloj es de nanosegundos. ¿Es nuestro dedo rápido en nanosegundos? Es decir, esta frecuencia hace que aunque el autómata es síncrono por definición, es asíncrono en muchas situaciones. Sin embargo, hay situaciones en las que esto no es así.

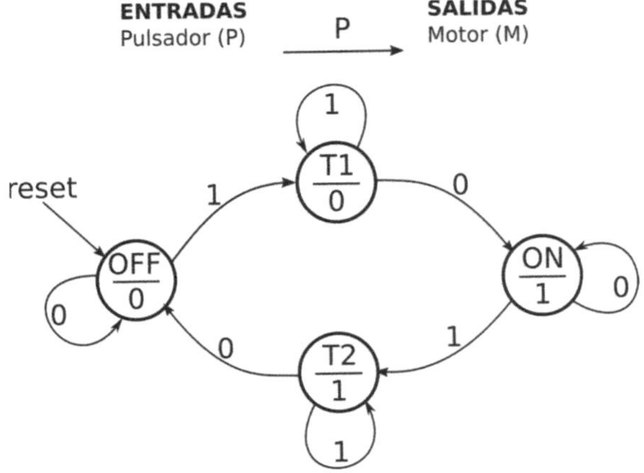

Figura 5.6. Diagrama de transición de estados del Ejemplo 5.3

La descripción en VHDL es la siguiente. En este caso hemos usado `if` en vez de `case` porque hay solo una entrada y porque mediante `if` siempre se puede implementar un `case`.

```
process(CLK, inicio)
begin
if inicio='1' then
   estado<=OFF;
elsif rising_edge(CLK) then
case estado is
         when OFF =>
             if P='1' then
                 estado<=T1;
             else
                 estado<=OFF;
             end if;
         when T1 =>
             if P='1' then
                 estado<=T1;
             else
                 estado<=ONN;
             end if;
         when ONN =>
             if P='1' then
                 estado<=T2;
             else
                 estado<=ONN;
             end if;
         when T2 =>
             if P='1' then
                 estado<=T2;
             else
                 estado<=OFF;
             end if;
         when others => estado<=OFF;
end case;
end if;
end process;

process(estado)
begin
case estado is
    when OFF => M<='0';
    when T1 => M<='0';
    when ONN => M<='1';
    when T2 => M<='1';
    when others => M<='0';
end case;
end process;
```

A este enunciado se le podría añadir ahora un sensor de reposo. Es enunciado para los problemas propuestos.

Ejemplo 5.4. La entrada a un edificio cuenta con un detector de personas por rayos infrarrojos (P) y con una puerta automática que se abre y se cierra mediante un motor (M: con 00 está quieta, con 01 se abre y con 10 se cierra). Además, la puerta dispone de un sensor que indica si la puerta está "completamente" abierta (A) y de otro que indica si está "completamente" cerrada (C).

Diseñar el autómata que abre y cierra las puertas si detecta personas. Una vez comienza el ciclo de apertura de la puerta, este se completará tal y como nos encontramos en cualquier edificio.

El diagrama del autómata (Figura 5.7) no contempla que la puerta pueda estar abierta y cerrada a la vez, que `A=C=1`.

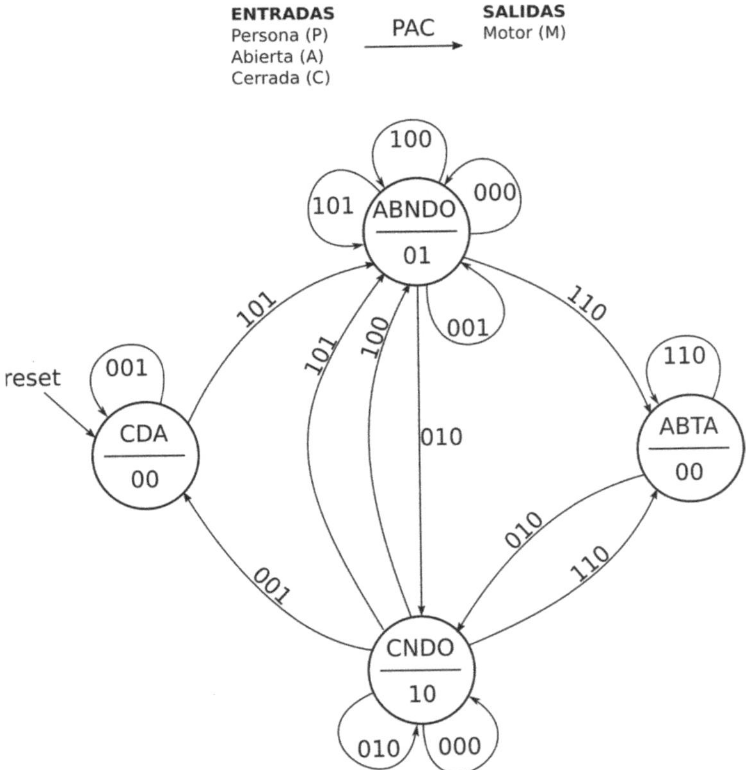

Figura 5.7. Diagrama de transición de estados del Ejemplo 5.4

La descripción VHDL es la siguiente.

```
entrada<=P&A&C;

process(CLK, inicio)
begin
if inicio='1' then
       estado<=CDA;
elsif rising_edge(CLK) then
case estado is
    when CDA =>
            case entrada is
            when "001" => estado<=CDA;
            when "101" => estado<=ABNDO;
            when others => estado<=CDA;
            end case;
    when ABNDO =>
            case entrada is
            when "101" | "001" | "000" | "100" => estado<=ABNDO;
            when "011" => estado<=ABTA;
            when "010" => estado<=CNDO;
            when others => estado<=CDA;
            end case;
    when ABTA =>
            case entrada is
            when "011" => estado<=ABTA;
            when "010" => estado<=CNDO;
            when others => estado<=CDA;
            end case;
    when CNDO =>
            case entrada is
            when "000" | "010" => estado<=CNDO;
            when "001" => estado<=CDA;
            when "100" | "101" => estado<=ABNDO;
            when "110" => estado<=ABTA;
            when others => estado<=CDA;
            end case;
    when others => estado<=CDA;
end case;
end if;
end process;

process(estado)
begin
case estado is
    when CDA => M<="00";
    when ABNDO => M<="01";
    when ABTA => M<="00";
    when CNDO => M<="10";
    when others => M<="00";
end case;
end process;
```

Una pregunta ¿pueden juntarse los estados CDA y ABTA? Cumplen el primer punto: las salidas son las mismas en los dos estados, M=00. Para saberlo hay que redibujar el autómata y volverlo a probar.

Ejercicio 5.5. Diseñar el autómata capaz de controlar una alarma (AL) que dispone de un pulsador (P) y un detector de personas (D). En principio la alarma está en reposo y no se activa, aunque entre gente, ahora bien, si se aprieta y suelta el pulsador, entonces la alarma pasa a estar armada y después de esta acción si una persona fuera detectada, entonces sí sonaría la alarma y no dejaría de sonar, aunque la persona desapareciera.

Para parar la alarma sería necesario volver a apretar y soltar el pulsador, quedando apagada en este caso. Si de nuevo se quisiera armar la alarma sería necesario volver a apretar y soltar el pulsador.

El diagrama del autómata (Figura 5.8) es el siguiente y en él se supone que no se pueden activar simultáneamente P y D.

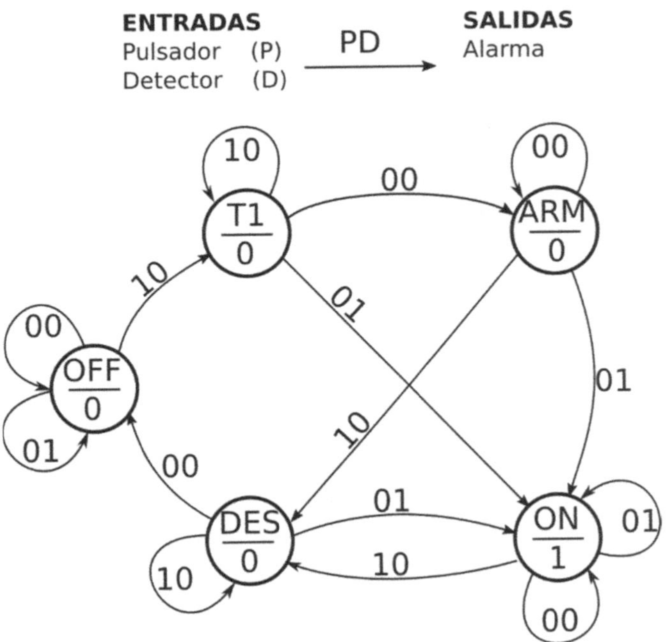

Figura 5.8. Diagrama de transición de estados del Ejemplo 5.5

La descripción VHDL es la siguiente:

```
entrada<=P&D;

process(CLK, inicio)
begin
if inicio='1' then
        estado<=OFF;
elsif rising_edge(CLK) then
case estado is
    when OFF =>
            case entrada is
            when "00" | "01" => estado<=OFF;
            when "10" => estado<=TEMP;
            when others => estado<=OFF;
            end case;
    when TEMP =>
            case entrada is
            when "10" => estado<=TEMP;
            when "00" => estado<=ARM;
            when "01" => estado<=ONN;
            when others => estado<=OFF;
            end case;
    when ARM =>
            case entrada is
            when "00" => estado<=ARM;
            when "01" => estado<=ONN;
            when "10" => estado<=DES;
            when others => estado<=OFF;
            end case;
    when ONN =>
            case entrada is
            when "00" | "01" => estado<=ONN;
            when "10" => estado<=DES;
            when others => estado<=OFF;
            end case;
    when DES =>
            case entrada is
            when "10" => estado<=DES;
            when "00" => estado<=OFF;
            when "01" => estado<=ONN;
            when others => estado<=OFF;
            end case;
    when others => estado<=OFF;
end case;
end if;
end process;
```

```
process(estado)
begin
case estado is
when OFF => alarma<='0';
when TEMP => alarma<='0';
when ARM => alarma<='0';
when ONN => alarma<='1';
when DES => alarma<='0';
when others => alarma<='0';
end case;
end process;
```

Ejercicio 5.6. Diseñar el autómata capaz de generar un pulso de nivel 1 y duración 1 ciclo de reloj por cada pulso de una señal externa y duración $t > T$, mayor que un pulso de reloj. Es decir, convertir un pulso de duración t en un pulso de duración T. El pulso se genera al soltar el pulsador.

Este es un autómata (Figura 5.9) muy interesante que da pie a los siguientes autómatas. En muchas ocasiones el usuario activa una entrada —un pulsador, un interruptor— o un sensor genera un pulso de duración desconocida, pero internamente en el VHDL necesitamos que esa duración sea fija de T, periodo del reloj del sistema.

Por ejemplo, en el capítulo de contadores veíamos que no se podía contar al ritmo del dedo porque si cada pulso duraba 1 segundo, entonces sumaba 50 millones de veces, una locura. Sin embargo, ahora sí que se podría hacer.

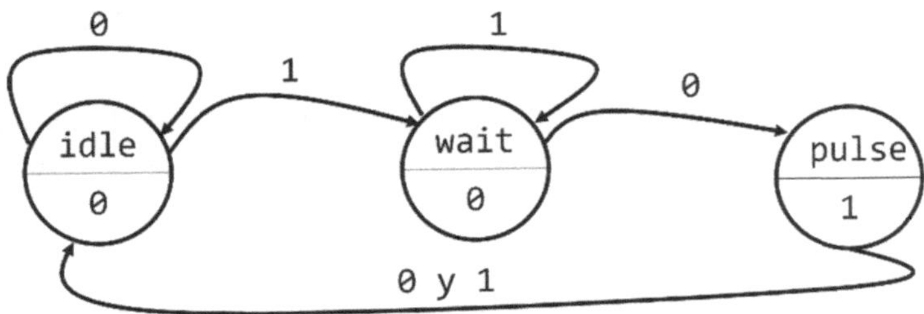

Figura 5.9. Diagrama de transición de estados del Ejemplo 5.6

La descripción VHDL del anterior diagrama es muy sencilla.

```
process(CLK, inicio)
```

```
begin
if inicio='1' then
        estado<=idle;
elsif rising_edge(CLK) then
case estado is
    when idle =>
            if P='1' then
                estado<=wait;
            else
                estado<=idle;
            end if;
    when wait =>
            if P='1' then
                estado<=wait;
            else
                estado<=pulse;
            end if;
    when pulse =>
            estado<=idle;
    when others => estado<=idle;
end case;
end if;
end process;

process(estado)
begin
case estado is
when idle => pulso<='0';
when wait => pulso<='0';
when pulse => pulso<='1';
when others => pulso<='0';
end case;
end process;
```

El problema es que al probar el diseño no se ve "nada", el led no se enciende. Pero no es correcto, sí funciona y sí se enciende el led, lo único que lo hace durante un periodo de reloj, es decir, durante 20 nanosegundos es que no se ve.

Para probar el anterior código es necesario añadir otro `process`. En este caso es el de un simple contador de 4 bits. Y así ver que el contador evoluciona al ritmo del pulsador externo.

```
process(CLK, inicio)
begin
if inicio='1' then
    contador<="0000";
elsif rising_edge(CLK) then
    if pulso='1' then
        contador<=contador+1;
    end if;
end if;
end process;
```

Es muy importante entender que con este autómata cualquier sistema secuencial ya no está controlado por el reloj, sino por un evento, sea este un pulsador, un sensor o cualquier señal de duración indefinida. En el capítulo anterior usábamos el pulsador como reloj, y dijimos que era una idea horrorosa pero que nos venía bien. En este punto podemos olvidarnos de esa solución. Por ejemplo, el registro desplazamiento estaba sincronizado con el dedo como señal de reloj, porque si no desplazaba 50 millones de veces por segundo, mientras que ahora y de una forma elegante lo hacemos combinando el reloj y el dedo con el autómata.

Volviendo al autómata, vemos que la acción se da al soltar el botón, es decir por pulso 0-1-0; sin embargo, si bien esto es correcto, también lo es que la acción se dé al apretar. Es decir, en vez de generar un pulso de duración *T* al soltar el dedo, se genera el pulso *T* al apretar. A este tipo de comando o acción se le llama *por flanco*, y a la otra *por pulso*. El autómata se muestra en la Figura 5.10.

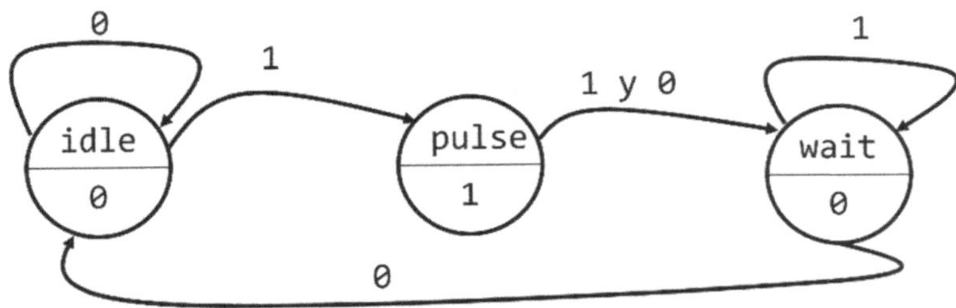

Figura 5.10. Diagrama de transición de estados del Ejemplo 5.6 por flanco

La descripción VHDL siguiente explicita cuál es el pequeño cambio que hay que hacer, recordando que el cambio en el uso es importante: flanco en vez de pulso.

```
process(CLK, inicio)
begin
if inicio='1' then
       estado<=idle;
elsif rising_edge(CLK) then
case estado is
    when idle =>
            if P='1' then
                estado<=wait;
            else
                estado<= idle;
            end if;
    when wait =>
            estado<=pulse;
    when pulse =>
            if P='1' then
                estado<=pulse;
            else
```

```
                    estado<= idle;
                end if;
        when others => estado<= idle;
end case;
end if;
end process;

process(estado)
begin
case estado is
when idle => pulso<='0';
when wait => pulso<='1';
when pulse => pulso<='0';
when others => pulso<='0';
end case;
end process;
```

5.3. EJERCICIOS RESUELTOS DE AUTÓMATAS NO BÁSICOS

Una vez abordado el diseño básico con VHDL, es momento de abordar diseños algo más complejos, aquellos que integran señales en los autómatas o que combinan varios procesos como autómatas, contadores, registros, etc.

Ejercicio 5.7. Generar un pulso de salida de duración *T* por cada pulso de entrada de duración *t*, teniendo en cuenta que el pulsador tiene rebotes, *bounces*. La salida será por pulso, al soltar.

Un *pulsador* es un dispositivo mecánico, de manera que al apretar/soltar puede que no pase de 0 a 1 de forma directa, sino que haya rebotes producidos por el muelle del pulsador, por ejemplo. La Figura 5.11 muestra la evolución temporal de un pulsador.

Se puede ver que hay subidas y bajadas al apretar y al soltar. ¿Qué se puede hacer?

La solución pasa por diseñar un filtro, que puede ser analógico (red RC) o digital. A continuación, se describe el diseño en VHDL/FPGA de un filtro digital.

El planteamiento es muy sencillo: un cambio solo será tomado por bueno —no es un rebote— cuando tenga una duración mínima. Esta duración mínima debe ser fijada por el diseñador, y en el caso de un pulsador es del orden milésimas, una, por ejemplo.

El autómata es sencillo, pero necesita introducir un nuevo concepto: *señal auxiliar*, que es aquella que no siendo ni entrada ni salida, es necesaria, por eso decimos que estos *autómatas son no básicos*.

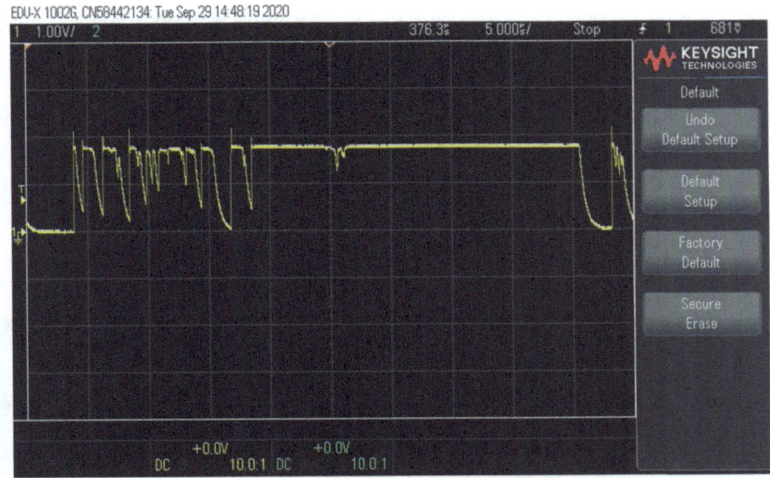

Figura 5.11. Imagen de osciloscopio que muestra los rebotes en una señal

En este ejemplo la señal auxiliar es un contador de tiempo para saber si el cambio es limpio o es un rebote. Esta señal auxiliar debe ir en la parte de control de los estados, no en la parte de las salidas. Debe ser inicializada y debe ser actualizada en el estado (estilo *Moore*) o en la transición (estilo Mealy), dependiendo del diseñador.

El autómata de *Moore* se muestra en la Figura 5.12 y en él se ve cómo el contador de tiempo está en el estado. Cuidado el autómata está hecho para un filtrado de 1 milisegundo usando un reloj de 100 MHz, luego si usamos WebLab-Deusto con sus 50 MHz los números habría que dividirlos entre 2.

La señal `tope` indica cuándo ha de parar el proceso de filtrado. El número 100.000 se obtiene multiplicando la frecuencia del reloj, 100 MHz, por la duración mínima del pulso, 0,001 segundos: 100.000.000 × 0,001 = 100.000 pulsos. Para 50 MHz el límite del contador hubiera sido de 50.000.

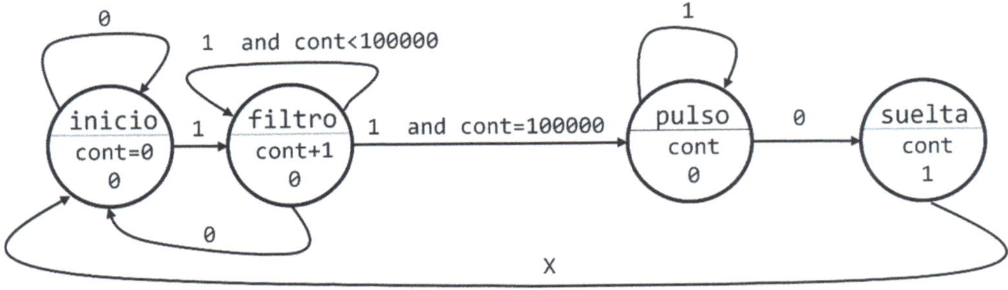

Figura 5.12. Diagrama de transición de estados del Ejemplo 5.7

El autómata es similar al de la Figura 5.9. La diferencia está en que en este caso aparece la señal `cont` para controlar la duración del pulso y un nuevo estado, `filtro`.

La Figura 5.13 muestra el comportamiento del filtrado. Si nos fijamos en el primer 1, vemos que este no pasa a la salida como tal hasta que el 1 de la entrada no ha estado estable al menos 10 ms. y, por tanto, la salida está retardada 10 ms respecto a la entrada (se utilizan 10 ms por claridad en la imagen del osciloscopio).

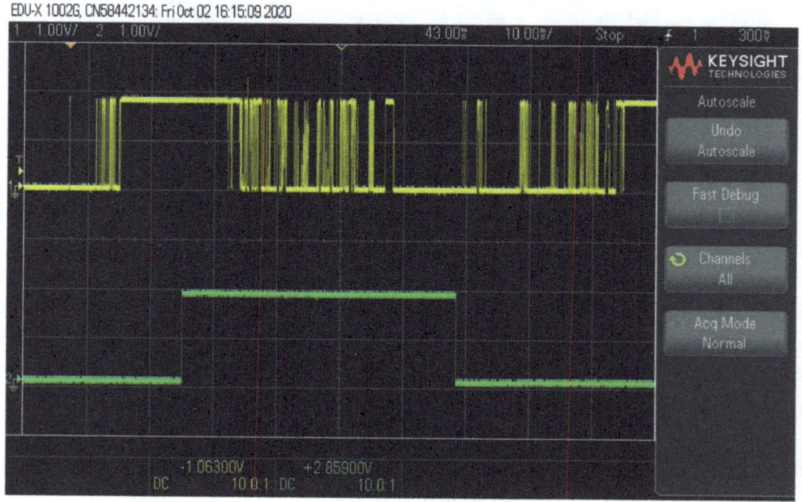

Figura 5.13. Imagen de osciloscopio que muestra el filtrado de la señal

La descripción en VHDL del diagrama anterior del autómata se parece mucho a lo visto hasta ahora, solo que hay una señal más que inicializar y actualizar en cada estado.

```
process(clk, inicio)
begin
if inicio='1' then
   estado<="00";
   cont_filtro<=0;
elsif rising_edge(clk) then
   case estado is
   when "00" => cont_filtro<=0;
               if pulsador='0' then
                  estado<="00";
               else
                  estado<="01";
               end if;
```

```
   when "01" =>  cont_filtro<=cont_filtro+1;
               if pulsador='1' and cont_filtro<100000 then
                  estado<="01";
               elsif pulsador='1' and cont_filtro=100000 then
                  estado<="10";
               else --pulsador='0'
                  estado<="00";
               end if;
   when "10" =>  cont_filtro<=0;
               if pulsador='1' then
                  estado<="10";
               else
                  estado<="11";
               end if;
   when "11" =>  cont_filtro<=0;
               estado<="00";
   when others =>   cont_filtro<=0;
               estado<="00";
   end case;
end if;
end process;

process(estado)
begin
case estado is
   when "00" => puls_sal<='0';
   when "01" => puls_sal<='0';
   when "10" => puls_sal<='0';
   when "11" => puls_sal<='1';
   when others => puls_sal<='0';
end case;
end process;
```

Para probar esta descripción VHDL hay que tener en cuenta dos cosas. Por un lado, en WebLab no hay rebotes porque los pulsos son generados por un sistema digital, no mecánico, y por tanto no tiene sentido probar ahí este VHDL y sí en la Basys 3 o en una tarjeta similar. Por otro lado, para ver el efecto del filtro es necesario añadir un dispositivo a controlar, por ejemplo, un contador.

Ejercicio 5.8. Dada una entrada obtener la salida filtrada, pero sin obtener un pulso de duración *T*, simplemente obtener la salida filtrada.

La Figura 5.13 muestra una señal con ruido en la entrada y sin él en la salida. La señal de entrada solo se considera estable si dura al menos 10 ms, en caso contrario se considera que ese pulso es espurio, fruto del ruido. La puesta a 1 de la salida ya ha sido explicada en el ejercicio anterior Ahora es momento de fijarse de que ocurre lo mismo con el 0 de la entrada, que no pasa a la salida hasta que este se mantiene constante al menos 10 ms.

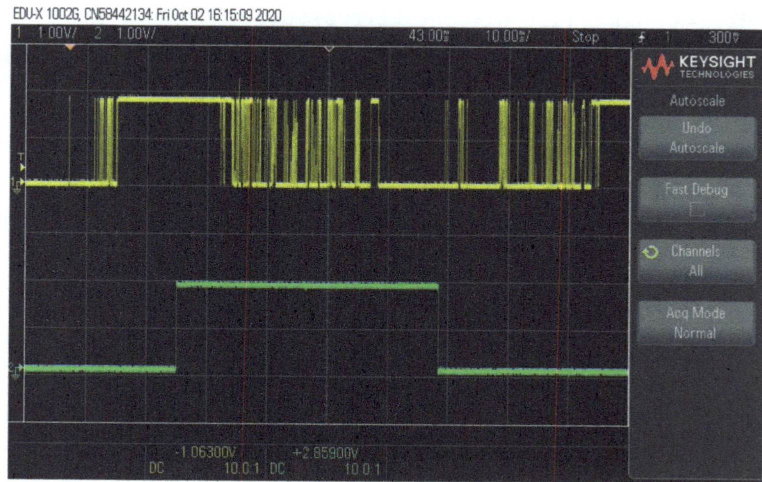

Figura 5.13. Imagen de un osciloscopio que muestra el filtrado de la señal

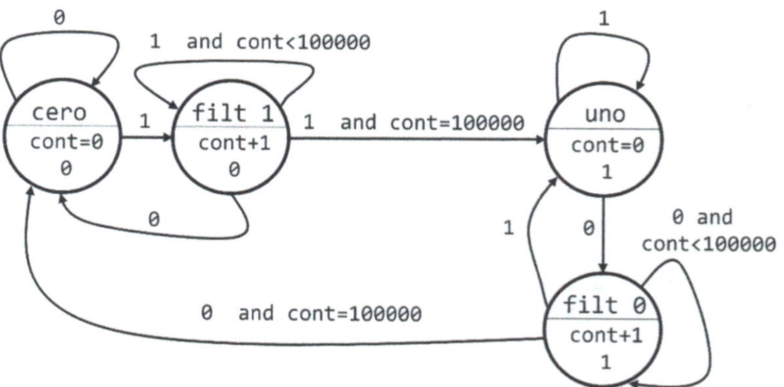

Figura 5.14. Diagrama de transición de estados del Ejemplo 5.8

En la Figura 5.14 el valor 100.000 indica un filtrado de 1 ms, por tanto, para 10 ms el valor obtenido debería haber sido de 1.000.000.

Ejercicio 5.9. Diseñar un contador con pulsador al soltar y filtrado a 10 milésimas de segundo, pero para que cuenta se deben dar dos pulsos consecutivos separados por no más de medio segundo.

Para controlar pulsos espurios en máquinas con problemas de seguridad se puede plantear un enunciado como el anterior: solo tendrá en cuenta una orden si esta se da dos veces separadas por menos de medio segundo, si solo se diera un pulso o la separación fuera mayor a 0,5 s, entonces el pulso no tendrá efecto.

El diagrama del autómata se muestra en la Figura 5.15.

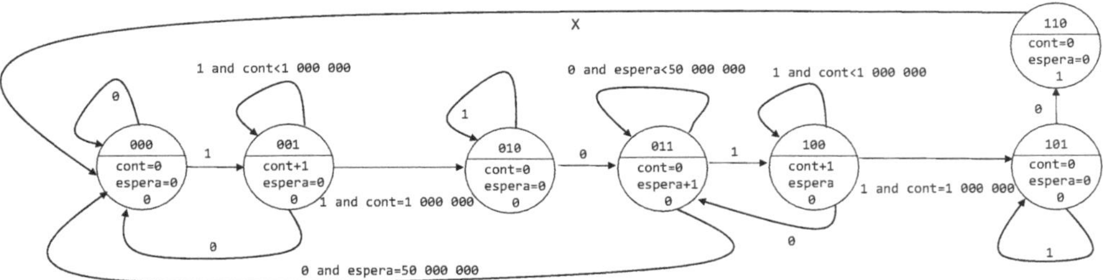

Figura 5.15. Diagrama de transición de estados del Ejemplo 5.9

Puede parecer muy complejo, pero en realidad es la unión de dos filtros (de 10 ms) con otro filtro en medio (de 0,5 s).

La descripción VHDL del autómata anterior merece un comentario importante. Resulta que al probarlo en la Basys 3 (no tiene sentido probarlo en WebLab) a veces el contador se queda "pillado" y no evoluciona, aunque pulsemos de nuevo. ¿Por qué? Pues porque la frecuencia de proceso es demasiada alta para el diseño, es decir, el reloj marca un ritmo que el hardware no puede soportar.

La solución es muy sencilla y pasa por ralentizar el diseño. Por ejemplo, si añadimos un contador de 1 microsegundo (divisor de frecuencia de hasta 1 MHz) podemos hacer que todo el diseño vaya al ritmo de microsegundos, en vez de al ritmo de nanosegundos (100 veces más lento, de 10 ns a 1 μs).

Solución al problema, en el VHDL donde pone

```
elsif rising_edge(clk) then
```

Debe poner

```
elsif rising_edge(clk) then
        if cont_1us=100-1 then
```

En la siguiente descripción VHDL se utilizan bits para describir a los estados en vez de literales, es una opción de diseño. Esta descripción no incluye el contador de microsegundos.

```
process(inicio, clk)
begin
if inicio='1' then
        estado<="000";
        cont_filtro<=0;
        cont_espera<=0;
elsif rising_edge(clk) then
```

```
case estado is
when "000" =>
        cont_filtro<=0;
        cont_espera<=0;
        if pulsador='0' then
                estado<="000";
        else
                estado<="001";
        end if;
when "001" =>
        cont_filtro<=cont_filtro+1;
        cont_espera<=0;
        if pulsador ='0' then
                estado<="000";
        elsif pulsador='1' and cont_filtro=1000000 then
                estado<="010";
        else
                estado<="001";
        end if;
when "010" =>
        cont_filtro<=0;
        cont_espera<=0;
        if pulsador='0' then
                estado<="011";
        else
                estado<="010";
        end if;
when "011"=>
        cont_filtro<=0;
        cont_espera<=cont_espera+1;
        if pulsador='1' then
                estado<="100";
        elsif cont_espera=50000000 then
                estado<="000";
        else
                estado<="011";
        end if;
when "100" =>
        cont_filtro<=cont_filtro+1;
        cont_espera<=0;
        if pulsador='0' then      --rebote
                estado<="011";
        elsif pulsador='1' and cont_filtro=1000000 then
                estado<="101";
        else
                estado<="100";
        end if;
when "101" =>
        cont_filtro<=0;
        cont_espera<=0;
        if pulsador='0' then
```

```
                    estado<="110";
        else
                    estado<="101";
        end if;
when "110" =>
        cont_filtro<=0;
        cont_espera<=0;
        estado<="000";
when others =>
        cont_filtro<=0;
        cont_espera<=0;
        estado<="000";
end case;
end if;
end process;

process(estado)
begin
case estado is
when "000" => puls_sal<='0';
when "001" => puls_sal<='0';
when "010" => puls_sal<='0';
when "011" => puls_sal<='0';
when "100" => puls_sal<='0';
when "101" => puls_sal<='0';
when "110" => puls_sal<='1';
when others => puls_sal<='0';
end case;
end process;
```

Ejercicio 5.10. Implementar el pulsador de puesta en hora de la alarma de un despertador: si el pulso filtrado dura menos de 2 segundos, entonces suma 1, pero si durara más de 2 segundos, entonces suma 1 cada 0,3 segundos, una suma rápida.

En el diagrama del autómata (Figura 5.16) podemos ver dos señales auxiliares. Una es para el filtrado y la otra es para controlar el pulso rápido.

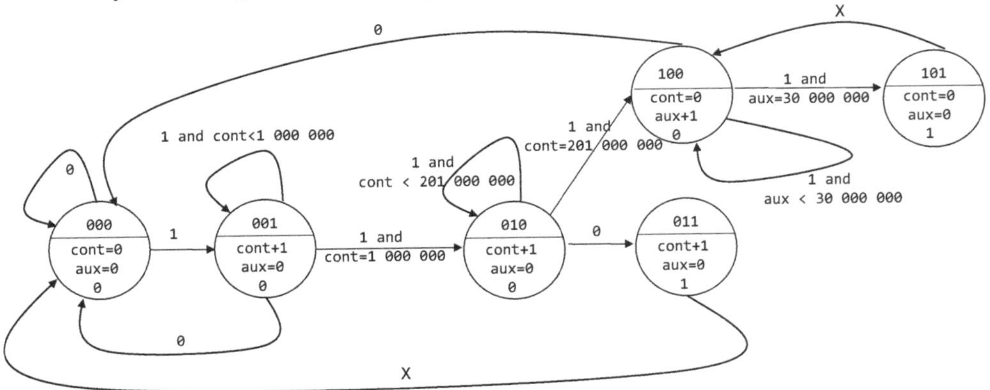

Figura 5.16. Diagrama de transición de estados del Ejemplo 5.10

La descripción VHDL es la siguiente y es tan larga como sencilla de obtener desde el autómata.

```
process(inicio, clk)
begin
if inicio='1' then
        estado<="000";
elsif rising_edge(clk) then
case estado is
when "000" =>
        cont_filtro<=0;
        cont_aux<=0;
        if pulsador='0' then
                estado<="000";
        else
                estado<="001";
        end if;
when "001" =>
        cont_filtro<=cont_filtro+1;
        cont_aux<=0;
        if pulsador ='0' then
                estado<="000";
        elsif pulsador='1' and cont_filtro>=1000000 then
                estado<="010";
        else
                estado<="001";
        end if;
when "010" =>
        cont_filtro<=cont_filtro+1;
        cont_aux<=0;
        if pulsador='0' then
                estado<="011";
        elsif cont_filtro>=201000000 then
           estado<="100";
        else
                estado<="010";
        end if;
when "011" =>
        cont_filtro<=0;
        cont_aux<=0;
        estado<="000";
when "100" =>
    cont_filtro<=0;
    cont_aux<=cont_aux+1;
    if cont_aux=30000000 then
        estado<="101";
    elsif pulsador='0' then
        estado<="000";
    else
        estado<="100";
    end if;
```

```
when "101" =>
    cont_filtro<=0;
    cont_aux<=0;
    estado<="100";
when others =>
         cont_filtro<=0;
         cont_aux<=0;
    estado<="000";
end case;
end if;
end process;

process(estado)
begin
case estado is
when "000" => puls_sal<='0';
when "001" => puls_sal<='0';
when "010" => puls_sal<='0';
when "011" => puls_sal<='1';
when "100" => puls_sal<='0';
when "101" => puls_sal<='1';
when others => puls_sal<='0';
end case;
end process;
```

Ejercicio 5.11. Implementar el control PWM de un motor de DC. La frecuencia PWM del motor DC es de 200 Hz y el porcentaje va de 0 % a 100 %.

En el capítulo anterior hemos visto la implementación de este control mediante un contador en VHDL. Es momento de hacerlo mediante un autómata y superar el problema del diseño anterior.

El autómata del control PWM de un motor DC está en la Figura 5.17. En este autómata se supone que la frecuencia es de 200 Hz, es decir, hace falta un divisor de frecuencia.

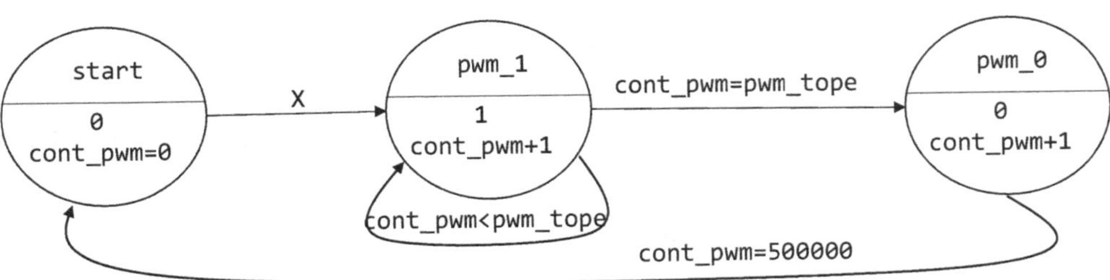

Figura 5.17. Diagrama de transición de estados del Ejemplo 5.11

Pero si analizamos con algo de detalle el diagrama anterior vemos que tiene el mismo problema que el control PWM mediante contador: al menos en un pulso por ciclo de control la salida está a 1. Y lo anterior no es correcto si el porcentaje es del 0 %. Lo mismo puede decirse para el 100 %. Es verdad que 5 ms es muy poco tiempo, pero no es en absoluto elegante.

El siguiente diagrama (Figura 5.18) sí describe correctamente el control PWM de un motor DC. En este autómata de Moore se puede decir que la salida es 0 al menos un pulso incluso si el porcentaje es del 100 %, y es correcto, pero solo para el primer pulso de todo el ciclo; por cada vez que se pulse el `reset`. Si se dibujara el autómata de Mealy correspondiente, tendría menos de los cinco estados que tiene Moore.

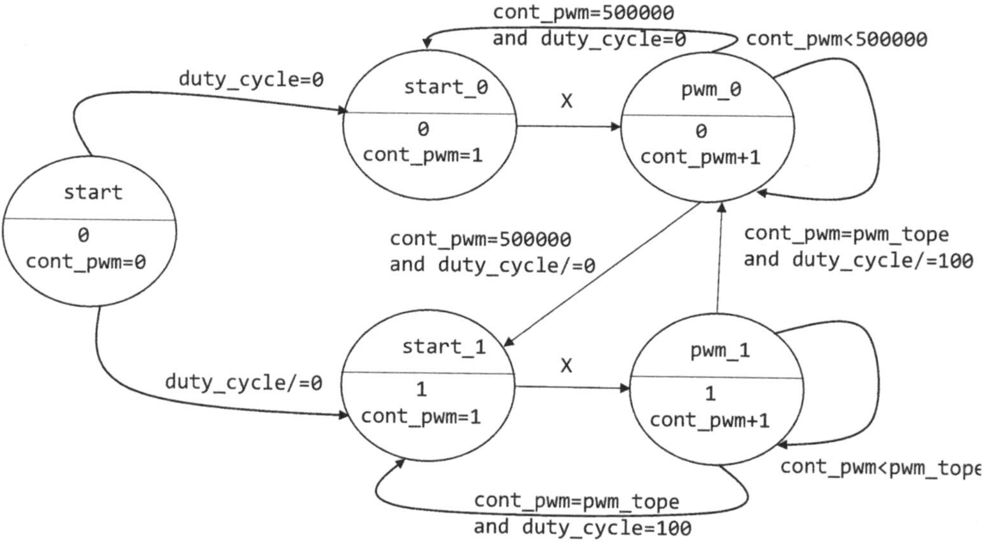

Figura 5.18. Diagrama de transición de estados del Ejemplo 5.11 mejorado

Cabe preguntarse cómo se calcula `pwm_tope` ya que esta señal indica cuánto tiempo debe estar el `pwm` a 1. De nuevo este diseño se basa en la Basys 3 con reloj de 100 MHz y una frecuencia PWM de 200 Hz.

```
pwm_tope<=(100000000/200)*duty_cycle/100;
```

La descripción VHDL es la siguiente.

```
process(inicio, clk)
begin
if inicio='1' then
    estado<=start;
    cont_pwm<=0;
elsif rising_edge(clk) then
    case estado is
    when start =>
        cont_pwm<=0;
        if  duty_cycle=0 then
            estado<=start_0;
        else
            estado<=start_1;
        end if;
    when start_0 =>
        cont_pwm<=1;
        estado<=pwm_0;
    when pwm_0 =>
        cont_pwm<=cont_pwm+1;
        if  cont_pwm=frecuencia_pwm_flancos-1 then
            if duty_cycle=0 then
                estado<=start_0;
            else
                estado<=start_1;
            end if;
        end if;
    when start_1 =>
        cont_pwm<=1;
        estado<=pwm_1;
    when pwm_1 =>
        cont_pwm<=cont_pwm+1;
        if  cont_pwm=pwm_tope then
            if duty_cycle=100 then
                estado<=start_1;
            else
                estado<=pwm_0;
            end if;
        end if;
        when others =>
            estado<=start;
            cont_pwm<=0;
      end case;
 end if;
 end process;
```

```
process(estado)
begin
case estado is
    when start   => pwm<='0';
    when start_0 => pwm<='0';
    when pwm_0   => pwm<='0';
    when start_1 => pwm<='1';
    when pwm_1   => pwm<='1';
    when others  => pwm<='0';
end case;
end process;
```

La Figura 5.19 muestra varios ejemplos de control por PWM.

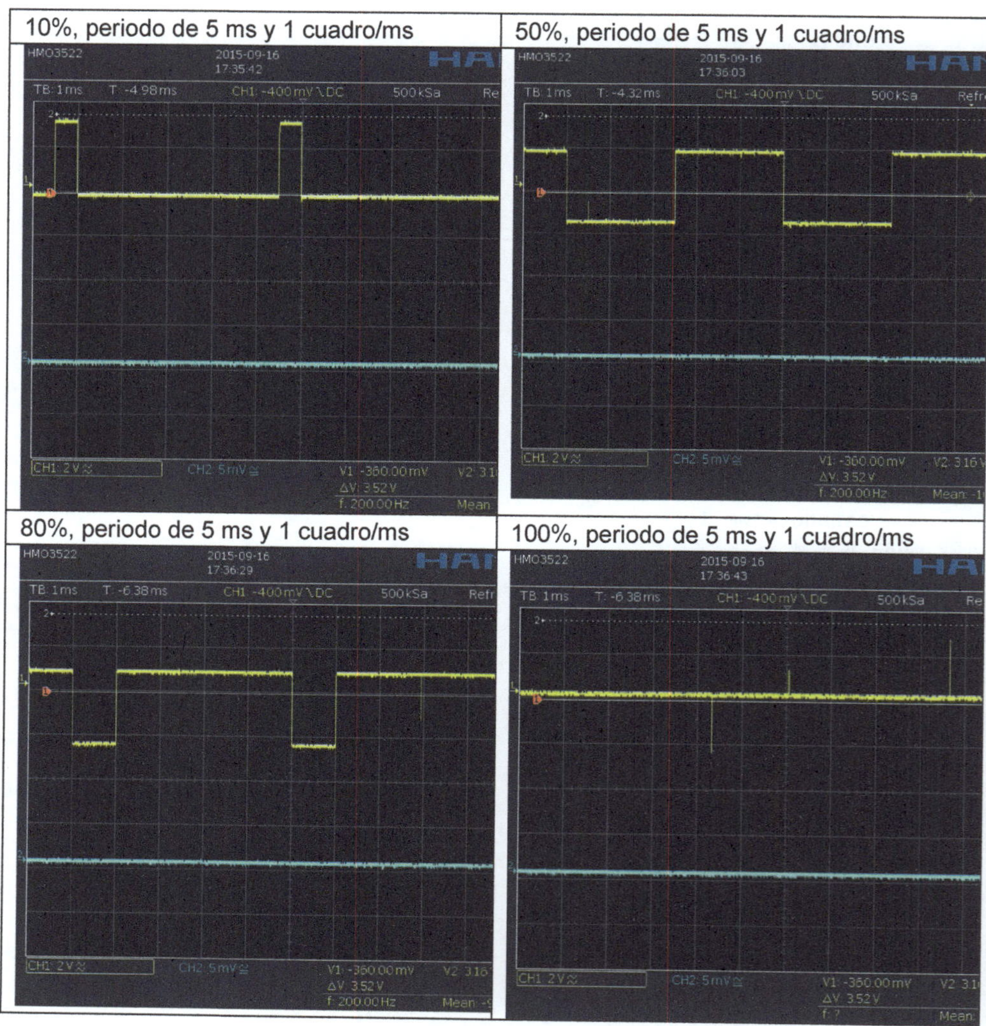

Figura 5.19. Imagen de un osciloscopio con distintos PWM

El código VHDL anterior de control del DC mediante PWM solo permite un sentido de giro. Si se quiere controlar el sentido de giro entonces es necesario disponer de una entrada *sentido_enttrada* y de dos salidas, `pwm_salida`: una de ellas estará a 0, y la otra a `pwm`.

```
if sentido_entrada='1' then
   pwm_sal(0)<=pwm;
   pwm_sal(1)<= '0';
else
   pwm_sal(0)<= '0';
   pwm_sal(1)<= pwm;
end if;
```

Ejercicio 5.12. Implementa en VHDL/FPGA la forma de obtener la velocidad de giro de un motor DC equipado con un doble sensor Hall.

La Figura 5.20 muestra la evolución de los dos sensores Hall en un motor DC. El periodo de la señal del sensor, ya sea la amarilla o la azul, es un indicador de la velocidad de giro del eje principal del motor. Para saber el sentido de giro del motor hay que fijarse en la secuencia generada por las dos señales amarilla y azul. En la Figura 5.20 el orden es 00-10-11-01-00…, para el otro sentido, la serie será 00-01-11-10-00, ambas son secuencias de código Gray.

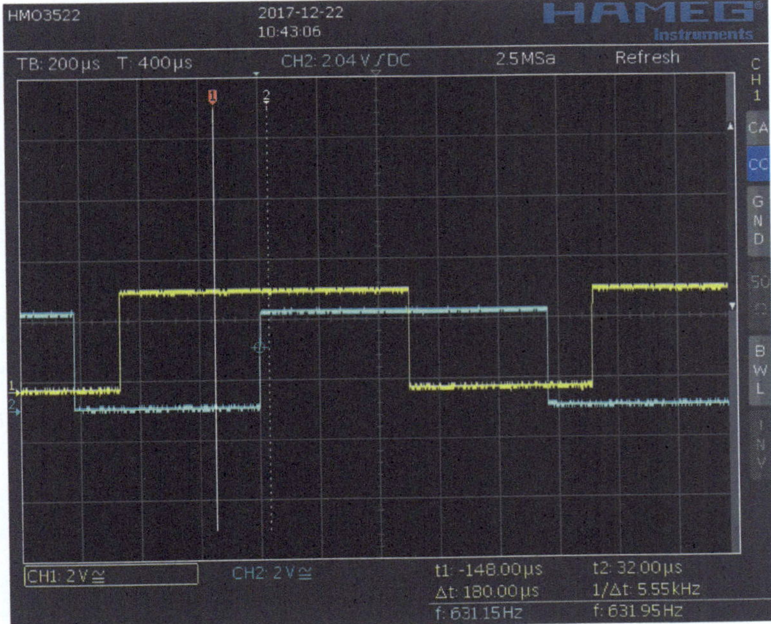

Figura 5.20. Imagen de un osciloscopio con la evolución de los sensores Hall de un motor DC

El diseño se puede resolver con dos estrategias diferentes: obtener la velocidad y el sentido por separado u obtener la velocidad y el sentido conjuntamente. En el primer caso hay que diseñar dos autómatas sencillos y en el segundo, un solo autómata, aunque más complejo.

Empecemos por la primera estrategia. Para saber cuánto tiempo tarda en dar una vuelta el motor DC simplemente hay que medir cuánto tiempo pasa entre un flanco ascendente y el siguiente de uno de los dos sensores Hall o cuánto tiempo pasa entre un 00 de los sensores Hall y el siguiente. En este caso vamos a trabajar con microsegundos, es decir, añadimos un divisor de frecuencia de 100 flancos, y así tenemos 100.000.000/100 = 1 MHz, es decir, 1 µs.

El diagrama del autómata es de *Mealy* y se basa en los dos sensores Hall. Se presentan dos diagramas (Figura 5.21), uno de dos estados y otro de tres estados, ambos de *Mealy*. El primero se "aprovecha" de que en VHDL/FPGA la señal no toma el nuevo valor hasta que se llega al `end process`. Esto afecta a `cont_us` y su uso para calcular `vel_rpm`.

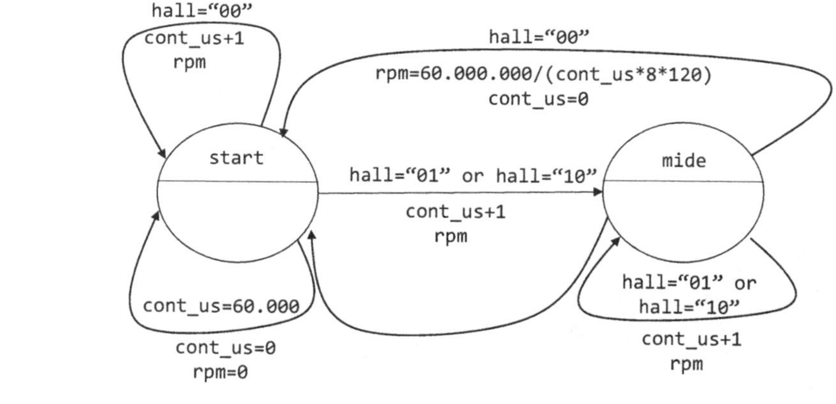

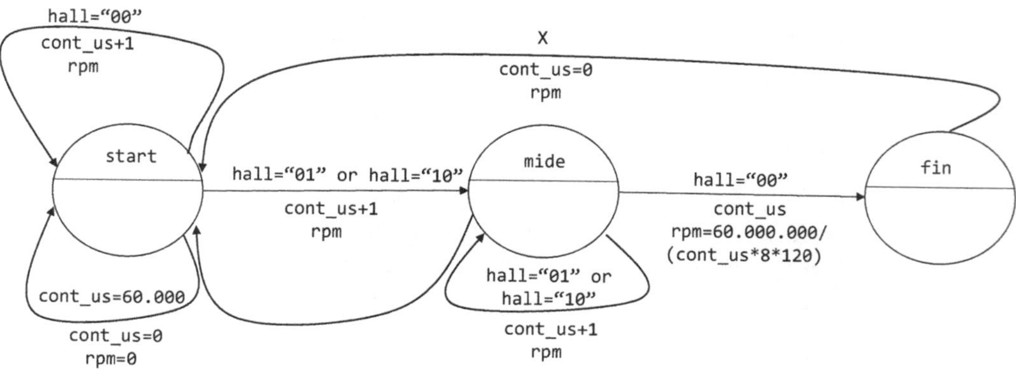

Figura 5.21. Diagrama de transición de estados del Ejemplo 5.12

La descripción VHDL que se aporta se corresponde al autómata de dos estados y antes de pasar a ella hay que hacer varios comentarios:

- El motor DC tiene dos ejes: el primario y el secundario. El secundario es el que se usa y se obtiene mediante una reductora 120:1. Sin embargo los sensores Hall están en el eje primario.
- Las hojas técnicas de los sensores Hall y su cronograma nos indican que el tiempo de 00 a 00 hay que multiplicarlo por 8.
- Lo anterior hace que la expresión para calcular la velocidad en rpm (revoluciones por minuto, cada 60 millones de µs) sea `rpm=60.000.000/(cont_us*120*8)`.
- Además, si el motor está parado, entonces `cont_us` no para de sumar 1 hasta llegar a infinito, lo que es imposible, hay que poner un `tope`. En la descripción VHDL el tope es 60.000. ¿Por qué 60.000? Pues porque si `cont_us` pasa de 60.000 quiere decir que la velocidad es menor de 1 rpm. Este tope se puede aumentar o reducir a criterio del diseñador, pero es inevitable. ¿Cómo sabemos que está parado el motor DC?
- La primera vez que el autómata mide los rpm no lo hace bien porque no se sabe en qué posición arranca el motor. Para corregir este fallo, menor, habría que añadir un nuevo estado.

```
process(clk, inicio)
begin
if inicio='1' then
    reloj_1MHz<=0;
elsif rising_edge(clk) then
    if reloj_1MHz=100-1 then
        reloj_1MHz<=0;
    else
        reloj_1MHz<=reloj_1MHz+1;
    end if;
end if;
end process;

process(clk, inicio)
begin
if inicio='1' then
    estado_vel<=INICIO_HALL;
    contador_micros_hall<=0;
    rpm_salida_entero<=0;
elsif rising_edge(clk) then
    if reloj_1MHz=0 then
    case estado_vel is
    when INICIO_HALL =>
            if contador_micros_hall=60000-1 then
                estado_vel<=INICIO_HALL;
                contador_micros_hall<=0;
                rpm_salida_entero<=0;
```

```
            else
                contador_micros_hall<=contador_micros_hall+1;
                if (sensor_hall_verde='0' and sensor_hall_azul='1') or
(sensor_hall_verde='1' and sensor_hall_azul='0') then
                    estado_vel<=MIDE_HALL;
                end if;
            end if;
      when MIDE_HALL =>
            if contador_micros_hall=60000-1 then
                estado_vel<=INICIO_HALL;
                contador_micros_hall<=0;
                rpm_salida_entero<=0;
            else
                contador_micros_hall<=contador_micros_hall+1;
                if (sensor_hall_verde='0' and sensor_hall_azul='0') then
                    contador_micros_hall<=0;
                    rpm_salida_entero<=60000000/(contador_mi-
cros_hall*8*120);
                    estado_vel<=INICIO_HALL;
                end if;
            end if;
      when others =>
            estado_vel<=INICIO_HALL;
            contador_micros_hall<=0;
            rpm_salida_entero<=0;
      end case;
      end if;
end if;
end process;
```

En realidad, la descripción VHDL mide el cambio en las dos señales del sensor Hall, pero bastaría medir la frecuencia o el periodo de una de las dos señales.

Además del VHDL anterior, hace falta una conversión a bits para poder visualizar la velocidad en leds o en *displays* 7-segmentos. Tiene interés pensar en qué estado se debe guardar la velocidad.

```
process(clk, inicio)
begin
if inicio='1' then
    rpm_salida_bits<="1111111111111111";
elsif rising_edge(clk) then
    if reloj_1MHz=0 then
        if estado_vel=INICIO_HALL then
            rpm_salida_bits<=std_logic_vector (to_unsigned(rpm_salida_en-
tero, 16));
        end if;
   end if;
end if;
end process;
```

Para conocer el sentido de giro simplemente hay que saber si la secuencia de giro de los sensores Hall es 00-01-11-10-00 o 00-10-11-01-00, es decir, es un detector de secuencia.

El diagrama del autómata de *Mealy* es bien sencillo (Figura 5.22), ¿cómo sería el de Moore?

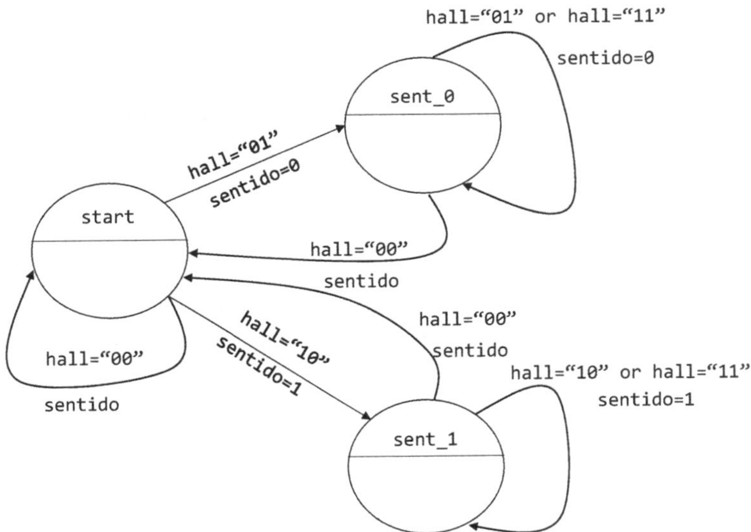

Figura 5.22. Diagrama de transición de estados de Mealy del Ejemplo 5.12

La descripción VHDL es la trasposición del diagrama anterior.

```
process(clk, inicio)
begin
if inicio='1' then
    estado_sent<=INICIO_SENT;
    sentido<='0';
elsif rising_edge(clk) then
    if reloj_1MHz=0 then
    case estado_sent is
    when INICIO_SENT => if sensor_hall_verde='0' and sensor_hall_azul='1' then
                            estado_sent<=SENT_0;
                            sentido<='0';
                        elsif sensor_hall_verde='1' and sensor_hall_azul='0' then
                            estado_sent<=SENT_1;
                            sentido<='1';
                        end if;
    when SENT_0 =>  if sensor_hall_verde='0' and sensor_hall_azul='0' then
                        estado_sent<=INICIO_SENT;
                    end if;
    when SENT_1 =>  if sensor_hall_verde='0' and sensor_hall_azul='0' then
                        estado_sent<=INICIO_SENT;
```

```
                    end if;
    when others =>
            estado_sent<=INICIO_SENT;
            sentido<='0';
    end case;
    end if;
end if;
end process;
```

Queda plantearse una cuestión ¿puede haber ruido en los sensores Hall? Si los hubiera se habrían producido cambios bruscos en la velocidad y en el sentido. Por tanto, essensato filtrar los sensores Hall mediante el autómata de la Figura 5.13 antes de utilizarlos con el VHDL.

La segunda estrategia es aquella que mide la velocidad y obtiene el sentido de giro del motor DC. En este caso en vez de dos autómatas, hay uno.

El diagrama de la Figura 5.23 se corresponde con un autómata de *Mealy*. Queda como ejercicio ver si se puede quitar el estado fin y cómo plantear el correspondiente de *Moore*.

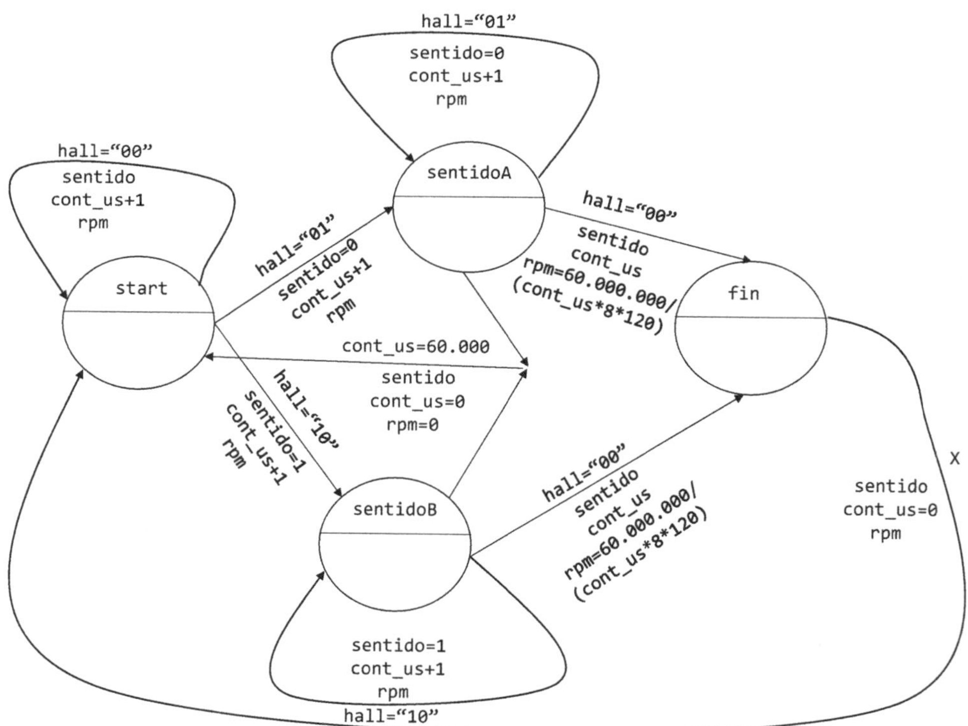

Figura 5.23. Diagrama de transición de estados de Mealy del Ejemplo 5.12 completo

La descripción VHDL del anterior autómata es la siguiente.

```
process(inicio, clk)
begin
if inicio='1' then
    estado_hall<=start_hall;
    cont_us<=0;
    rpm_entero<=0;
    sentido<='0';
elsif rising_edge(clk) then
    if reloj_1MHz=0 then
    case estado_hall is
    when start_hall =>
        if hall="01" then
            estado_hall<=sentidoA;
            sentido<='0';
            cont_us<=cont_us+1;
        elsif hall="10" then
            estado_hall<=sentidoB;
            sentido<='1';
            cont_us<=cont_us+1;
        else
            estado_hall<=start_hall;
            cont_us<=cont_us+1;
        end if;
    when sentidoA =>
        if cont_us=60000 then
            estado_hall<=start_hall;
            cont_us<=0;
            rpm_entero<=0;
        else
            if hall="00" then
                estado_hall<=fin;
                rpm_entero<=60000000/(cont_us*8*120);
            else
                estado_hall<=sentidoA;
                cont_us<=cont_us+1;
            end if;
        end if;
    when sentidoB =>
        if cont_us=60000 then
            estado_hall<=start_hall;
            cont_us<=0;
            rpm_entero<=0;
        else
            if hall="00" then
                estado_hall<=fin;
                rpm_entero<=60000000/(cont_us*8*120);
            else
                estado_hall<=sentidoB;
                cont_us<=cont_us+1;
            end if;
        end if;
```

```
        when fin =>
            estado_hall<=start_hall;
            cont_us<=0;
        when others =>
            estado_hall<=start_hall;
            cont_us<=0;
            rpm_entero<=0;
            sentido<='0';
        end case;
        end if;
    end if;
    end process;
```

Ejercicio 5.13. Implementar en VHDL/FPGA el control PWM de un servomotor.

Un servomotor permite un giro de 180° (de 0° a 180° o de –90° a 90°) en función de una señal de control. Lo que se controla es la posición angular de un eje, no se controla el giro del motor.

La señal de control es un PWM a una frecuencia determinada que depende de cada servomotor, pero que suele estar alrededor de los 50 Hz (entre 40 Hz y 66,6 Hz, de 15 ms a 25 ms).

La Figura 5.24 muestra el PWM de control de un servo.

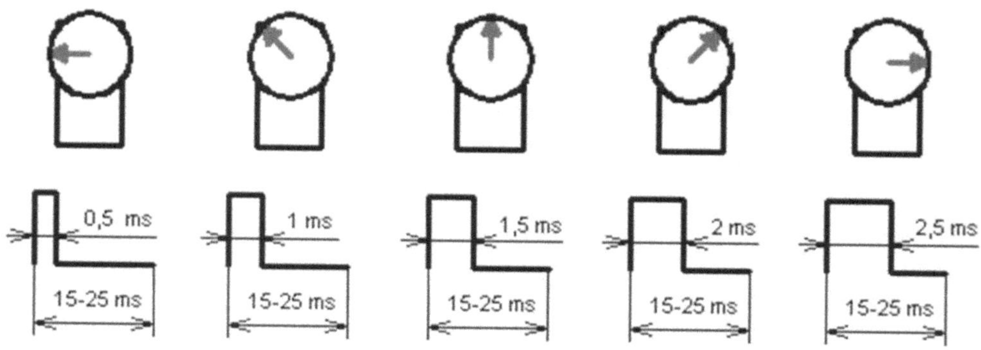

Figura 5.24. Control mediante PWM de un servomotor

Como hemos fijado la frecuencia a 50 Hz, entonces la duración del pulso con PWM es de 20 ms. El pulso mínimo a 1 es de 0,5 ms y el máximo es de 2,5, ya que cada 45° se aumenta en 0,5 ms la duración del pulso a 1. O más exactamente 0,011 ms (11 μs) por grado. Pero hay que tener cuidado con estos cálculos son útiles solo en una primera aproximación, ya que lo mejor es probar con cada servo o comprar un servo de alta gama y precio.

En la Figura 5.25 se ve la imagen del osciloscopio para cada caso.

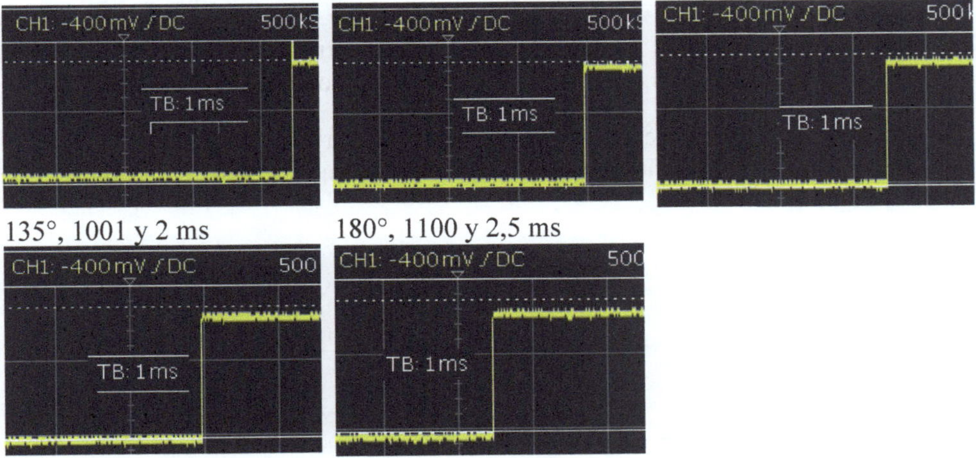

Figura 5.25. Imágenes de osciloscopio de los distintos PWM

El servomotor SG90 tiene un rango de control que para llegar a la posición –90° necesita pulsos a 1 de duración 1 ms, a 0° necesita pulsos de duración 1,5 ms y a 90° , de 2 ms (Figura 5.26). Sin embargo, al usarlo parece que es más correcto usar el rango de 0,5 ms a 2,5 ms, por eso decimos que cada uno debe investigar cuál es el mejor rango para sus necesidades.

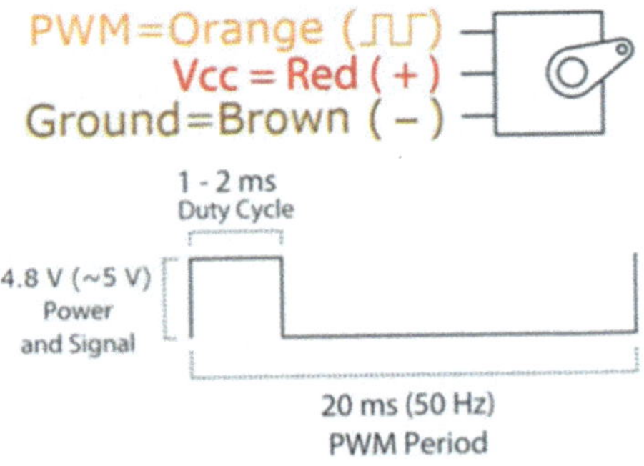

Figura 5.26. Control PWM de un servomotor SG90

El diagrama describe el autómata que genera el `pwm` para controlar un servo. En el autómata hay dos señales que hay que aclarar: `tope` y `frec_pwm`. La primera contiene el número de flancos en los que el `pwm` debe estar a 1 para alcanzar la posición deseada, mientras que `frec_pwm` es una cantidad fija para generar un divisor de frecuencia a 50 Hz.

Por ejemplo, partiendo de una frecuencia de reloj de 100 MHz `frec_pwm` debe ser 2.000.000 de flancos para medir 20 ms (periodo de 50 Hz y 100.000.000×0,020 s) y `tope` debe ser 1 ms, 1,5 ms y 2 ms para –90°, 0° y 90°, pero según otro criterio estos valores deben ser 0,5 ms, 1,5 ms y 2,5 ms. ¿Cuál es correcto? Hay que probar, aunque en nuestro caso ya decimos que el servo funciona bien con la segunda asignación.

La Figura 5.27 muestra el autómata del control del servomotor. Su estructura permite el control por PWM de distintos tipos de servo, sin más que cambiar los valores de `tope` y de `frec_pwm`.

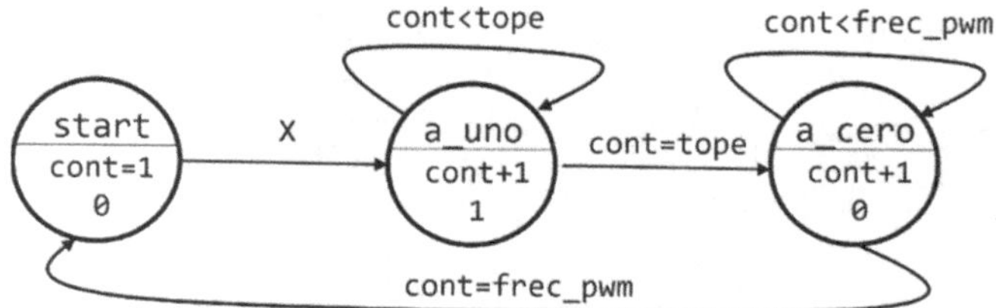

Figura 5.27. Diagrama de transición de estados de *Mealy* del Ejemplo 5.13

La descripción VHDL es bien sencilla, y simplemente hay que tener cuidado al marcar los valores de las dos señales ya nombradas.

```
process(CLK100MHZ, inicio)
begin
if inicio='1' then
    estado<=START;
    contador_base<=0;
elsif rising_edge(CLK100MHZ) then
    case estado is
        when START =>   contador_base<=1;
                        estado<=A_UNO;
        when A_UNO =>   contador_base<=contador_base+1;
                        if contador_base=pwm_tope then
                            estado<=A_CERO;
                        end if;
        when A_CERO =>      contador_base<=contador_base+1;
                        if  contador_base=periodo_pwm_flancos then
                            estado<=START;
                        end if;
        when others =>  estado<=START;
                        contador_base<=0;
    end case;
end if;
end process;
```

```
process(estado)
begin
case estado is
    when START => servo_pwm<='1';
    when A_UNO => servo_pwm<='1';
    when A_CERO => servo_pwm<='0';
    when others => servo_pwm<='0';
end case;
end process;
```

En este caso particular vamos

Ejercicio 5.14. Implementar en VHDL/FPGA el control de un motor paso a paso.

Aunque los dos motores, DC y servomotor, son distintos tecnológicamente, ambos se controlan mediante PWM, sin embargo, el motor paso a paso se controla de una forma distinta ya que se basa en cuatro o más bobinas. Según se energizan unas bobinas y no lo hacen otras, entonces el rotor se mueve. En la Figura 5.28 se ven dos tipos de control del *stepper* en modo full-step, el utilizado en este ejemplo es el segundo, donde siempre hay dos bobinas activadas y dos desactivadas. Hay que tener en cuenta que hay varios tipos de *stepper* y varios tipos de control.

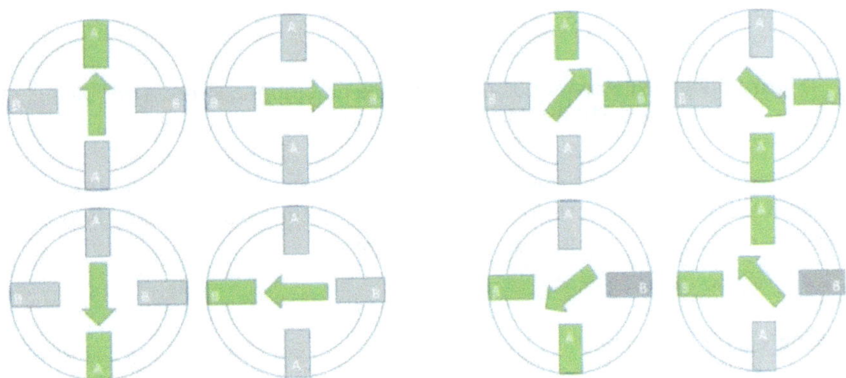

Figura 5.28. Evolución y control de un *stepper* por full step. Imagen obtenida de *https://www.rs-online.com/*

El control anterior se llama *full step* y necesita de cuatro pasos para dar una vuelta completa. También se puede plantear un control por *half step* o *wave drive*. El primero necesita de 8 pasos para dar una vuelta y, por tanto, para *half step* cada paso es menor que para *full step* y permite un control de posición más exacto. El *full step* gira más deprisa y es menos exacto, mientras que el *half step* gira más lento, pero es más preciso.

El control *wave drive* también necesita de 4 pasos para dar un giro completo y solo energiza una bobina cada vez, y por tanto es más económico que el *full step*, sin embargo, este ahorro energético hace que el par sea menor y que, por tanto, no pueda mover un peso mayor.

Sin embargo, esto es solo desde el punto de vista teórico porque cada fabricante introduce reductoras para que el control sea más fino, por ejemplo, que los pasos sean 64, 256, etc.

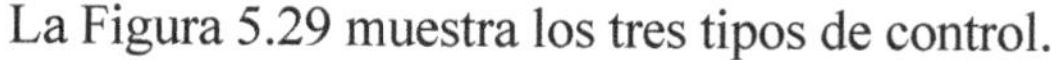

La Figura 5.29 muestra los tres tipos de control.

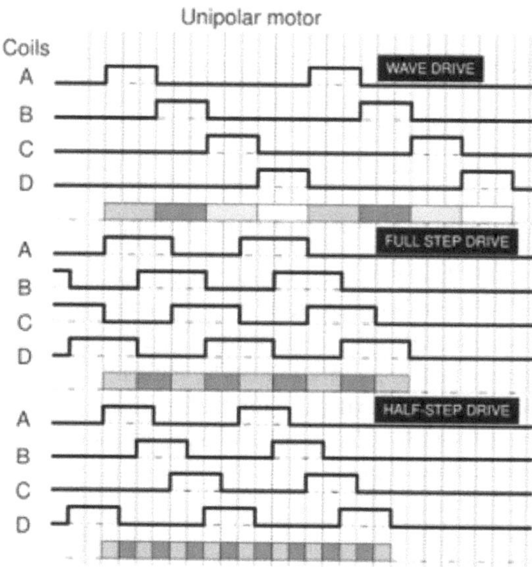

Figura 5.29. Distintos modos de control de un stepper, Creada por Misan2010 en Wikimedia Commons

Visto lo anterior es claro que el *stepper* se controla mediante un simple registro de desplazamiento y no es necesario un autómata. En este caso se ha añadido una señal de `enable`, que ha de estar a 1 para que el motor gire.

```
process(clk, reset)
begin
if rising_edge(clk) then
    if reset='1' then
        paso_paso_aux<="1100";
    else
        if enable='1' then
            if frecuencia_paso_paso=0 then
                paso_paso_aux<=paso_paso_aux(0)&paso_paso_aux(3 downto 1);
            end if;
        end if;
    end if;
end if;
end process;
```

Puede parecer que este registro desplazamiento no coincide con lo mostrado en la Figura 5.29, pero simplemente depende de dónde se asigne cada bobina con cada bit. De hecho, a la hora de conectar las bobinas hay que ser cuidadoso y tener paciencia.

Antes de pasar a la implementación VHDL/FPGA es necesario explicar la segunda variable: la frecuencia o velocidad de giro. Cada motor paso a paso tiene una frecuencia o velocidad de giro que suele estar entre 50 Hz y 500 Hz, pero depende de cada motor.

El VHDL consiste en un divisor de frecuencia para distintas frecuencias y en un registro de desplazamiento. Para el motor 28BYJ-48 UNIPOLAR, a 100 Hz tarda 20 segundos por vuelta, es decir, 0,18° por paso con una reductora de 2000:1. El VHDL además cuenta con la señal de `sentido` para que gire en un sentido u otro, y para ello el desplazamiento ha de ser a la derecha o a la izquierda.

```
process(frec)
begin
case frec is
when "00" => tope<=5000000; --20 Hz
when "01" => tope<=2000000; --50 Hz
when "10" => tope<=1000000;  -- 100 Hz
when "11" => tope<=500000;  --200 Hz
when others => tope<=2000000;
end case;
end process;

process(clk, inicio)
begin
if inicio='1' then
       frecuencia_paso_paso<=0;
elsif rising_edge(clk) then
    if frecuencia_paso_paso=tope-1 then
        frecuencia_paso_paso<=0;
    else
        frecuencia_paso_paso<=frecuencia_paso_paso+1;
    end if;
end if;
end process;

process(clk, inicio)
begin
if inicio='1' then
    paso_paso_aux<="1100";
elsif rising_edge(clk) then
    if enable='1' then
        if frecuencia_paso_paso=0 then
            if dir='0' then
                paso_paso_aux<=paso_paso_aux(2 downto 0)&paso_paso_aux(3);
            else
                paso_paso_aux<=paso_paso_aux(0)&paso_paso_aux(3 downto 1);
            end if;
        end if;
    end if;
end if;
end process;

paso_paso<=paso_paso_aux;
```

Otro tipo de *stepper* muy popular es el usado en impresoras 3D, como el QUIMAT de la Figura 5.30. Estos motores están muy ligados a un tipo de *driver* como el A4988 que facilita y enriquece mucho el control.

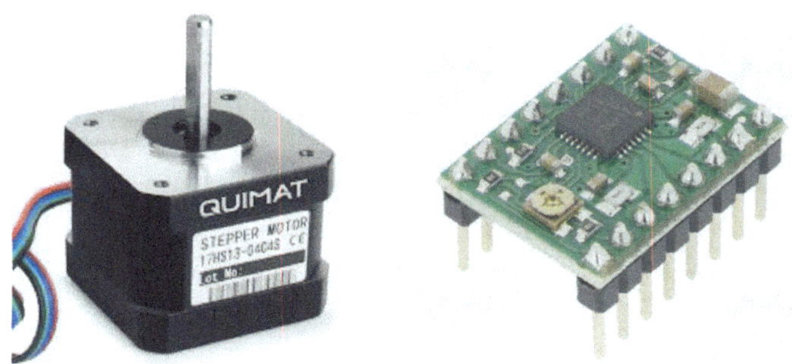

Figura 5.30. Descripción del *stepper* QUIMAT con el *driver* A4988

En el A4988 todo es más fácil y menos controlado: simplemente metemos un flanco por step y el motor se mueve un paso. De esta forma le sobran muchas líneas que aprovecha para dar más servicio y aumentar si acaso la confusión. La descripción de las líneas de control es:

- *step*: por cada flanco recibido genera un paso en el motor de 1,8 grados. Es decir, con 200 *steps* se da una vuelta completa. Pero con MS3-1 se puede controlar el tamaño del paso. En este *driver* no importa en absoluto el tamaño del pulso enviado por la FPGA. No hay PWM o *duty cycle,* simplemente el pulso ha de durar al menos 1,9 µs.

Jim_Remington

Jan 2015

[quote]the DRV8825 wants a PWM wave with a fixed duty cycle (50%)[/quote]Not true, see the data sheet for the DRV8825 chip. The STEP input is activated by the rising edge of a pulse with a minimum duration of 1.9 us, so the duty cycle is essentially irrelevant.

- *direction*: 0 es para una dirección, y 1, para la contraria
- *reset*: activa por nivel bajo, con 0 se resetea el *driver*. Si está cortocircuitada a *sleep* no afecta.
- *sleep*: activa por nivel bajo, con 0 el *driver* "duerme". Si está cortocircuitada a *reset* no afecta.
- *enable*: activa por nivel bajo. Habilita el *driver*. Lo normal es ponerla a 0.
- MS3-MS1: `micro_step (3 downto 1)`. Controla el tamaño del paso. Lo normal es ponerlo a 000 para que sea full step. Con 111 hace 1/16 de paso por *step*.

La descripción VHDL anterior es todavía más sencilla ya que no hay que controlar un registro de desplazamiento, solo hay que generar un pulso a una frecuencia determinada. Esta frecuencia y la señal de `tope_frecuencia_paso_paso` dependen de cada motor y ha de ser ajustado por el diseñador. Antes de mostrar el VHDL hay que indicar que el uso del *driver* A4988 exige cierta pericia por parte del diseñador, no es *plug&play*.

```
process(clk)
begin
if reset='1' then
     reloj_paso_paso<=0;
elsif rising_edge(clk) then
   if reloj_paso_paso=tope_frecuencia_paso_paso-1 then
         reloj_paso_paso<=0;
   else
         reloj_paso_paso<=reloj_paso_paso+1;
   end if;
end if;
end process;

process(clk)
begin
if rising_edge(clk) then
     if reloj_paso_paso=0 then
          paso_paso_aux<=not(paso_paso_aux);
     end if;
end if;
end process;
```

Ejercicio 5.15. Implementar en VHDL/FPGA el control de un sensor de distancia por ultrasonidos HCSR04.

Este sensor es un clásico en el diseño de sistemas digitales. Su aspecto se puede ver en la Figura 5.31

Electric Parameter

Working Voltage	DC 5 V
Working Current	15mA
Working Frequency	40Hz
Max Range	4m
Min Range	2cm
MeasuringAngle	15 degree
Trigger Input Signal	10uS TTL pulse
Echo Output Signal	Input TTL lever signal and the range in proportion
Dimension	45*20*15mm

Figura 5.31. Aspecto del sensor HCSR04 y parámetros eléctricos

El funcionamiento es bastante simple y atiende a lo explicado por el fabricante en la Figura 5.32:

- Generar un pulso de 10 µs y se introduce en la señal de *trigger*.
- El pulso anterior hace que el HCSR04 genere 8 pulsos a 40 kHz. Estos pulsos generan un eco.
- La señal de echo recibe el eco y tiene una duración que depende de la distancia del objeto que ha generado el eco: $distancia\ en\ cm = \frac{duración\ en\ \mu s}{58}$.
- El fabricante sugiere un ciclo de medida de 60 ms (60.000 µs) que puede ser reducido si es necesario, pero no sin medida.

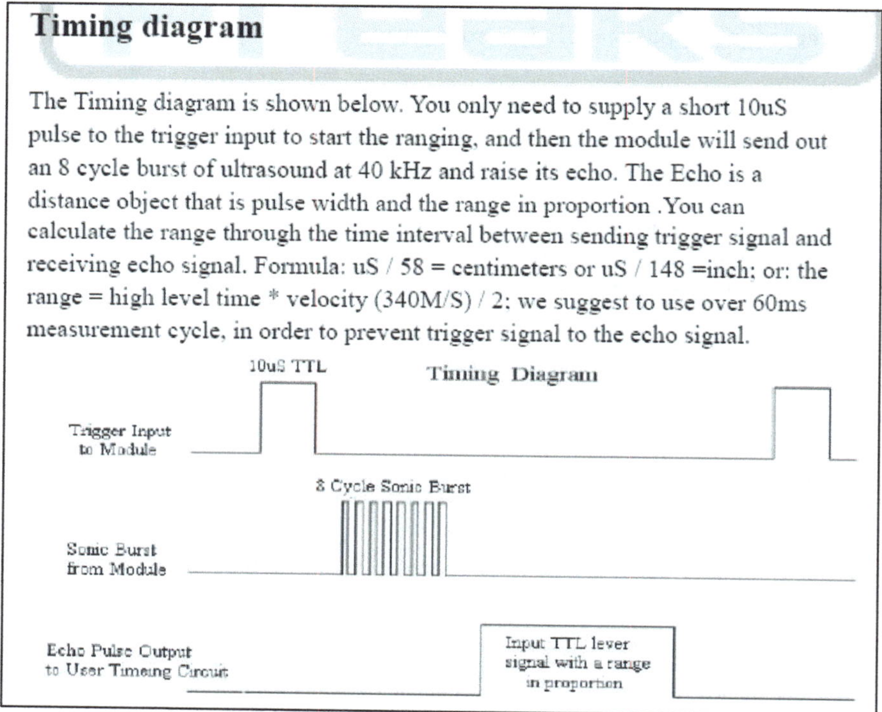

Timing diagram

The Timing diagram is shown below. You only need to supply a short 10uS pulse to the trigger input to start the ranging, and then the module will send out an 8 cycle burst of ultrasound at 40 kHz and raise its echo. The Echo is a distance object that is pulse width and the range in proportion .You can calculate the range through the time interval between sending trigger signal and receiving echo signal. Formula: uS / 58 = centimeters or uS / 148 =inch; or: the range = high level time * velocity (340M/S) / 2; we suggest to use over 60ms measurement cycle, in order to prevent trigger signal to the echo signal.

Figura 5.32. Información del fabricante del HCSR04

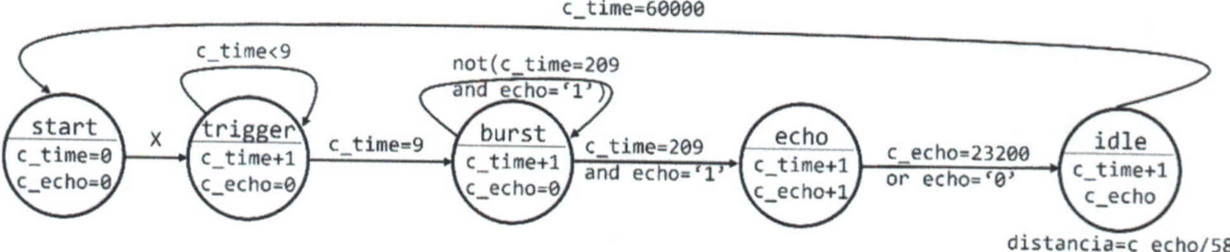

Figura 5.33. Autómata del sensor HCSR04

Son necesarias algunas aclaraciones al autómata de la Figura 5.33:

- c_echo y c_time son contadores de tiempo y de pulsos de eco.
- El fabricante dice que el HCSR04 envía 8 pulsos a 40 kHz en busca de eco. Esos 8 pulsos a 40 kHz suponen 200 µs.
- Si el fabricante dice que la distancia máxima a medir es de 4 m, eso supone 23.200 µs midiendo un posible eco.
- Del estado echo se sale por tiempo (objeto a más de cuatro metros, fuera del rango de medida) o porque el echo desaparece. La señal de echo a veces tiene "caídas" por ruido, entonces hay diseñadores que cuentan en el estado echo todos los pulsos de echo hasta alcanzar los 23.200. Sin embargo, esto no es siempre correcto, ya que puede que haya más de un objeto creando el eco y, por tanto, se medirían ambas distancias. Es una decisión que compete al diseñador en función del escenario de uso y supondrá añadir un if echo='1' para sumar o no al c_echo.
- La distancia se calcula en el estado idle usando la fórmula del fabricante y la conversión a std_logic se hace en start ya que en idle no sería correcto por la asignación no secuencial en VHDL.
- Algunos diseñadores recomiendan añadir nuevos tiempos de espera o aumentar los ya expresados, queda esta decisión en manos del lector.

El código VHDL queda largo, pero sigue lo expuesto con anterioridad.

```
process(clk, inicio)
begin
if inicio='1' then
    estado<=start;
    cont_tiempo_us<=0;
    cont_echo_us<=0;
    distancia_cm_bit<="000000000";
elsif rising_edge(clk) then
    if reloj_1MHz=0 then
        case estado is
        when start =>
            if cont_echo_us=23200 then
                distancia_cm_bit<="111111111";
            else
                distancia_cm_bit<=std_logic_vector(to_unsigned(dis-
tancia_cm,9));
            end if;
            cont_tiempo_us<=0;
            cont_echo_us<=0;
            estado<=gen_trigger;
```

```
        when gen_trigger =>
            cont_tiempo_us<=cont_tiempo_us+1;
            if cont_tiempo_us=9 then
                estado<=burst;
            end if;
        when burst =>
            cont_tiempo_us<=cont_tiempo_us+1;
            if cont_tiempo_us>(200+9) and echo='1' then
                estado<=detec_echo;
            end if;
        when detec_echo =>
            cont_echo_us<=cont_echo_us+1;
            if echo='0' or cont_echo_us=23209 then
                estado<=idle;
            end if;
        when idle =>
            cont_tiempo_us<=cont_tiempo_us+1;
            distancia_cm<=cont_echo_us/58;
            if cont_tiempo_us=(60000) then
                estado<=start;
            end if;
        when others =>
           cont_tiempo_us<=0;
           cont_echo_us<=0;
           estado<=start;
        end case;
    end if;
end if;
end process;

process(estado)
begin
case estado is
when start => trigger<='0';
when gen_trigger => trigger<='1';
when burst => trigger<='0';
when detec_echo => trigger<='0';
when idle => trigger<='0';
when others => trigger<='0';
end case;
end process;

end Behavioral;
```

La Figura 5.34 muestra dos imágenes del osciloscopio. A la izquierda se ve que la duración del `trigger` es de 10 µs exactos, y a la derecha se ve la duración del echo, unos 250 µs y, por tanto, una distancia al objeto detectado de unos 4 cm.

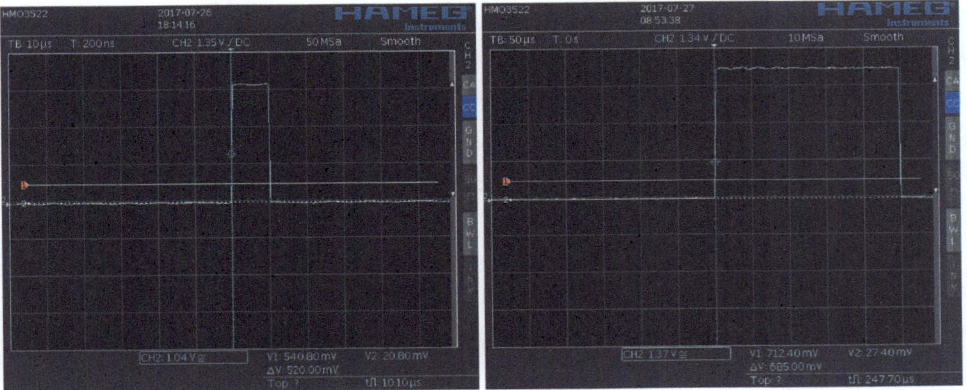

Figura 5.34. Imágenes de osciloscopio del HCSR04

Ejercicio 5.16. Implementa un conversor secuencial de binario puro sin signo a BCD.

Este es un diseño clásico para explicar autómatas: dada una secuencia de bits en binario puro convertirla en BCD para facilitar su visualización en *displays* 7-segmentos.

El método se basa en desplazar y sumar y se detalla en la Figura 5.35 para un número de 6 bits. El ejemplo parte de una entrada con 6 unos: 111111 que debe convertirse en 63, cosa que hace. Tras desplazar la entrada, hay que preguntarse por el valor de *tens* y *units*, ya que, si estos son mayores o iguales a 5, entonces hay que sumarles 3. Téngase en cuenta que 5 desplazado a la izquierda se convierte en 10 y 3 se convierte en 6 (y que sumar 6 es restar 10).

Operation	Tens	Units	Binary
B			5 4 3 2 1 0
HEX			3 F
Start			1 1 1 1 1 1
Shift 1		1	1 1 1 1 1
Shift 2		1 1	1 1 1 1
Shift 3		1 1 1	1 1 1
Add 3		1 0 1 0	1 1 1
Shift 4	1	0 1 0 1	1 1
Add 3	1	1 0 0 0	1 1
Shift 5	1 1	0 0 0 1	1
Shift 6	1 1 0	0 0 1 1	
BCD	6	3	
P	7 4	3 0	
z	13 10	9 6	5 0

Figura 5.35. Conversión de binario puro a BCD

Aunque el autómata es bien sencillo y se muestra en la Figura 5.36, son necesarias algunas explicaciones:

- Todo el proceso se da sobre un vector de trabajo que inicialmente se carga con la entrada y que tiene suficiente longitud para el desplazamiento y la suma.
- La señal de `enable` puede ser eliminada, pero aporta orden al diseño.
- El número de bits se puede aumentar o disminuir a gusto del diseñador, simplemente hay que cambiar el criterio de `cont`. Y añadir centenas, millares, etc., a la opción de suma 5. El autómata es para siete bits, de 0 a 99.
- Después de desplazar se suma o no, según sea necesario o no en función de lo desplazado.
- En el estado `fin` se obtienen las decenas y las unidades como parte del vector de trabajo.

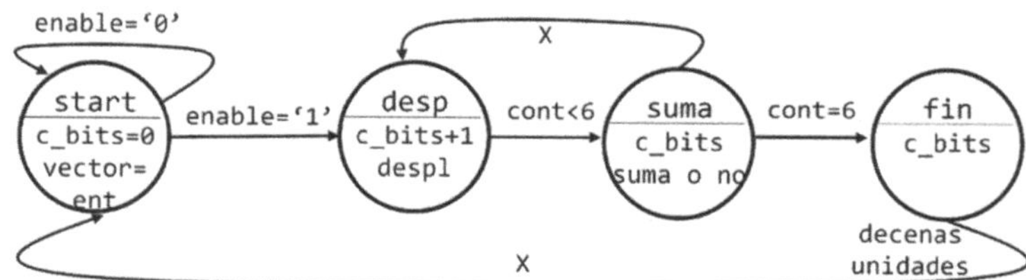

Figura 5.35. Autómata de la conversión de binario puro a BCD

La descripción VHDL para WebLab-FPGA es la siguiente y se corresponde con el autómata.

```
process(clk, inicio, entrada_binaria)
begin
if inicio='1' then
    vector_aux<="00000000"&entrada_binaria;
    estado<=start;
    cont_bits<= 0;
    unidades<="0000";
    decenas<="0000";
elsif rising_edge(clk) then
    case estado is
    when start =>     cont_bits<=0;
                     vector_aux<="00000000"&entrada_binaria;
                     if enable='1' then
                         estado<=desp;
                     end if;
    when desp =>     cont_bits<=cont_bits+1;
                     vector_aux<=vector_aux(13 downto 0)&'0';
                     if cont_bits<6 then
```

```
                          estado<=suma;
                      else
                          estado<=fin;
                      end if;
    when suma =>      cont_bits<=cont_bits;
                      if vector_aux(14 downto 11)>4 then
                          vector_aux(14  downto  11)<=vector_aux(14  downto
11)+"0011";
                      end if;
                      if vector_aux(10 downto 7)>4 then
                          vector_aux(10  downto  7)<=vector_aux(10  downto
7)+"0011";
                      end if;
                      estado<=desp;
    when fin =>      cont_bits<=0;
                      decenas<=vector_aux(14 downto 11);
                      unidades<=vector_aux(10 downto 7);
                      estado<=start;
    when others => cont_bits<=0;
                      estado<=start;
                      decenas<="0000";
                      unidades<="0000";
                      vector_aux<="000000000000000";
    end case;
end if;
end process;
```

A continuación se muestra otro forma de convertir binario en BCD. En este caso el enfoque es el típico de lenguaje C: es más fácil de entender, tarda menos, pero consumo muchos más recursos de la FPGA.

```
process(entrada)
begin
   decenas_entero<=( entrada -centenas_entero*100)/10;
   unidades_entero<= entrada -centenas_entero*100-decenas_entero*10;
   decenas<=std_logic_vector(to_unsigned(decenas_entero,4));
   unidades<=std_logic_vector(to_unsigned(unidades_entero,4));
end process;
```

Ejercicio 5.17. Implementar una pila LIFO de 8 posiciones.

Una pila almacena datos que luego serán leídos. El término LIFO significa *Last Input First Output*, es decir que el último dato en entrar es el primer leído, otra pila muy popular es la FIFO: *First Input First Output*, y en este caso el orden de lectura es el de escritura.

La pila se compone de varios elementos:

- Entrada y Salida: donde está la entrada a escribir en la pila y donde está lo leído de la pila.
- PUSH/POP: si se activa PUSH, entonces el dato que está en `entrada` se carga en la pila en la primera posición libre y si se activa POP el contenido de la primera posición ocupada por un dato se saca a la `salida`.
- STACK_POINTER: esta señal es una dirección que apunta a la primera posición libre de la pila. Cuando se hace *push*, entonces `pila(stack_pointer)<=entrada`, y cuando se hace pop entonces antes de sacar el dato de la pila hay que restar uno a *stack_pointer*: `salida<=pila(stack_pointer-1)`.
- Si se hace *push* en una pila llena, entonces es un error, y si se hace *pop* en una pila vacía, entonces de nuevo hay un error.
- Las ordenes de *push* y *pop* deben estar sincronizadas, deben durar un pulso de reloj, ya que de otra forma la carga o lectura sería múltiple.
- Para implementar una pila hay que crear una matriz de datos, un vector de vectores. En VHDL se hace utilizando el *type* y la declaración de *signal*. En este caso es una pila de 8 posiciones de 8 bits cada posición.

```
type data is array (7 downto 0) of std_logic_vector(7 downto 0);
```

Lo anterior conforma el autómata conceptual de una pila de 8 posiciones de la Figura 5.37. Si no fuera necesario el control de pila vacía o llena, entonces los cuatro estados superiores no serían necesarios.

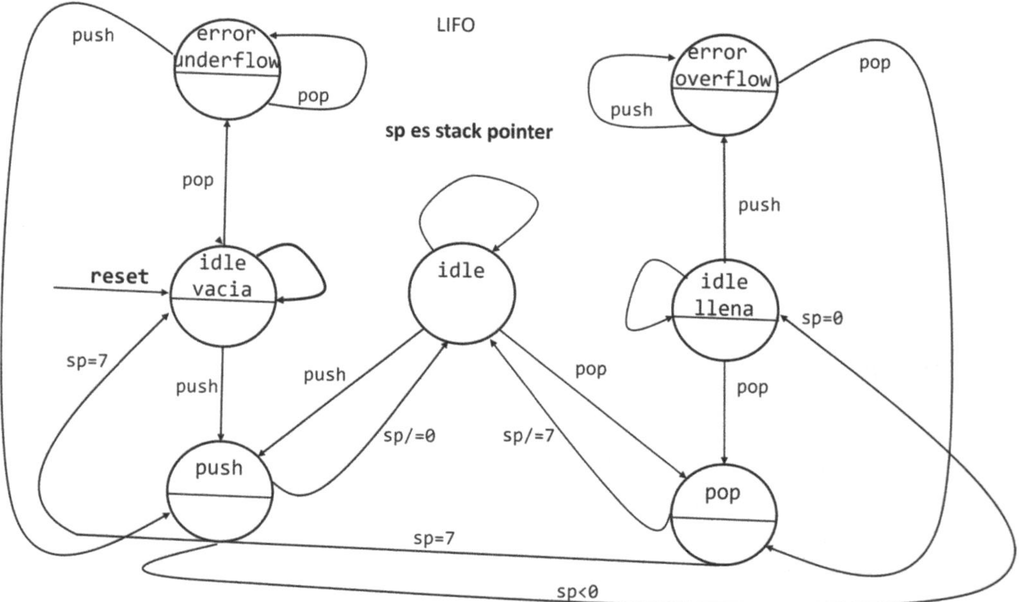

Figura 5.37. Autómata conceptual de la pila LIFO de 8 posiciones

La implementación en VHDL del anterior autómata es de nuevo larga y sencilla.

```
process(clk, inicio)
begin
if inicio='1' then
    estado_pila<=vacia;
    led(7 downto 0)<="00000000";
    stack_pointer<=7;

pila<=("00000000","00000000","00000000","00000000","00000000","00000000","
00000000","00000000");
elsif rising_edge(clk) then
    case estado_pila is
    when idle =>  if salida_push='1' then
                        estado_pila<=mete_push;
                        pila(stack_pointer)<=entrada;
                stack_pointer<=stack_pointer-1;
                    elsif salida_pop='1' then
                        estado_pila<=saca_pop;
                        stack_pointer<=stack_pointer+1;
                    end if;

    when mete_push =>   if stack_pointer>=0 then
                            estado_pila<=idle;
                        else
                            estado_pila<=llena;
                        end if;

    when saca_pop =>    led(7 downto 0)<=pila(stack_pointer);
                        if stack_pointer/=7 then
                            estado_pila<=idle;
                        else
                            estado_pila<=vacia;
                        end if;

    when llena =>       if salida_pop='1' then
                            estado_pila<=saca_pop;
                            stack_pointer<=stack_pointer+1;
                        elsif salida_push='1' then
                            estado_pila<=overflow;
                        end if;

    when vacia =>       if salida_push='1' then
                            estado_pila<=mete_push;
                            pila(stack_pointer)<=entrada;
                stack_pointer<=stack_pointer-1;
                        elsif salida_pop='1' then
                            estado_pila<=underflow;
                        end if;

    when overflow =>    if salida_pop='1' then
```

```
                                    estado_pila<=saca_pop;
                                    stack_pointer<=stack_pointer+1;
                                end if;
    when underflow =>           if salida_push='1' then
                                    estado_pila<=mete_push;
                                    pila(stack_pointer)<=entrada;
                                end if;
    when others =>                  led(7 downto 0)<="00000000";
                                    estado_pila<=idle;
                                    stack_pointer<=7;

    end case;
end if;
end process;

process(estado_pila)
begin
case estado_pila is
when idle =>            pila_llena<='0';
                        pila_vacia<='0';
                        error_overflow<='0';
                        error_underflow<='0';
when mete_push =>       pila_llena<='0';
                        pila_vacia<='0';
                        error_overflow<='0';
                        error_underflow<='0';
when saca_pop =>        pila_llena<='0';
                        pila_vacia<='0';
                        error_overflow<='0';
                        error_underflow<='0';
when llena =>           pila_llena<='1';
                        pila_vacia<='0';
                        error_overflow<='0';
                        error_underflow<='0';
when vacia =>           pila_llena<='0';
                        pila_vacia<='1';
                        error_overflow<='0';
                        error_underflow<='0';
when overflow =>        pila_llena<='0';
                        pila_vacia<='0';
                        error_overflow<='1';
                        error_underflow<='0';
when underflow =>       pila_llena<='0';
                        pila_vacia<='0';
                        error_overflow<='0';
                        error_underflow<='1';
when others =>          pila_llena<='0';
                        pila_vacia<='0';
                        error_overflow<='0';
                        error_underflow<='0';

end case;
end process;
```

PROBLEMAS PROPUESTOS

5.1. Añadir un contador a los autómatas de filtrado para saber cuántos rebotes ha filtrado en el último pulso.

5.2. Pulsador con doble efecto: genera un pulso T cada vez que se aprieta y suelta el pulsador.

5.3. Implementa el control PWM de un motor DC mediante un autómata de Mealy (debería tener un estado menos).

5.4. Una caja fuerte binaria cuenta para su apertura con un interruptor y un pulsador: cada vez que se pulsa el botón la FPGA lee el valor del interruptor de manera que, si los últimos cuatro bits introducidos son 1011, entonces se abre. Una vez abierta la puerta para volver a cerrarla hay que activar el pulsador `reset`.

5.5. Implementar la alarma de un reloj de manera que cuando la alarma se active (porque el reloj y la hora de alarma coinciden) esta se apague al pulsar *stop_alarma*, pero si se pulsara *stop_alarma* al menos 1 segundo, entonces la alarma se apaga y se vuelve a encender al de 5 segundos (o minutos). Este pulso es el de "déjame dormir un poco más".

5.6. Implementar un temporizador de 10 segundos al generarse un pulso. Por ejemplo, al retirarse de un urinario japonés, se activa el chorro de agua durante 10 segundos.

5.7. Una puerta giratoria es controlada por un motor: con 00 está quieta, con 01 gira a la izquierda y con 10 gira a la derecha. Además, la puerta tiene un pulsador y un detector, de manera que, al pulsar el viajero, la puerta gira y el viajero entra. El giro se completa hasta que la puerta gira media vuelta. Cuando un nuevo viajero llega y pulsa, entonces el giro será en el sentido contrario al último.

5.8. Implementar el control PWM de un servomotor mediante un autómata de Mealy.

5.9. Añadir a los sensores de velocidad (Hall) o de distancia (HCSR04) las líneas de *strobe* y de *ready*. La de *strobe* debe estar a 1 para que comience el proceso de medida y la de *ready* se debe poner a 1 cuando haya acabado el proceso de medida. La línea de *strobe* se puede controlar mediante un pulso externo (o interno) y la línea de *ready* nos indica cuando se puede leer el nuevo valor de medida. Este diseño aporta elegancia y utilidad al sensor.

5.10. Modificar el control de cualquier sensor de manera que el valor entregado sea el valor medio de un conjunto de medidas. También se puede intentar implementar el control de errores en la medida: si una medida fuera tomada como un error (hay que determinar el criterio) entonces no debería ser entregada o procesada como tal.

5.11. Integrar el uso de una pila en el control de sensores. La pila podría usarse para almacenar las últimas medidas o los últimos errores.

5.12. Implementar una pila FIFO de 8 posiciones de 8 bits cada posición.

Capítulo 6

TECNOLOGÍA Y LÓGICA MOS

Índice del capítulo

6.1. INTRODUCCIÓN

En los capítulos anteriores se ha explicado cómo abordar diseños digitales utilizando VHDL/FPGA. Bajo este enfoque las puertas digitales y las conexiones entre ellas quedan enterradas bajo el marco conceptual de la descripción comportamental (*behavioral*) del VHDL; el diseñador no las ve, pero siguen estando ahí, *buried* en la FPGA.

En este sentido, el álgebra de Boole, elaborada en el siglo XIX, sigue siendo el marco conceptual del diseño digital, y en ella los operadores lógicos básicos son: AND, OR y NOT; producto lógico, suma lógica y negación lógica.

El objetivo de este capítulo es explicar cómo se implementa cada uno de estos operadores mediante semiconductores utilizando tecnología MOS. Este proceso tiene ciertas características que serán explicadas con más o menos detalle. Es obvio que si un lector decide que no necesita entender cómo funciona una puerta lógica (operador booleano), sino que simplemente quiere conocer su función y usarla, entonces no necesita en absoluto leer este capítulo. Dentro del ámbito universitario es aceptado que los alumnos deben comprender con suficiente grado de detalle las herramientas que utiliza.

En este capítulo predomina el uso de explicaciones cualitativas y se evitará en la medida de lo posible el uso de razonamiento analítico-matemático ya que este puede ser muy complicado.

Según el álgebra de Boole, un circuito digital solo se compone de puertas AND, OR y NOT, cuyos comportamientos y símbolos se ven en la Figura 6.1. ¿Cómo se fabrican las puertas AND, OR y NOT? Este es el objetivo de este capítulo.

X	$\overline{X}$	X	Y	$X \cdot Y$	$X + Y$	$\overline{X \cdot Y}$	$\overline{X + Y}$
0	1	0	0	0	0	1	1
1	0	0	1	0	1	1	0
		1	0	0	1	1	0
		1	1	1	1	0	0

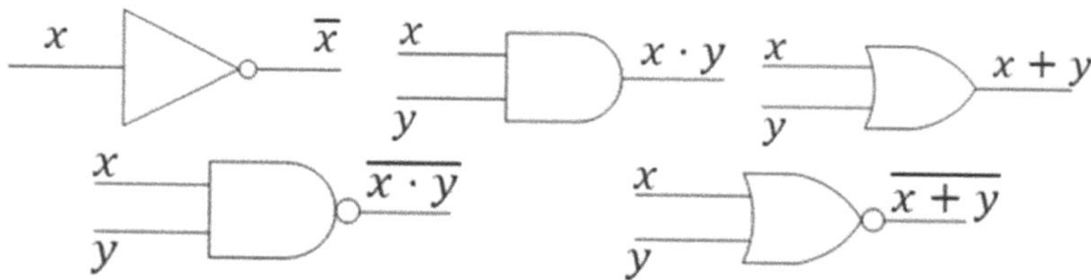

Figura 6.1. Tabla de verdad y símbolos de las puertas lógicas NOT, AND, OR, NAND y NOR

La implementación actual de puertas lógicas se basa en tecnología MOS (*Metal-Oxide-Semiconductor*). Así pues, en este capítulo se explicará la tecnología MOS, cómo usarla para implementar puertas lógicas y qué características tienen estas puertas lógicas.

6.2. TECNOLOGÍA MOS, ESTRUCTURA MOS Y TRANSISTOR MOS

El término MOS significa *Metal-Oxide-Semiconductor*, es decir, trabajamos con materiales semiconductores P y N, pero en este caso no se unen para formar diodos, sino para formar transistores MOS.

Para entender cómo funciona un transistor MOS y qué hace es necesario dar varios pasos: entender cualitativamente el material MOS, conocer la curva característica del transistor MOS (comportamiento estático) y utilizando esta comprender la respuesta temporal del transistor MOS (comportamiento dinámico), para finalmente dotar a estos transistores de comportamiento lógico.

Una estructura MOS como la de la Figura 6.2, *Metal-Oxide-Semiconductor*, tiene varias partes:

- Una puerta o compuerta o *gate* metálica.
- Dióxido de silicio, SiO_2, que se comporta como un aislante.
- Material P con huecos excedentes, es decir, con portadores mayoritarios positivos. Si fuera material N, los portadores mayoritarios serían los electrones.

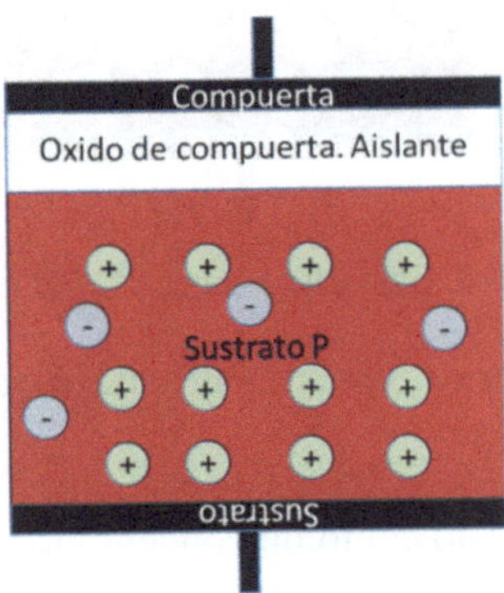

Figura 6.2. Estructura básica MOS

Si se aplica o no una tensión positiva en la puerta o *gate* ocurre:

- Si no hay tensión en la puerta, entonces los huecos (portadores mayoritarios) se reparten con normalidad por el sustrato P.

- Si la tensión es positiva y baja (por debajo de un umbral), entonces los huecos son repelidos de la zona de unión entre el SiO_2 y el material P. A su vez se van acercando algunos electrones (portadores minoritarios) a la puerta. Ese movimiento de cargas va creando una diferencia de potencial hasta el punto de que llegará un momento en el que un electrón que quiera acercarse a la puerta será rechazado por ese potencial negativo. Es decir, ese proceso de atraer electrones (portadores minoritarios) y alejar huecos (portadores mayoritarios) se detiene si V_G es un valor pequeño. Además, se puede decir que en la frontera entre ambas zonas se produce una recombinación entre los electrones atraídos y los huecos alejados. El potencial asociado se denomina V_{TH} y es normalmente de unos 0,7 V, como en el diodo. Esa zona se vacía de portadores positivos o huecos y se denomina *zona de agotamiento* o *zona de deplexión* (*depletion zone*).
- Si la tensión positiva aumenta por encima de un nivel (*threshold*) V_{TH} (0,7 V), entonces la zona cercana a la puerta no solo se vacía de huecos, sino que se llena de electrones (portadores minoritarios en P), creándose una zona de inversión. Al aumentar V_G por encima de V_{TH}, el canal, la zona cercana a la puerta, se llena de electrones, empujando la zona de agotamiento o deplexión hacia abajo.

La Figura 6.3 muestra esta última situación.

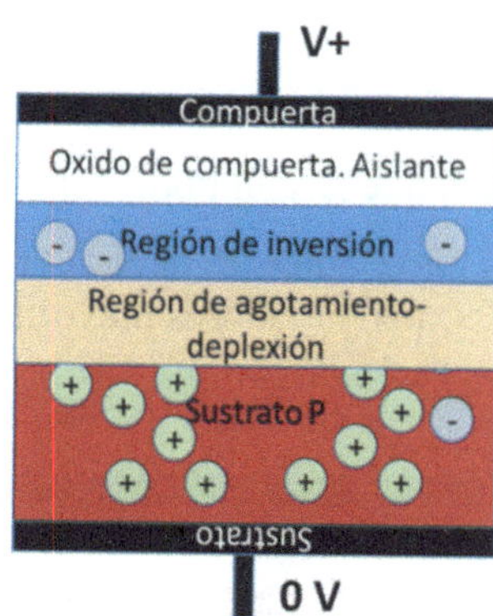

Figura 6.3. Estructura básica MOS con tensión positiva

El comportamiento anterior se asemeja a un condensador, y puede ser de gran utilidad en las explicaciones posteriores.

Un material P puede ser visto como un condensador que se carga negativamente en presencia de una tensión, mientras que, en ausencia de esta, se descarga siempre que haya un circuito conectado a tierra para descargar la tensión. Si no hubiera tal conexión a tierra o circuito, entonces el valor se mantendría en V^-.

Un material N es un condensador capaz de almacenar carga positiva en función de una tensión, y luego se descarga en ausencia de esta, siempre que haya un circuito para ello, como se ha indicado para el material P.

6.2.1. Transistores nMOS y pMOS

Un transistor MOS tipo nMOS se compone de un bloque de silicio con un sustrato P y dos bloques N+ en los extremos (N+ es un material N fuertemente dopado con electrones), además tiene un contacto metálico (de polisilicio) y un aislante entre la puerta y el sustrato P. Así pues, un transistor nMOS tiene cuatro terminales:

1. B (sustrato o *bulk*).
2. G (puerta o *gate*).
3. S (surtidor, fuente o *source*).
4. D (drenador o *drain*).

En un transistor nMOS el sustrato suele estar cortocircuitado al surtidor S, y este a su vez a tierra. Esta situación se da en diseño digital, y supone adelantar explicaciones. En un transistor pMOS, el sustrato es material N, siendo el drenador y el surtidor material P+. En este caso, el sustrato suele estar conectado a la tensión de referencia V_{DD}, por ejemplo, 5V.

En la Figura 6.4 se ve que el drenador y el surtidor están separados por un espacio llamado *canal*. Los terminales S y D no están marcados (aunque en el dibujo sí lo estén), son intercambiables.

En un transistor nMOS el surtidor (S) es el terminal con menor tensión, siendo el otro terminal el drenador (D). Según esto, si las tensiones en S y D cambian en el circuito, entonces S y D cambian de posición. Esto no es un problema, pero puede complicar algo la explicación del funcionamiento.

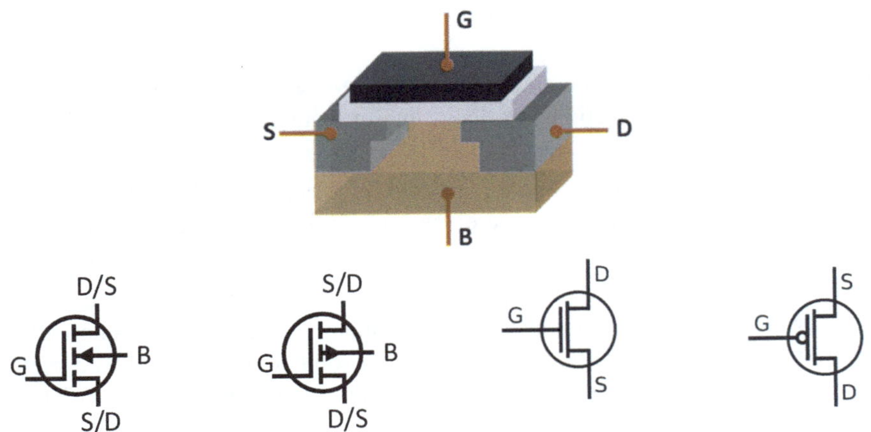

Figura 6.4. Estructura de semiconductora de un transistor nMOS y pMOS y distintos símbolos, los más comunes en lógica son los dos segundos. Fuente: De Brews ohare. Trabajo propio, CC BY-SA 3.0, y De Omegatron-Based on Image: IGFET N-Ch Enh Labelled.svg, CC BY-SA 3.0

6.2.1.1. Modo de funcionamiento de un transistor nMOS

El funcionamiento de un transistor nMOS se basa en el comportamiento MOS antes descrito:

1. Si V_{GB} es 0 V, es decir, si V_G está a 0 V, ya que V_B se supone conectado a tierra, entonces el canal está lleno de huecos, los propios del material P que son atraídos por V_G. En general, B y S están cortocircuitados en un nMOS, y ambos lo están a tierra, aunque esto no es obligatorio, claro está. En este caso D está *flotando* y su tensión V_D se mantiene ya que su comportamiento es el de un condensador cargado sin descarga posible. Esta tensión flotante V_D da lugar a un valor *débil*, y puede ser 0 V o 5 V (o cualquier otro valor intermedio).
2. El simple contacto entre las zonas N+ (S y D) y P (B) permite la recombinación de huecos y electrones lo que propicia una zona de vaciamiento expresada mediante la tensión V_{TH} que detiene el proceso de recombinación. (Figura 6.5 a)
3. Si V_{GS} aumenta un poco, pero por debajo de V_{TH}, entonces el canal se vacía de huecos y se crea una zona de agotamiento o deplexión. Es decir, los portadores se reordenan algo: los huecos bajan y los electrones suben hacia el canal, lo que favorece la recombinación de electrones y huecos, lo que a su vez da lugar a un potencial V_{TH} que hace que este proceso se detenga y no *suban* más electrones hacia el canal. En este caso la zona de deplexión es continua y va de S a D a través del canal. (Figura 6.5 b)
4. Si V_{GS} sigue subiendo por encima de V_{TH}, entonces el canal se llena de electrones (portadores minoritarios del material P) ya que estos pueden atravesar la zona de vaciamiento anterior creando una zona de inversión (*inversión zone*). Además, los huecos van hacia el *fondo* del material P. La zona de deplexión sigue existiendo, pero está más abajo, como en una unión NP. Esta zona crea una frontera caracterizada por un potencial, cuyo valor depende fuertemente de la geometría del transistor. El diseño MOS tiene una componente geométrica muy fuerte. (Figura 6.5 c)
5. Si el canal está lleno de electrones, estos se unen a los propios del material N+ del drenador y el surtidor, es decir, hay un continuo de electrones N-Canal-N, pero no hay corriente.
6. Si $V_{GS} > V_{TH}$ y existe un potencial entre el drenador y el surtidor, $V_{DS} > 0$, entonces circula una corriente de electrones de S a D, es decir, hay intensidad de corriente de D a S (sentido convencional de la corriente por cargas positivas).
7. Además, la corriente de electrones queda confinada en el canal y no se difumina por el sustrato ya que en las zonas de contacto N+ con P (D y S con B) hay un potencial que repele a los electrones, es la zona de deplexión. La correcta posición de la zona de deplexión está marcada por la geometría del transistor.
8. Además, si V_{GS} y/o V_{DS} aumentan mucho, entonces la corriente se dispara y el nMOS se destruye indefinidamente.
9. Por otro lado, si $V_{GS} = 0$ (o $V_{GS} < 0$) entonces no hay corriente ya que el canal vacío de electrones no permite el paso de corriente.

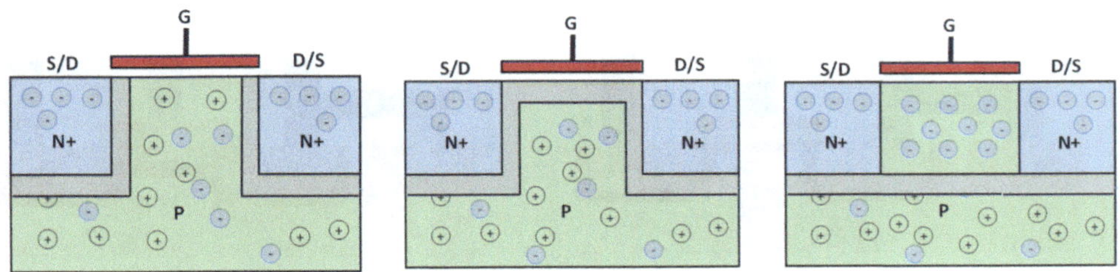

Figura 6.5 (a-b-c). Transistor nMOS con distintas tensiones en VG

La descripción anterior todavía debe ser detallada más en el caso de que haya corriente:

- Cuando $V_{GS} > V_{TH}$, entonces el nMOS empieza a conducir, $I_{DS} > 0$, si $V_{DS} > 0$ V, entonces la conducción depende del valor de V_{DS}.
- Si $V_{DS} < V_{GS} - V_{TH}$, entonces la conducción es lineal, es decir, a mayor V_{DS} mayor I_{DS}. Simplemente, al aumentar V_{DS}, aumenta el campo y con él la intensidad de corriente de los electrones. Este comportamiento lineal hace que el nMOS se comporte como una resistencia de valor fijo dependiente de V_G.
- Si $V_{DS} > V_{GS} - V_{TH}$, entonces la corriente se satura, alcanzando un valor $I_{DS,SAT}$ que no aumenta aunque lo haga V_{DS}. Esto es debido a que al aumentar V_{DS}, entonces el canal se estrecha o estrangula (*pinch-off*) en D hasta el punto de restringir el paso de la corriente de electrones. El canal se estrecha y casi no hay electrones en el terminal D, aunque estos se mueven con rapidez, ya que V_{DS} es alta. También se puede decir que V_{GD} disminuye y por tanto, en la zona en que D y G están en contacto el potencial es muy bajo, lo que hace que la corriente no pueda aumentar. La corriente en el canal se satura.

La Figura 6.6 muestra el comportamiento explicado.

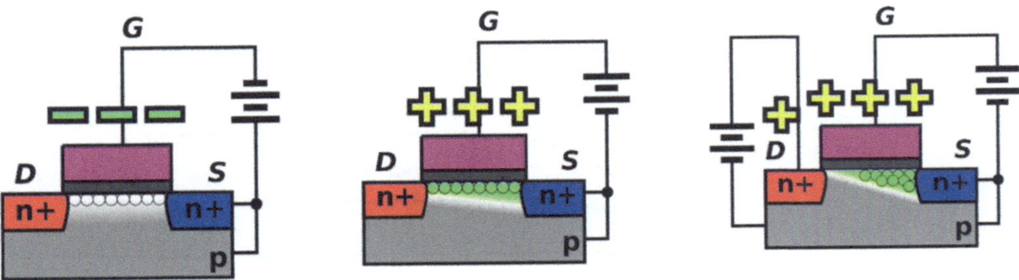

Figura 6.6. nMOS OFF, nMOS en conducción óhmica y nMOS en conducción saturada. Fuente: De Jjmontero9. Trabajo propio, CC BY-SA 3.0

La Figura 6.7 explica lo anterior con más detalle. La imagen superior izquierda muestra que S debe estar conectado a B (y este a tierra) para evitar que la corriente del surtidor derive hacia el sustrato.

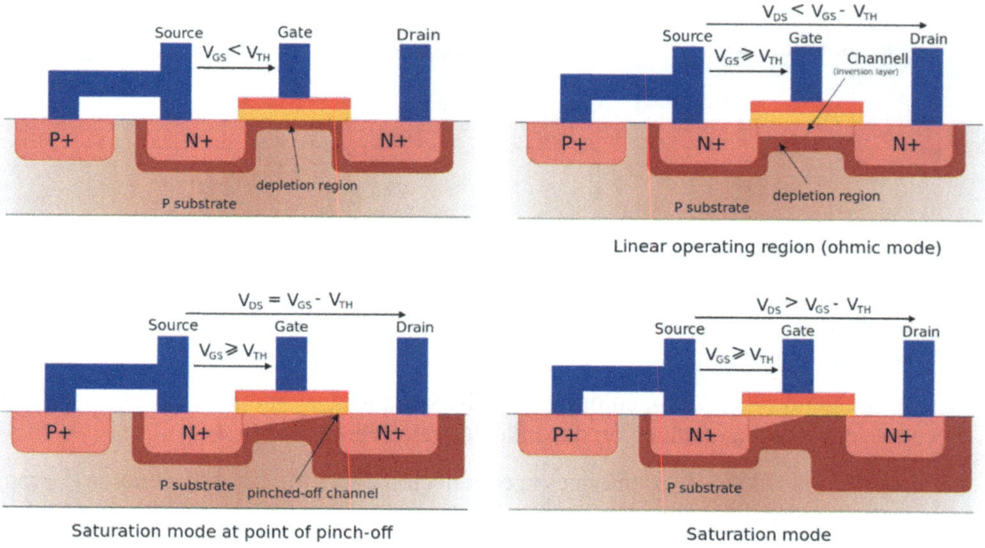

Source Gate Drain $V_{GS} < V_{TH}$ P+ N+ N+ depletion region P substrate

$V_{DS} < V_{GS} - V_{TH}$ Source Gate Drain $V_{GS} \geqslant V_{TH}$ Channell (inversion layer) P+ N+ N+ P substrate depletion region

Linear operating region (ohmic mode)

$V_{DS} = V_{GS} - V_{TH}$ Source Gate Drain $V_{GS} \geqslant V_{TH}$ P+ N+ N+ P substrate pinched-off channel

Saturation mode at point of pinch-off

$V_{DS} > V_{GS} - V_{TH}$ Source Gate Drain $V_{GS} \geqslant V_{TH}$ P+ N+ N+ P substrate

Saturation mode

Figura 6.7. nMOS OFF, nMOS en conducción óhmica y nMOS en conducción saturada, con énfasis en el estrangulamiento del canal. Fuente: By Olivier Deleage y Peter Scott. Modified with permission from an original por Olivier Deleage, CC BY-SA 3.0.

6.2.1.2. Comportamiento eléctrico de un nMOS: curva característica

Experimentalmente (o mediante simulación) se puede obtener la curva característica del nMOS. En la familia de curvas de la curva característica de la Figura 6.8 se ven varias cosas:

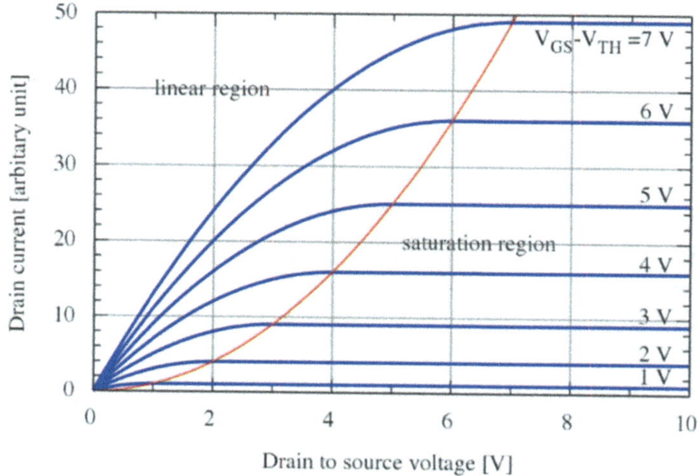

Figura 6.8. Curva característica de un transistor nMOS. Fuente: By User: CyrilB-File:IvsV_mosfet.png, CC BY-SA 3.0,

- Si $V_{TH} = 0,7$ V, entonces para $V_{GS} < 0,7$ $I_{DS} = 0$. En la Figura 6.8 se ve que la primera curva es para 1 V, el resto de curvas está *apoyado* sobre el eje *X* y en él la corriente es nula.
- Si $V_{GS} > 0,7$, entonces hay canal y la corriente circula en función de V_{DS} (siempre que V_B esté a tierra). Para valores bajos de V_{DS}, para $V_{DS} < V_{GS} - V_{TH}$, entonces el comportamiento es lineal (a la izquierda de la curva roja $V_{GS} - V_{TH}$).
- Y para valores altos de V_{DS}, para $V_{DS} > V_{GS} - V_{TH}$, entonces la corriente se satura en un valor que depende de V_{GS} (a la derecha de la curva roja $V_{GS} - V_{TH}$).

La Tabla 6.1 resume el comportamiento descrito anteriormente.

Tabla 6.1 Polarización de un nMOS

V_{GS}	V_{DS}	I_{DS}
$0 < V_{GS} < V_{TH}$		$I_{DS} = 0$
	$0 < V_{DS} < V_{GS} - V_{TH}$	I_{DS} lineal
$V_{GS} > V_{TH}$	$V_{DS} > V_{GS} - V_{TH}$	I_{DS} saturada
	$V_{DS} >> 0$	Rotura
$V_{GS} >> 0$		Rotura

En realidad, cuando $V_{GS} \leq 0$ V entonces hay una muy pequeña corriente I_{DS} de sentido negativo proveniente de la circulación de huecos del sustrato, pero se considera nula para simplificar la explicación.

Los nMOS en este libro solo tienen aplicación lógica y, por tanto, las tensiones serán siempre 0 V (0 lógico) o 5 V (1 lógico). Así, partiendo de que S y B están siempre cortocircuitadas a tierra, de que V_{TH} es 0,7 V, de que V_{GS} solo puede tomar los valores 0 V y 5 V (V_{DD}) y de que V_{DS} será variable (al pasar de 0 V a 5 V, y viceversa), entonces se puede plantear la Tabla 6.2

Tabla 6.2 Polarización de un nMOS real

V_S	V_G	V_{DS}	I_{DS}	Estado
$V_S = 0$ V	$V_G = 0$ V	Cualquier V_{DS}	$I_{DS} = 0$	OFF ($V_{GS} < 0,7$V)
$V_S = 0$ V	$V_G = 5$ V	$V_D < 4,3$ V	I_{DS} lineal	ON ($V_{GS} > 0,7$ V)
		$V_D > 4,3$ V	I_{DS} saturada	ON ($V_{GS} > 0,7$ V)

La simplificación anterior no es del todo cierta, ya que para que V_G pase de 0 V a 5 V ha de pasar por todos los valores intermedios. Todos estos cambios se verán más adelante en este capítulo.

El modelo matemático siguiente es válido solo para tecnologías nMOS *antiguas*, donde el tamaño del transistor era grande, del orden de micras. Ahora los transistores son del orden de *nano*, y esta reducción de tamaño hace que los modelos matemáticos presentados no sean válidos. Es decir, las expresiones siguientes tienen valor académico y han sido obtenidas experimentalmente.

- Transistor OFF, $V_{GS} = 0$ V:

$$I_{DS} = 0$$

- Transistor ON en la zona lineal: $V_{GS} > V_{TH}$ y $0 < V_{DS} < V_{GS} - V_{TH}$

$$I_{DS} = \mu_n \cdot C_{ox} \cdot \frac{W}{L} \cdot \left((V_{GS} - V_{TH}) \cdot V_{DS} - \frac{V_{DS}^2}{2} \right)$$
$$= K \cdot \left((V_{GS} - V_{TH}) \cdot V_{DS} - \frac{V_{DS}^2}{2} \right)$$

Esta expresión de I_{DS} para valores pequeños de V_{DS} se puede expresar (de forma lineal):

$$I_{DS} = K \cdot \left((V_{GS} - V_{TH}) \cdot V_{DS} \right)$$

- Transistor ON en zona no lineal o saturada: $V_{GS} > V_{TH}$ y $V_{DS} > V_{GS} - V_{TH}$

$$I_{DS} = \frac{\mu_n \cdot C_{ox}}{2} \cdot \frac{W}{L} \cdot (V_{GS} - V_{TH})^2 \cdot (1 + \lambda \cdot V_{DS})$$

Para $\lambda = 0$,

$$I_{DS} = \frac{\mu_n \cdot C_{ox}}{2} \cdot \frac{W}{L} \cdot (V_{GS} - V_{TH})^2 = \frac{K}{2} \cdot (V_{GS} - V_{TH})^2$$

donde:

μ_n, es la movilidad efectiva de los portadores, electrones en un nMOS, 0,06 $m^2/V{\cdot}s$.

C_{ox}, es la capacidad del óxido (aislante) por unidad de área, C/m^2.

W, es el ancho del transistor.

L, es la longitud del canal.

λ, es un parámetro para ajustar que el canal se acorta (se reduce L) cuando este se estrangula al aumentar la tensión V_{DS}. Su unidad es V^{-1} e idealmente es 0, pero suele ser un valor bajo, por ejemplo, entre 0,1 y 0,01 para este modelo.

Los dos primeros valores se pueden considerar constantes, mientras que W, L y λ son factores constructivos: cuánto de grande es un transistor nMOS en ancho (W) y largo (L). El valor más representativo es L y este a su vez suele ser el doble del parámetro tecnológico litográfico de la fabricación MOS. Este valor indica lo ancha que es la punta del lápiz (láser) con el que se dibujan los transistores. Para un valor determinado (0,6 μm), entonces la longitud del canal L no debe ser menor del doble (1,2 μm), para así asegurar la calidad de la fabricación. Además, W/L no debe ser menor de 1,5 (W de 1,8 μm). Lo anterior no quiere decir que *L* sea siempre el doble, ya que puede ser más. Más adelante se volverá sobre estos valores, pero queda claro que la geometría de un transistor MOS es fundamental en su comportamiento.

Las empresas fabricantes de circuitos integrados siempre luchan para reducir este parámetro λ, ya que al hacerlo reducen el tamaño del transistor y con él su consumo, a la vez que aumentan la velocidad de transmisión. Y también aumenta la densidad, y con ella la complejidad de los circuitos, mientras que disminuye el precio relativo del circuito integrado. En 2022 TSMC anunció que en 2025 fabricaría chips con tecnología de 2 *nanos*, unas 1000 veces menor que las tecnologías *micro* de este modelo, cuando un pelo tiene 15 micras de grosor. Y por otro lado, la tensión de alimentación ha bajado de los clásicos 5 V a menos de 1 V en estos dispositivos.

El valor que reúne estás características constructivas es *K*, conformada por K_n y el factor de forma *W*/*L*

$$K = K_n \cdot \frac{W}{L}, K_n = \mu_n \cdot C_{ox}, C_{ox} = \frac{(\varepsilon_0 \cdot \varepsilon_r)}{t_{ox}}$$

donde en la expresión anterior de K_n:

ε_0, es la permitividad eléctrica en el vacío y es constante, 8.85×10^{-12} C²/N·m²,

ε_r, es la permitividad relativa y depende de cada material, para el óxido de silicio es de 4, aproximadamente

$$\varepsilon_0 \cdot \varepsilon_r = 3{,}51 \times 10^{-11} \text{ F/m}^2 \text{ para el óxido de silicio}$$

t_{ox}, depende de la tecnología, para 1,2 µm es del orden de 25 nm, por tanto,

$$K_n = \mu_n \cdot C_{ox} = 0{,}06 \cdot \frac{3{,}51 \times 10^{-11}}{25 \times 10^{-9}} = 8{,}424 \times 10^{-5} \frac{A}{V^2} = 84{,}24 \ \mu\text{A/V}^2$$

Por ello, y para una tecnología de 1,2 µm, las expresiones anteriores son:

- Transistor OFF: $V_{GS} = 0$ V:

$$I_{DS} = 0$$

- Transistor ON en zona lineal: $V_{GS} > V_{TH}$ y $0 < V_{DS} < V_{GS} - V_{TH}$

$$I_{DS} = 84{,}24 \cdot \frac{W}{L} \cdot \left((V_{GS} - 0{,}7) \cdot V_{DS} - \frac{V_{DS}^2}{2} \right) \text{ en } \mu\text{A}$$

- Transistor ON en zona no lineal o saturada: $V_{GS} > V_{TH}$ y $V_{DS} > V_{GS} - V_{TH}$, con $\lambda = 0$

$$I_{DS} = 42{,}12 \cdot \frac{W}{L} \cdot (V_{GS} - 0{,}7)^2 \ en \ \mu A$$

Las reglas de fabricación esperan que *W*/*L* sea de al menos 1,5 (o 2, depende del modelo). Con este valor y el resto el modelo anterior se puede llevar a Excel para obtener la Figura 6.9.

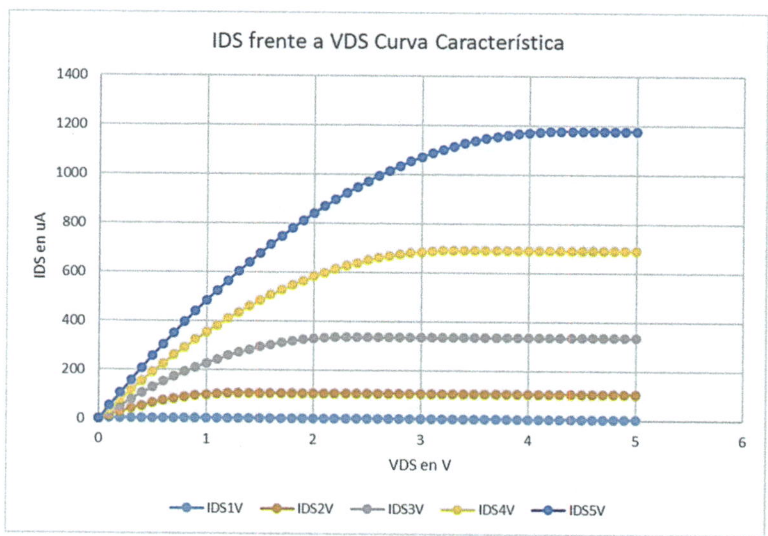

Figura 6.9. Curva característica de un transistor nMOS mediante modelo matemático

Se ve que el valor final de la corriente depende del factor de forma *W*/*L*. Si se quiere que la corriente sea baja (aunque suficiente) para que el consumo sea bajo, entonces o se aumenta *L* o se disminuye *W*. Lo primero supone hacer más grande el nMOS y lo segundo reducirlo. Lo primero no es recomendable si se quiere hacer aumentar la densidad y lo segundo tiene un límite, ya que para fabricar *W* no puede ser menor de $1{,}5 \cdot L$. La solución pasa por reducir el tamaño de la litografía/tecnología y pasar de 1,2 µm a menos. En la actualidad se fabrican ya transistores de 5 nm y ya se habla de transistores de 2 nm. También, y recurrentemente, se dice que la tecnología litográfica no puede seguir reduciendo su tamaño ya que hay límites físicos que no se pueden traspasar, pero hasta ahora los tecnólogos lo han conseguido.

Comportamiento temporal y consumo de un nMOS

El comportamiento eléctrico no es lo más importante a la hora de explicar y utilizar un nMOS para circuitos lógicos. La pregunta es: si la tensión en la puerta es 0 V o 5 V, ¿qué pasa en los otros terminales?, ¿cómo se comportan?, ¿qué tensiones toman?, ¿qué corrientes presentan?

Para abordar este análisis hay que tomar uno de los terminales (D o S) como entrada y el otro como salida (S o D). Y recordar lo dicho en el primer apartado: un bloque N se comporta como un condensador que se carga, descarga o mantiene su valor:

- Se carga con V^+ o V^-. Si un terminal está unido a un potencial, entonces es un condensador que se carga con dicho potencial. Se carga con un valor fuerte.
- Se mantiene. Si una vez cargado el condensador, se retira la tensión, entonces el terminal mantiene su valor, como un condensador (aunque sutilmente se vaya descargando). Se mantiene con un valor débil.
- Se descarga. Si una vez cargado el condensador, este se conecta a tierra, entonces se descarga. Y una vez descargado, mantiene su valor.
- Si el valor cargado —débil— es distinto de la tensión aplicada —fuerte—, entonces *gana* esta última. Por ejemplo, si el condensador que es D/S está a 0 V (carga débil o flotante) y se le aplican 5 V, entonces pasará tener 5 V, no habrá cortocircuito, sino la carga del condensador.

Vayamos caso por caso en nMOS:

- OFF: Si $V_G = 0$ V, entonces el canal está vacío, no hay corriente y los dos terminales están aislados. Si uno de ellos cambia (la entrada) el otro (la salida) no lo hará, ya que el canal está vacío. La salida mantendrá su tensión en el tiempo.

  En este caso ya que el terminal es N+, si la salida estaba a 0 V, así se queda, pero si estaba a 5 V (u otra tensión) entonces el bloque N+ se comporta como un condensador, como ya se ha visto antes. Es decir, la salida no cambia, se mantiene en el tiempo (aunque se irá descargando como un RC poco a poco).

- ON. Si $V_G = 5$ V entonces hay dos casos posibles:

  — Si ambos terminales están a 0 V (o a 5 V), entonces $V_{DS} = 0$ V y por tanto, no hay campo eléctrico que mueva electrones por el canal lleno de electrones. No hay corriente y ambos terminales siguen a 0 V (o 5 V). Los terminales mantienen su valor como condensadores.

  — Si un terminal está flotando a 0 V (S) y el otro toma el valor 5 V (D), entonces se establece una corriente I_{DS} de manera que la tensión de V_S va subiendo y el condensador en S se va cargando. Este proceso se da hasta que V_{DS} alcanza el valor V_{TH} (cuando $V_S = V_D - V_{TH} = 5 - V_{TH}$), momento en el que no se cumple la condición de ON ($V_{GS} > V_{TH}$), ya que $V_G - V_S = 5 - (5 - V_{TH}) = V_{TH}$ y, por tanto, el nMOS pasa a condición OFF. Es decir, un terminal (D) se queda a 5 V y el otro (S) se queda a $5 - V_{TH}$, el aumento de tensión en S se detiene al llegar a 4,3 V. Al pasar a OFF, el terminal/condensador S mantiene su valor.

  — Si un terminal está flotando a 4,3 V (D) y el otro toma el valor 0 V (S), entonces se establece una corriente I_{DS} de manera que la tensión de V_D va bajando y el condensador en D se va descargando. Este proceso se da hasta que V_{DS} alcanza el valor 0 V, y no se detiene como en el caso anterior porque V_{GS} está todo el rato a 5 V $V_G - V_S = 5 = 5$ V. Es decir, ambos terminales quedan a 0 V.

Resumiendo, un transistor nMOS transmite bien el 0 lógico (0 V) a la salida, mientras que transmite mal el 1 lógico, ya que en la salida no hay 5 V, sino 4,3 V ($V_{DS} - V_{TH}$).

La Tabla 6.3 describe la evolución de los distintos terminales en función de las tensiones en los mismos.

Tabla 6.3. Polarización y consumo de un nMOS

Puerta	Entrada	Salida	Salida	Estado
$V_G = 0$ V	V_i cualquier V $V_{GS} < V_{TH}$	$V_o(t) = V_o\ (t-1)$, condensador	$V_o(t) = V_o(t-1)$	OFF $I_{DS} = 0$
$V_G = 5$ V	$V_i = 5$ V (V_i es D) $V_{GS} = V_G - V_o = 5$ V $V_{GS} = 5 - 4,3 = 0,7$ V	$V_o(t-1) = 0$ V (Vo es S) $V_{DS} = 5$ V y **bajando** hasta el tope $V_o(t) = V_S$ y llega a 4,3 y entonces, $V_{GS} = 5 - 4,3 = 0,7$ $V = V_{TH}$ = > OFF		ON **I_{DS} > 0** OFF $I_{DS} = 0$
	$V_i = 5$ V (Vi es D)	$V_o(t-1) = 4,3$ V (no 5 V) (V_o es S) $V_{GS} = 0,7$ V $V_o(t) = V_o(t-1)$	$V_o(t) = 4,3$ V	OFF $I_{DS} = 0$
	$V_i = 0$ V (V_i es S) $V_{GS} = V_G - V_i = 5$ V	$V_o(t-1) = 4,3$ V (no 5 V) (V_o es D) $V_{DS} = 4,3$ V (no 5 V) y **bajando** $V_o(t) = V_D = 0$ V	$V_o(t) = 0$ V	ON **I_{DS} > 0** $I_{DS} = 0$
	$V_i = 0$ V (V_i es D/S) $V_{GS} = 5$ V	$V_o(t-1) = 0$ V S/D $V_{DS} = 0$ V $V_o(t) = V_D = 0$ V	$V_o(t) = 0$ V	ON $I_{DS} = 0$

La tabla marca en negrita cuándo hay consumo por parte del nMOS, y se ve que solo lo hay cuando el transistor está *cambiando*, es decir, transitoriamente.

O también, si observamos la tabla anterior desde el consumo se ve que solo existe cuando V_o cambia de valor, solo consume en la transición mientras pasa de 1 a 0 lógicos (de 4,3 V a 0 V) o de 0 a 1 lógicos (0 V a 4,3 V). No consume por estar en 0 V o en 4,3 V, ya que en un caso el nMOS estará en el origen de la curva característica y en otro estará sobre el eje X (ver Figura 6.9).

La Tabla 6.3 se puede analizar caso por caso mirando la curva característica de I_{DS} vs V_{DS} de la Figura 6.9. A continuación se describe con mayor detalle la evolución del transistor MOS. Quizá este nivel de detalle no interese a todos los lectores, queda pues a su criterio el pasar directamente a la Sección 6.3.

Caso 1. Con la salida $V_o(t-1) = 5$ V y la entrada $V_i = 0$ V, entonces V_G pasa de 0 V a 5 V.

Como V_D es V_o y V_S es V_i, entonces, $V_{DS} = V_o - V_i$.

En la Figura 6.10 Se ve que del punto 1 ($V_{DS} = V_o - V_i = 5$ V $-$ 0 V) se sube de golpe a $V_{GS} = 5$ V (punto 2) y que luego según va bajando la salida (se descarga el condensador), también baja V_{DS} y, por tanto, baja hacia el origen donde $V_i = V_o = 0$ V.

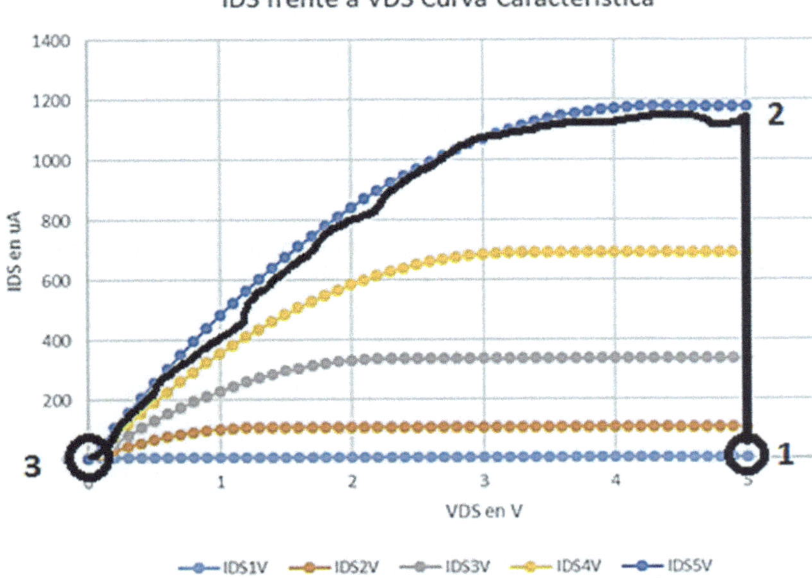

Figura 6.10. Evolución del Caso 1 del transistor nMOS

Aunque quizá, y por coherencia con lo visto antes, $V_o(t-1)$ no debe ser 5 V, sino 4,3 V y el Punto 1 debe estar más a la izquierda, en 4,3 V, como muestra la Figura 6.11.

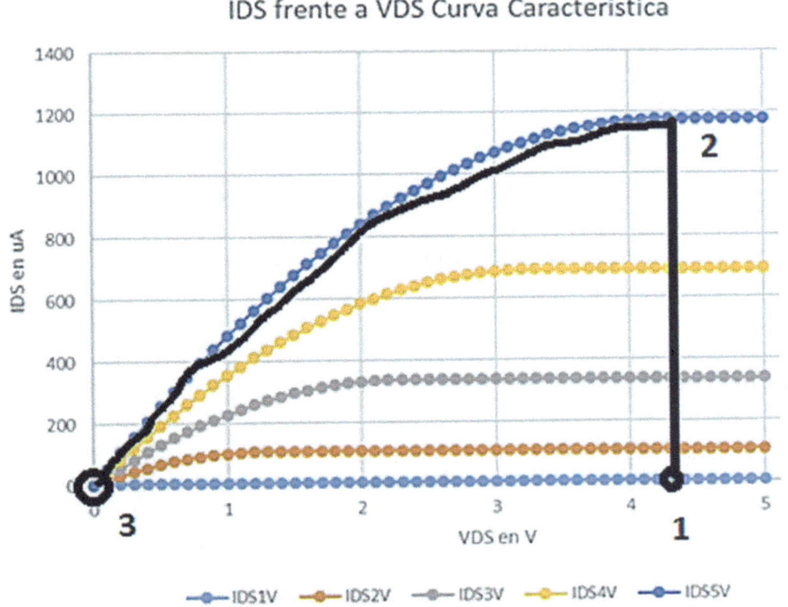

Figura 6.11. Evolución del Caso 1 del transistor nMOS desde 4,3 V

Caso 2. Con la salida $V_o(t-1) = 0$ V y la entrada $V_i = 0$ V, entonces V_G pasa de 0 V a 5 V.

Ahora V_i es lo mismo que V_o y, por tanto, V_D y V_S son lo mismo.

Entonces, y tal como muestra la Figura 6.12, el arranque está en el origen

$$V_i = V_o = V_D = V_S = 0 \text{ V}$$

al cambiar V_G a 5 V el punto 1 sigue siendo el mismo, aunque ahora está en la curva V_{GS} = 5 V (todas las curvas se juntan en el origen).

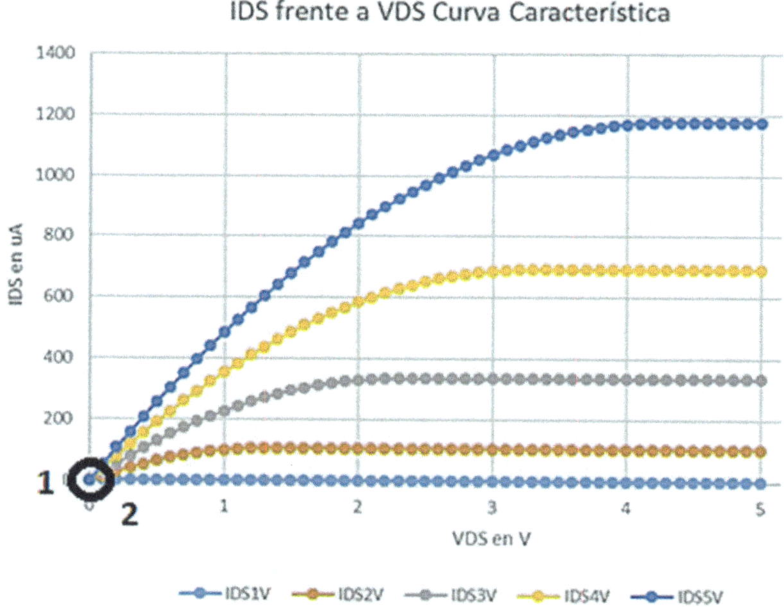

Figura 6.12. Evolución del Caso 2 del transistor nMOS

Caso 3. Con la salida $V_o(t-1) = 0$ V, la entrada es $V_i = 5$ V y V_G pasa de 0 V a 5 V.

Ahora V_D es V_i y V_S es V_o, así,

$$V_{DS} = V_i - V_o$$

En la Figura 6.13 se ve el punto 1 $V_{DS} = 5$ V y $V_{GS} = 0$ V que pasa al punto 2 cuando V_G = 5 V.

En ese momento *Vo* (que es V_S) empieza a subir y con ella empieza a bajar V_{GS} hasta que $V_o = V_S = 4{,}3$ V, en cuyo momento $V_{DS} = 0{,}7$ V y $V_{GS} = 0{,}7$ V y, por tanto, OFF.

La bajada puede ser recta o curva (no es tan importante), siguiendo un comportamiento u otro, según a qué velocidad vaya cambiando la salida, y esa velocidad depende del canal y del condensador en N+.

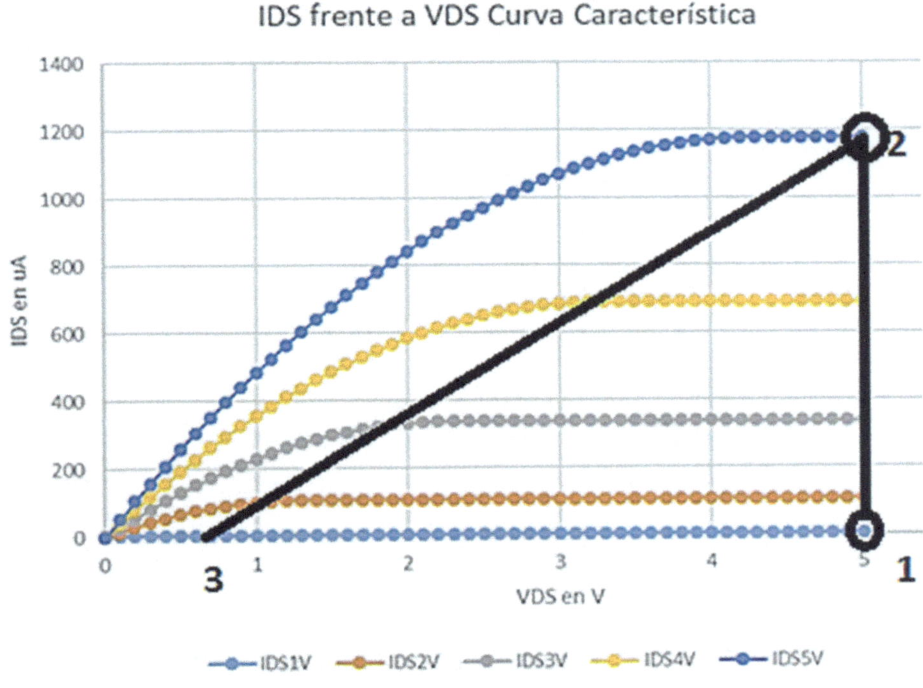

Figura 6.13. Evolución del Caso 3 del transistor nMOS

Caso 4. Con la salida $V_o(t-1) = 4{,}3$ V, la entrada es $V_i = 5$ V y V_G pasa de 0 V a 5 V.

Ahora V_D es V_i y V_S es V_o, así,

$$V_{DS} = V_i - V_o$$

La Figura 6.14 arranca en el Punto 1 porque

$$V_{DS} = 0{,}7 \text{ V } (V_i = 5\text{V y } V_o = 4{,}3 \text{ V})$$

y

$$V_G = 0 \text{ V}$$

y por tanto, $V_{GS} = -4{,}3$ V, entonces al pasar $V_G = 5$ V, tenemos $V_{GS} = 0{,}7$ V con $V_{DS} = 0{,}7$ V, exactamente el mismo sitio, aunque las curvas sean distintas, ya que si $V_{GS} < 0{,}7$ V, todas las curvas de V_G están apoyadas en el eje *X* de la Figura 6.14.

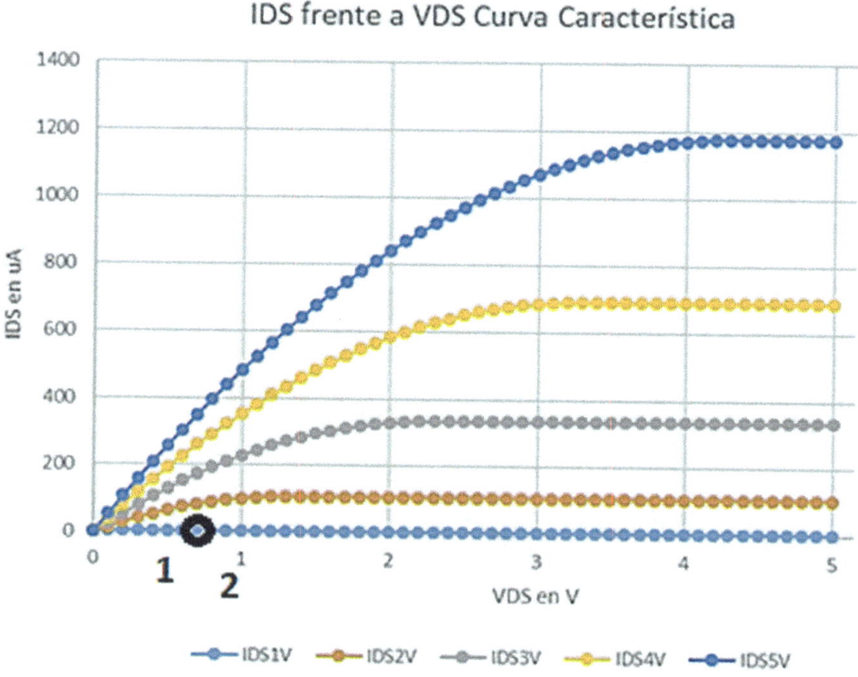

Figura 6.14. Evolución del Caso 4 del transistor nMOS

A continuación se describen con mayor detalle dos de los casos anteriores. En ambos casos hay un valor de salida que va a cambiar con la nueva V_i cuando se produzca un salto en V_G.

Caso A. V_G cambia de 0 V a 5 V mientras $V_o(t-1)$ es 0 V y V_i es 5 V

Las gráficas anteriores también se pueden representar en forma de tabla (ver Tabla 6.4). Para cada situación se refleja un cambio en V_G de 0 V a 5 V. V_G cambia (1), V_{GS} cambia (3), Estado cambia (4), V_{DS} cambia (5), I_{DS} cambia (6), luego V_o/V_S cambia (7), y V_{GS} cambia (8), cambia Estado (9), cambia V_{DS} (10) y cambia I_{DS} (11), y se estabiliza. Se miran V_{DS}, I_{DS} y con ellas V_o cambia de $t-1$ a t.

En La Tabla 6.4 los números marcan el orden en el que se dan los cambios, de 0 a 11.

Tabla 6.4. Detalle del cambio de polarización un nMOS: Caso A

V_G 1	V_i = 5 V V_D 0	V_o = 0 V V_S 2 y 7	V_{GS} 3 y 8	Estado 4 y 9	V_{DS} 5 y 10	I_{DS} 6 y 11
0 V	5 V	0 V	0 V	OFF	5 V	0 A
0,7 V	5 V	0 V	0,7 V	OFF	5 V	0 A
1 V	5 V	0/0,3 V	1-0,7 V	ON-OFF	5-4,7 V	> 0 / = 0 A
2 V	5 V	0,3/1,3 V	1,7-0,7 V	ON-OFF	4,7-3,7 V	> 0 / = 0 A
3 V	5 V	1,3/2,3 V	1,7-0,7	ON-OFF	3,7-2,7 V	> 0 / = 0 A
4 V	5 V	2,3/3,3 V	1,7-0,7 V	ON-OFF	2,7-1,7 V	> 0 / = 0 A
5 V	5 V	3,3/4,3 V	1,7-0,7 V	ON-OFF	1,7-0,7 V	> 0 / = 0 A

Caso B. V_G cambia de 0 V a 5 V mientras $V_o(t-1)$ es 5 V y V_i es 0 V

En este caso todo es más sencillo y quizá por eso más complejo. V_S es siempre fija ya que es la entrada, V_D es V_o y, por tanto, va cambiando y V_G va aumentando de 1 V en 1 V, tal y como se muestra en la Tabla 6.5. Por tanto, V_{GS} siempre será mayor que 0,7 V y el transistor siempre estará ON.

Como V_o arranca en 5 V entonces V_{DS} siempre será mayor que 0 (V_{DS} = 5V – 0V), aunque al circular corriente el condensador que es V_o se va descargando y, por tanto, al bajar V_o también lo harán V_D y V_{DS}, aunque V_{DS} nunca bajará de 0.

En comparación con el anterior caso, aquí el cambio de la salida es continuo, sin escalones ON-OFF en el transistor.

Tabla 6.5. Detalle del cambio de polarización un nMOS: Caso B

V_G 1	Vi = 0 V V_S 0	Vo = 5 V V_D 2 y 7	V_{GS} 3 y 8	Estado 4 y 9	V_{DS} 5 y 10	I_{DS} 6-11
0 V	0 V	4,3 V	0 V	OFF	5 V	= 0 A
1 V	0 V	4,3-4 V	1 V	ON	5-4 V	> 0
2 V	0 V	4-3 V	2 V	ON	4-3 V	> 0
3 V	0 V	3-2 V	3 V	ON	3-2 V	> 0
4 V	0 V	2-1 V	4 V	ON	2-1 V	> 0
5 V	0 V	1-0 V	5 V	ON	1-0 V	> 0/ = 0

En la Figura 6.15 se ve cómo cambia la salida en dos situaciones: cambio de V_G de 0 a 5 V y cambio de V_i de 5 V a 0 V estando V_G a 5 V. (Todas las simulaciones de este capítulo están hechas con MicroWind, MW03, de Etienne Sicard).

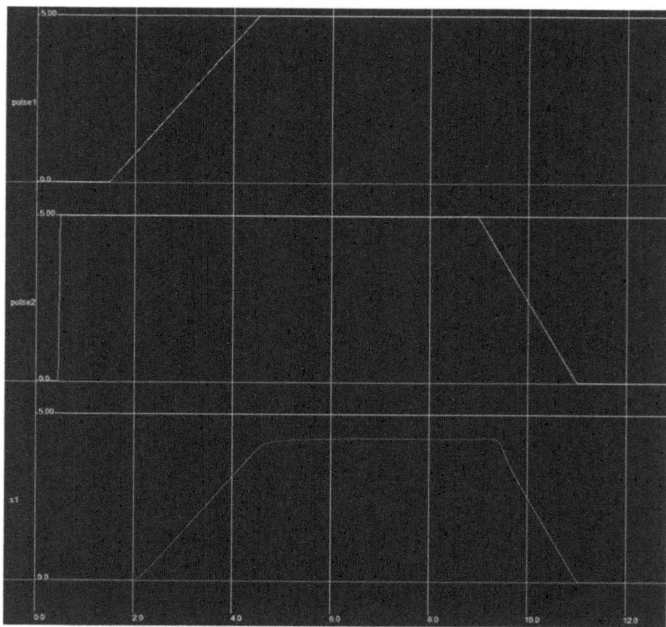

Figura 6.15. Evolución temporal de un nMOS, donde las señales son V_G, V_i y V_o

Es más interesante ver el comportamiento de la corriente en la Figura 6.16.

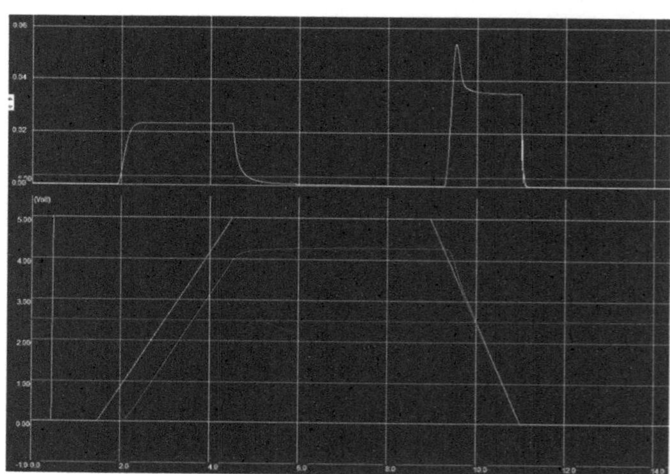

Figura 6.16. Evolución temporal y de la corriente de un nMOS: corriente y entrada/salida

En este caso son distintos los comportamientos en el primer y en el segundo cambio. El primer cambio (Caso A) es más lento y presenta (como es lógico por ser más lento) un menor pico de consumo durante un tiempo mayor. En este caso hasta que V_G no pasa de

0,7 V no arranca el canal, con lo que ya va con retraso. Y arranca con $V_{DS} = 5 - 0 = 5$ V y $V_{GS} = 1 - 0 = 1$ V, y según va subiendo V_G aumenta V_S (es V_o), con lo que baja V_{GS}. Eso se ve bien en la tabla anterior. Sin embargo, el segundo cambio es muy distinto. V_G ya está a 5 V y V_S es ahora 0 V, con lo que V_{GS} es directamente 5 V y además V_{DS} es 4,3 V menos la entrada que va bajando. Se ve que la salida sigue con rapidez a la entrada, no hay un retardo ocasionado por los 0,7 V del caso anterior. Además, el pico de consumo es claramente mayor, siendo algo menor la duración del mismo.

En la Figura 6.17 se ve mejor el comportamiento cuando estando la salida a 5 V entonces V_i es 0 V y V_G pasa de 0 V a 5 V.

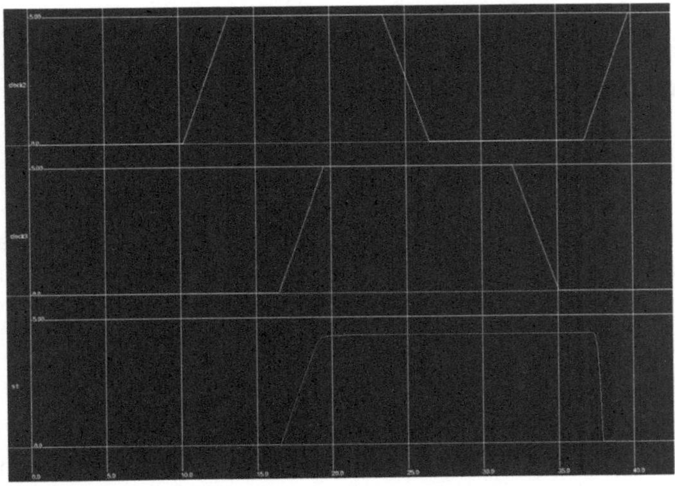

Figura 6.17. Detalle de la evolución temporal de un nMOS, donde las señales son V_G, V_i y V_o

La Figura 6.18 muestra la curva con las corrientes y el comportamiento se ve mejor.

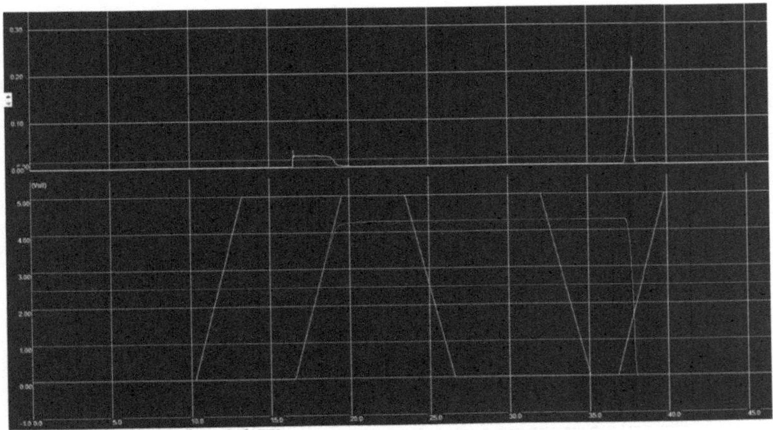

Figura 6.18. Evolución temporal y de corriente de un nMOS: corriente y entrada/salida

En la Figura 6.18 se ve que estando V_G a 5 V y V_O a 0 V (S) si V_i pasa de 0 V a 5 V entonces la salida pasa a 4,3 V, pero lo hace de forma rápida (más rápido que en el primer caso anterior) ya que V_{GS} ya era 5 V al *entrar* el cambio en V_i. Según va subiendo V_i, lo va haciendo V_o y, por tanto, V_{DS} no se *dispara*. Se autorregula.

Sin embargo, en el segundo caso estando V_i a 0 V (S) y con V_D a 4,3 V y, por tanto, V_{DS} = 4,3 V, resulta que V_G pasa de 0 V a 5 V (Caso B anterior). Se ve que la salida cambia antes de que acabe la excursión de V_G, como es lógico (V_o depende de V_i). Lo hace muy rápido porque V_{DS} arranca en un valor alto y aunque va bajando este descenso se compensa con la *subida* de V_G y con ella de V_S.

6.2.1.3. Comportamiento de un pMOS

El comportamiento de un pMOS es similar al de un nMOS ya que, aunque las tensiones y corrientes son distintas, la relación entre ellas es similar.

Por un lado, el sustrato es N y los terminales son P+. En cuanto a las tensiones, el sustrato se conecta a V_{DD} (5 V o 3,3 V o 0,9 V), el surtidor es el terminal de mayor tensión, mientras el drenador es el otro. En condiciones normales de funcionamiento el surtidor está conectado a V_{DD}. La tensión en la puerta es variable, lo que llena o vacía el canal de huecos (portadores positivos).

Si V_{GS} es negativa, es decir, si V_G = 0 V, entonces el canal se llena de huecos (portadores minoritarios del sustrato), creándose también una zona de deplexión en el sustrato. En este momento si la tensión V_{DS} empieza a bajar, haciéndose negativa, entonces los huecos que llenan el canal se ponen en movimiento dando lugar a una corriente que va de S a D, en el sentido convencional de los portadores positivos, así I_{SD} es positiva e I_{DS} es negativa. Si V_{DS} desciende mucho, entonces el canal se estrangula y la corriente se satura.

De forma más detallada y correcta, y teniendo presente que ahora V_{TH} es negativa, la Tabla 6.6 muestra la polarización de un pMOS.

Tabla 6.6. Polarización de un pMOS

V_{GS}	V_{DS}	I_{DS}
$0 > V_{GS} > V_{TH}$		$I_{DS} = 0$
	$0 > V_{DS} > V_{GS} - V_{TH}$	I_{DS} lineal
$V_{GS} < V_{TH}$	$V_{DS} < V_{GS} - V_{TH}$	I_{DS} saturada
	$V_{DS} << 0$	Rotura
$V_{GS} << 0$		Rotura

En pMOS lógico las tensiones serán siempre 0 V (0 lógico) o 5 V (1 lógico). Así, partiendo de que S y B están siempre cortocircuitadas a 5 V, de que V_{TH} es – 0,7 V, de que V_{GS} solo puede tomar los valores – 5 V y 0 V y de que V_{DS} será variable, entonces se puede plantear la Tabla 6.7.

Tabla 6.7. Polarización de un pMOS con voltajes

V_S	V_G	V_{DS}	I_{DS}	Estado
$V_S = 5$ V	$V_G = 5$ V	Cualquier V_D	$I_{DS} = 0$	OFF ($V_{GS} = 5 - 5 > -0,7$ V)
$V_S = 5$ V	$V_G = 0$ V	$V_D > 4,3$ V	I_{DS} lineal	ON ($V_{GS} = 0 - 5 < -0,7$ V)
		$V_D < 4,3$ V	I_{DS} saturada	ON ($V_{GS} = 0 - 5 < -0,7$ V)

En cuanto a la respuesta temporal de un pMOS es similar a la de un nMOS, simplemente hay que recordar que V_{TH} es negativa, – 0,7 V. En este caso el pMOS transmite bien el 1 lógico (5 V) y mal el 0 lógico, ya que la salida no se pone a 0 V sino a 0,7 V.

La Tabla 6.8 resume este comportamiento.

Tabla 6.8. Polarización y corriente de un pMOS

Puerta	Entrada	Salida	Salida	Estado
$V_G = 5$ V	V_i cualquier valor $V_{GS} > V_{TH}$	$V_o(t) = V_o(t-1)$, condensador	$V_o(t) = V_o(t-1)$	OFF
$V_G = 0$ V	$V_i = 0$ V (Vi es D) $V_{GS} = -5$ V $V_{GS} = V_G - V_S = 0 - (-0,7) = 0,7$ V	$V_o(t-1) = 5$ V (V_o es S) $V_{DS} = -5$ V y va **subiendo** hasta un tope $V_o(t) = V_D$ y llega a 0,7 V y entonces $V_{GS} = 0 - 0,7 = -0,7$ V = V_{TH} = > OFF	$V_o(t) = 0,7$ V	ON $I_{DS} < 0$ OFF $I_{DS} = 0$
	$V_i = 0$ V (Vi es D)	$V_o(t-1) = 0,7$ V (no 0 V) (V_o es S) $V_{GS} = -0,7$ V $V_o(t) = Vo(t-1)$	$V_o(t) = 0,7$ V	OFF $I_{DS} = 0$
	$V_i = 5$ V (Vi es S/D) $V_{GS} = -5$ V	$V_o(t-1) = 5$ V (V_o es D/S) $V_{DS} = 0$ V $V_o(t) = V_D = 5$ V	$V_o(t) = 5$ V	ON $I_{DS} = 0$
	$V_i = 5$ V (Vi es S) $V_{GS} = -5$ V	$V_o(t-1) = 0,7$ V (no 0 V) (V_o es D) $V_{DS} = -4,3$ V (no – 5 V) y **subiendo** a 0 V $V_o(t) = V_D = 5$ V	$V_o(t) = 5$ V	ON $I_{DS} < 0$ $I_{DS} = 0$

En un pMOS todo es similar matemáticamente al nMOS, pero con diferencias claras. Lo que antes eran electrones, ahora son huecos (corriente de distinto signo) con una menor movilidad de 0,02 m^2/Vs, lo que antes eran tensiones positivas, ahora son negativas, y así $V_{TH} = -0{,}7$ V, etc., pero además hay que tener en cuenta que ahora los portadores (huecos) van de S a D y, por tanto, tenemos I_{SD}, Así si seguimos hablando de I_{DS}, por coherencia, entonces $I_{DS} = -I_{SD}$, es decir, I_{DS} es negativa. Las expresiones quedan como sigue:

- Transistor OFF, $V_{GS} = 0$ V:

$$I_{DS} = 0$$

- Transistor ON en zona lineal, $V_{GS} < V_{TH}$ y $0 > V_{DS} > V_{GS} - V_{TH}$

$$I_{DS} = -\mu_p \cdot C_{ox} \cdot \frac{W}{L} \cdot \left((V_{GS} - V_{TH}) \cdot V_{DS} - \frac{V_{DS}^2}{2} \right)$$
$$= -Kp \cdot \left((V_{GS} - V_{TH}) \cdot V_{DS} - \frac{V_{DS}^2}{2} \right)$$

Esta expresión de I_{DS} para valores pequeños de V_{DS} se puede expresar (de forma lineal):

$$I_{DS} = -Kp \cdot \big((V_{GS} - V_{TH}) \cdot V_{DS} \big)$$

- Transistor ON en zona no lineal o saturada, $V_{GS} < V_{TH}$ y $V_{DS} < V_{GS} - V_{TH}$

$$I_{DS} = -\frac{\mu_p \cdot C_{ox}}{2} \cdot \frac{W}{L} \cdot (V_{GS} - V_{TH})^2 \cdot (1 + \lambda \cdot V_{DS})$$

para

$$\lambda = 0, \quad I_{DS} = -\frac{\mu_p \cdot C_{ox}}{2} \cdot \frac{W}{L} \cdot (V_{GS} - V_{TH})^2 = -\frac{Kp}{2} \cdot (V_{GS} - V_{TH})^2$$

donde:

μ_p, es la movilidad efectiva de los portadores, huecos en un pMOS, 0,02 m^2/Vs. Un tercio de la movilidad de los electrones.

C_{ox}, es la capacidad del óxido (aislante) por unidad de área, C/m^2.

W, es el ancho del transistor.

L, es la longitud del canal.

λ, es un parámetro para ajustar que el canal se acorta (se reduce L) cuando este se estrangula al aumentar la tensión V_{DS}. Su unidad es V^{-1} e idealmente es 0, pero suele ser un valor bajo, por ejemplo, entre 0,1 y 0,01 para este modelo matemático.

Tomando los mismos valores constructivos, tecnología de 1,2 μm, para el pMOS que los tomados para el nMOS, las ecuaciones quedan como sigue:

- Transistor OFF, $V_{GS} = 0$ V:

$$I_{DS} = 0$$

- Transistor ON en zona lineal, $V_{GS} < V_{TH}$ y $0 > V_{DS} > V_{GS} - V_{TH}$

$$I_{DS} = -28{,}32 \cdot \frac{W}{L} \cdot \left((V_{GS} + 0{,}7) \cdot V_{DS} - \frac{V_{DS}^2}{2} \right) \; en\ \mu A$$

- Transistor ON en zona no lineal o saturada, $V_{GS} < V_{TH}$ y $V_{DS} < V_{GS} - V_{TH}$, con $\lambda = 0$

$$I_{DS} = -21{,}24 \cdot \frac{W}{L} \cdot (V_{GS} + 0{,}7)^2 \; en\ \mu A$$

Las ecuaciones anteriores, con W/L igual a 1,5, dan como resultado la siguiente gráfica. En la Figura 6.19 se ve que tanto V_{DS} como V_{GS} son negativas, lo mismo que la corriente.

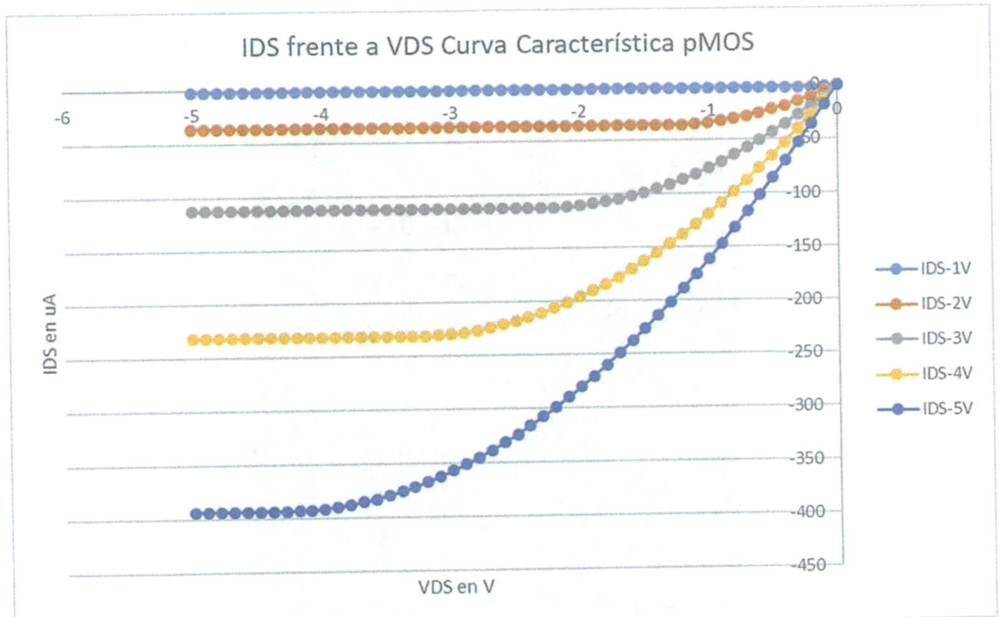

Figura 6.19. Curva característica de un pMOS

6.3. ANÁLISIS Y DISEÑO DEL INVERSOR CMOS

Una vez explicado el comportamiento de los transistores nMOS y pMOS, en este apartado vamos a diseñar la puerta lógica más básica, el inversor, utilizando transistores MOS. Además de diseñar el inversor, se va analizar su comportamiento utilizando para ello lo explicado en los anteriores apartados.

Después de caracterizar el inversor, los siguientes circuitos lógicos serán diseñados atendiendo solo a su comportamiento lógico, sin atender en detalle a su comportamiento eléctrico.

6.3.1. Diseño del inversor

Un inversor tiene un comportamiento definido por el álgebra de Boole mediante una tabla de verdad. La Figura 6.20 también incluye su símbolo.

X	$\overline{X}$
0	1
1	0

Figura 6.20. Tabla de verdad y símbolo de un inversor lógico o booleano

En el diseño de un inversor se combinan un transistor nMOS y un pMOS según el diseño de la Figura 6.21.

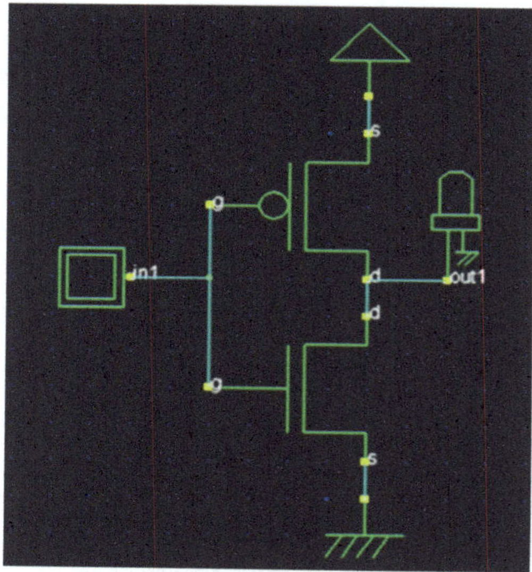

Figura 6.21. Diseño de un inversor lógico con tecnología CMOS

La Tabla 6.9 muestra el comportamiento del inversor, teniendo en cuenta que el surtidor del pMOS está a 5 V y el del nMOS a tierra (conexiones superior e inferior, respectivamente). La puerta G de ambos transistores está conectada a V_i (tensión de entrada), mientras que ambos drenadores están conectados entre sí a V_o (tensión de salida). El comportamiento del inversor solo depende de la entrada V_i.

Tabla 6.9. Detalle del comportamiento de un inversor CMOS

Vi	**nMOS con V_S = 0 V**			**pMOS con V_S = 5 V**			
Vi	V_G	V_{GS}	Estado	V_G	V_{GS}	Estado	V_o
0 V	0 V	0 V	OFF	0 V	– 5 V	ON	5 V
5 V	5 V	5 V	ON	5 V	0 V	OFF	0 V

Si V_i es 5 V, entonces el nMOS está ON y el pMOS está OFF y, por tanto, D y S del nMOS se cortocircuitan de manera que los 0 V de S pasan a D, que es la salida V_o.

Si V_i es 0 V, entonces el pMOS está ON y el nMOS está OFF y, por tanto, D y S del pMOS se cortocircuitan de manera que los 5 V de S pasan a D, que es la salida V_o.

Resumiendo, en la Tabla 6.10: si la entrada es 1, la salida es 0; y si la entrada es 0, la salida es 1.

Tabla 6.10. Comportamiento de un inversor CMOS

IN (*Vi*)	OUT (*Vo*)
0 (0 V)	1 (5 V)
1 (5 V)	0 (0 V)

Por otro lado, ¿qué comportamiento eléctrico tiene el inversor? ¿qué consumo presenta? La tabla anterior muestra que cuando el nMOS está ON, el pMOS está OFF, y viceversa. Es decir, nunca están ambos a ON (tampoco a OFF). Si nunca están ambos a ON, entonces no hay camino de 5 V a tierra y por tanto, no puede circular la corriente (no hay diferencia de potencial). Resumiendo, cuando la salida está a 1 o está a 0, el inversor no consume.

Sin embargo, cuando la salida pasa de 0 a 1, o de 1 a 0, entonces sí hay un consumo transitorio, ya que durante un tiempo ambos transistores están ON, mientras la salida cambia de valor y pasa de estar el nMOS a ON, a estarlo el pMOS, y viceversa.

Esta es una característica fundamental del inversor: consumo nulo a 0 o a 1; y pequeño consumo en el cambio.

En la Figura 6.22 se ve el comportamiento temporal del inversor. Se ve con claridad que la salida (curva inferior) es lo contrario de la entrada. También se ve que, si la entrada es 0 V, la salida es 5 V, y viceversa. Recordemos que el pMOS transmitía *mal*, 0 V (transmitía 0,7 V), mientras que el nMOS transmitía mal el 5 V (transmitía 4,3 V), sin embargo, esto no afecta ya que el 0 en la salida es *responsabilidad* del nMOS y el 1, del pMOS, justo su buen comportamiento.

Además, en la Figura 6.22 se ve que el cambio en la salida de 1 a 0 es más rápido que el cambio de 0 a 1. Esto es así porque el primer cambio depende del nMOS, y en este los portadores son los electrones, con una movilidad superior a los huecos del pMOS.

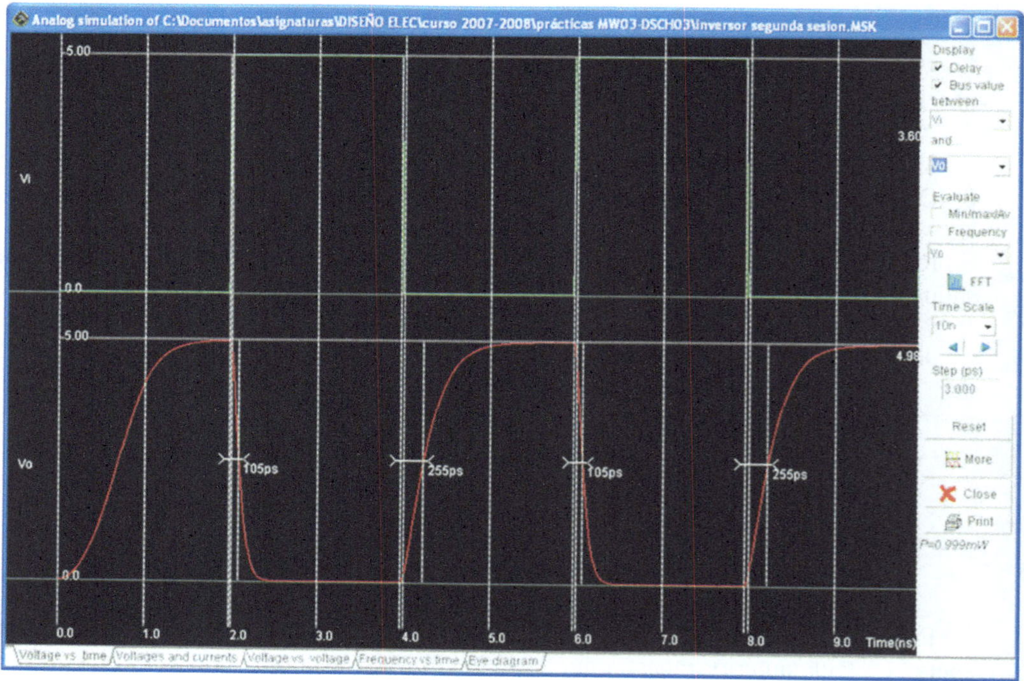

Figura 6.22. Evolución temporal de un inversor lógico CMOS

6.3.2. Análisis de un inversor lógico CMOS

La parte más interesante del inversor ya está vista: su comportamiento lógico y su consumo, pero también tiene sentido estudiar con algo de detalle su comportamiento eléctrico.

Antes hemos visto los modelos matemáticos nMOS y pMOS y sus curvas características obtenidas mediante Excel. La Figura 6.23 muestra ambos juegos de curvas superpuestas teniendo en cuenta las siguientes relaciones.

$$I_{DSnMOS} = -\ I_{DSpMOS}$$

$$I_{DSnMOS} = I_{SDpMOS}$$

En el nMOS:

$$V_{GSnMOS} = V_i - 0 = V_i$$

$$V_{DSnMOS} = V_o - 0 = V_o$$

En el pMOS:

$$V_{GSpMOS} = V_i - 5$$

$$V_{DSpMOS} = V_o - 5\,V$$

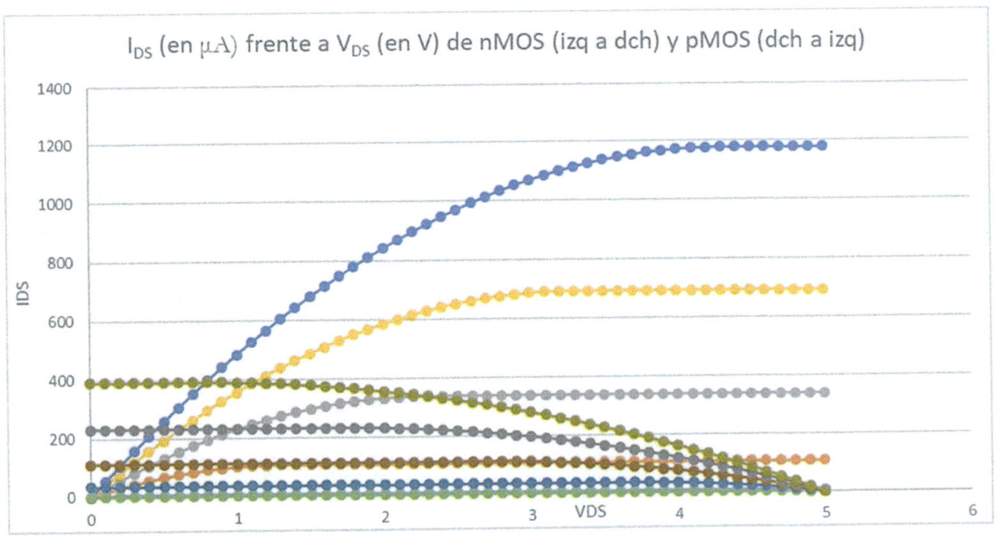

Figura 6.23. Curvas características de un nMOS y un pMOS superpuestas

La falta de simetría se debe a que los huecos son más lentos que los electrones y, por tanto, la corriente en el pMOS es menor que en el nMOS.

La Tabla 6.11 muestra la evolución de las señales del inversor. Los números se han obtenido de las tablas creadas en Excel para cada valor de tensión según los correspondientes modelos matemáticos. El tiempo *t* es arbitrario, donde 1, 2,... no significa nada más que orden.

Tabla 6.11. Evolución temporal detallada de un inversor lógico CMOS

t	V_i	*Vo*	VGSN	VDSN	VGSP	VDSP	IDS
0	***0***	***5***	***0***	***5***	***-5***	**0**	**0**
1	1	5	1	5	-4	0	0
2	2	3	2	3	-3	-2	100
3	3	0,2	3	0,2	-2	-4,8	35
4	4	0	4	0	-1	-5	0
5	5	0	5	0	0	-5	0
6	5	0	5	0	0	-5	0
7	5	0	5	0	0	-5	0
8	5	0	5	0	0	-5	0
9	4	0	4	0	-1	-5	0
10	3	0,2	3	0,2	-2	-4,8	35
11	2	3	2	3	-3	-2	100
12	1	5	1	5	-4	0	0
13	0	5	0	5	-5	0	0

En la Tabla 6.11, la primera fila indica en qué orden se han obtenido los datos: empieza por V_i, luego V_{GSN}, y así sucesivamente.

En la fila 2 (y leyendo las columnas en el orden indicado por los números) V_i es 2 V y con ella V_{GSN} también ($V_{GSN} = V_i - 0$), mientras que V_{GSP} es –3 V ($V_{GSP} = V_i - 5$), y ahora, en 4 ¿dónde se cortan la curva de V_{GSN} =2 V y la curva V_{GSP} = –3 V? pues a la vista no es fácil de responder, digamos que, en 3 V, así siendo V_{DSN} 3 V, entonces V_o es 3 V ($V_{DSN} = V_o - 0$) e I_{DS} es 100 μA leídos en el eje horizontal. Para la fila 3 es más fácil ya que el punto de corte entre V_{GSN} 3 V y V_{GSP} –2 V es más o menos para 0,2 V de V_{DSN} a los que corresponden unos 35 μA de I_{DS}. La Figura 6.24 muestra gráficamente los valores anteriores.

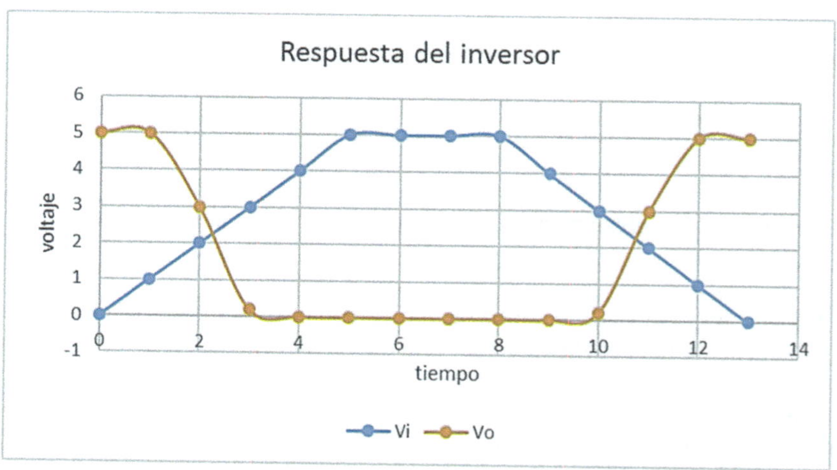

Figura 6.24. Representación gráfica temporal de la evolución de un inversor lógico CMOS

La Figura 6.25 muestra la curva de transferencia del inversor. En ella se ve que la curva no es simétrica, no está centrada en 2,5 V en la entrada. La razón es la misma que se vio anteriormente: el comportamiento cuantitativo de nMOS y pMOS no es idéntico.

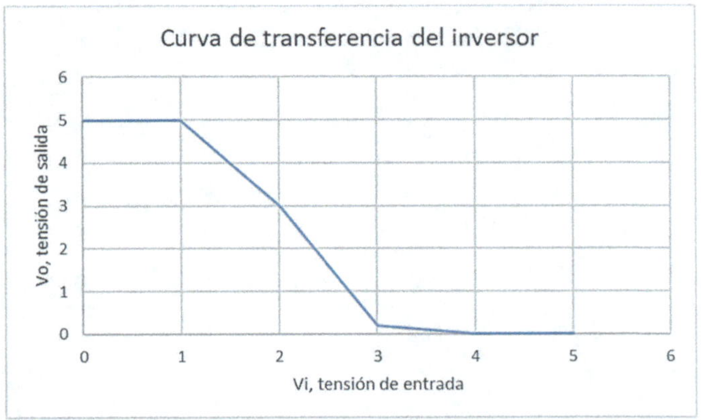

Figura 6.25. Curva de transferencia de un inversor

La Figura 6.26 muestra la curva de transferencia más exacta obtenida mediante MW.

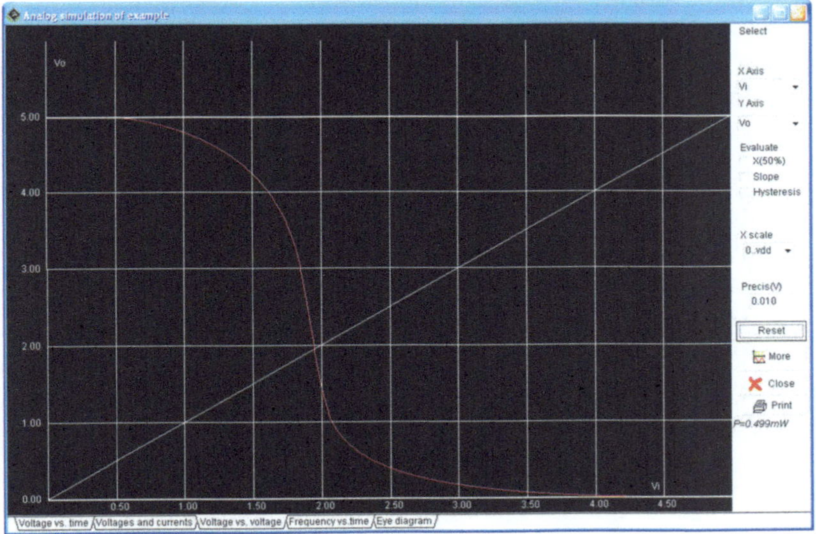

Figura 6.26. Curva de transferencia de un inversor según el simulador MW03

En cuanto al consumo, la Figura 6.27 muestra claramente que solo circula corriente eléctrica en el momento del cambio de la salida. De nuevo, la corriente es mayor al pasar de 1 a 0, ya que es el nMOS el encargado de hacerlo, a cambio la velocidad de cambio es mayor. En la simulación MW, la entrada es la señal verde, mientras que la salida es la señal roja (en la parte inferior de la imagen). La señal verde de corriente (parte superior de la imagen) se corresponde con el nMOS, y la roja, con el pMOS.

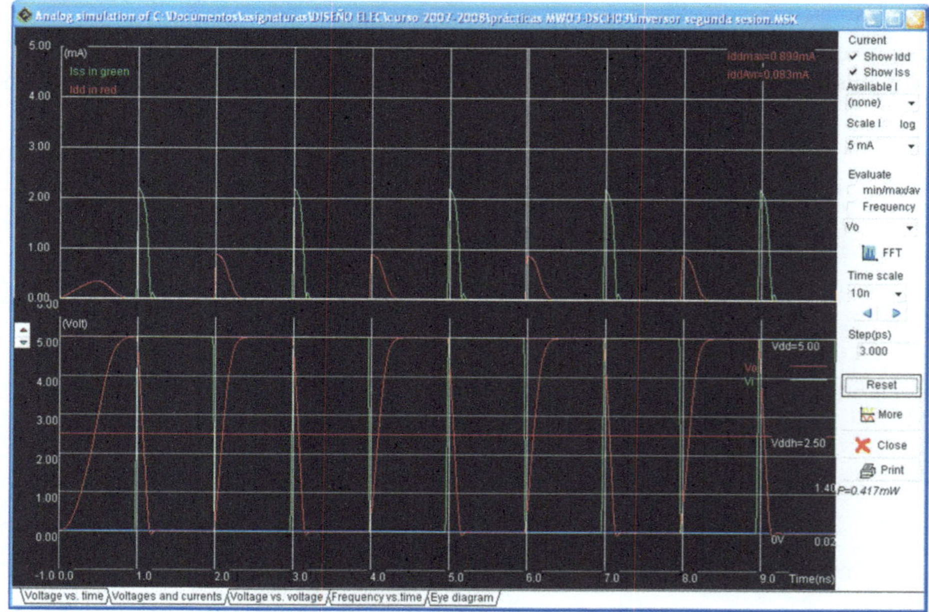

Figura 6.27. Evolución temporal y consumo en un inversor lógico CMOS

La Figura 6.28 visualiza el consumo utilizando los datos en Excel de una forma menos exacta (los consumos de 1 a 0 y de 0 a 1 son distintos) pero más clara.

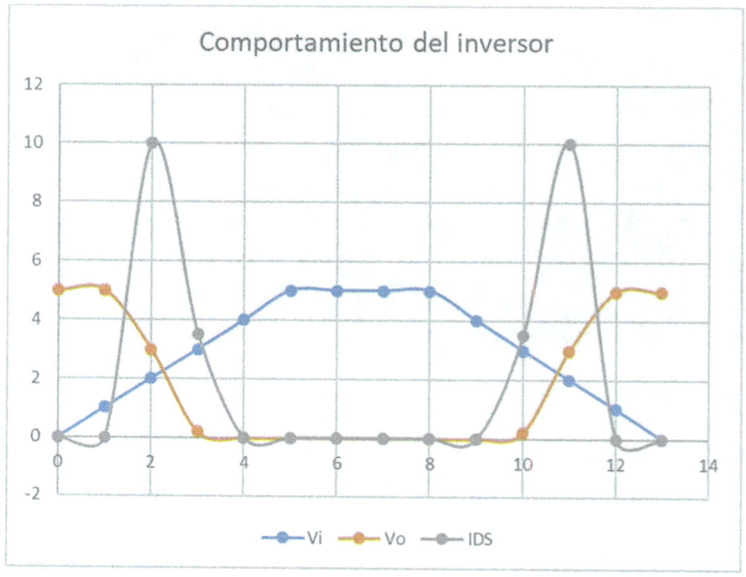

Figura 6.28. Evolución temporal y consumo en un inversor lógico CMOS mediante Excel

Otra característica importante del inversor son los valores de tensión en los que se produce el cambio de 0 a 1 y de 1 a 0 y con ellos el margen de ruido del inversor. Arbitrariamente los fabricantes decidieron que ese punto se obtendría leyendo las tensiones en el codo de la curva, es decir, donde una recta de pendiente – 1 es tangente a la curva de transferencia. La Figura 6.29 muestra este proceso.

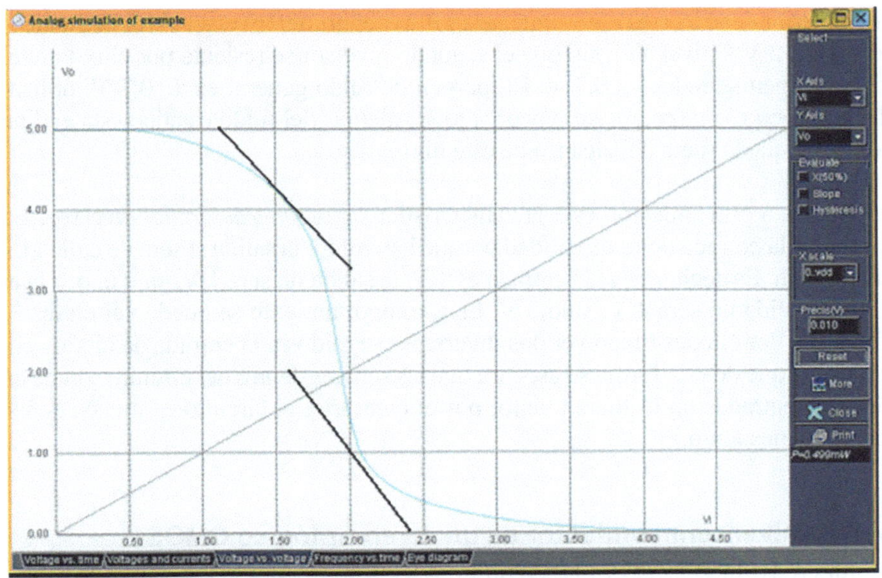

Figura 6.29. Estudio de la transición de un inversor lógico CMOS

En el primer punto tangente la tensión de entrada vale 1,5 V, y la de salida 4,3 V. Entonces se dice que 1,5 V es el máximo valor de entrada que es el 0 lógico (el mínimo es 0 V), mientras que el 4,3 V debe ser leído, como el mínimo valor de salida que es el 1 lógico (el máximo es 5 V). Estos valores son V_{ILMAX} (*Input Low Máximum Voltage*) y V_{OHMIN} (*Output High Mínimum Voltage*). De forma simétrica, 2,3 V y 0,8 V son V_{IHMIN} y V_{OLMAX}.

Estos valores permiten obtener el margen de ruido estático de un inversor. En la Figura 6.30 ¿cuánto puede variar la salida del primer inversor sin que afecte a la entrada del segundo inversor? Esta variación no es deseable, pero el ruido la puede provocar.

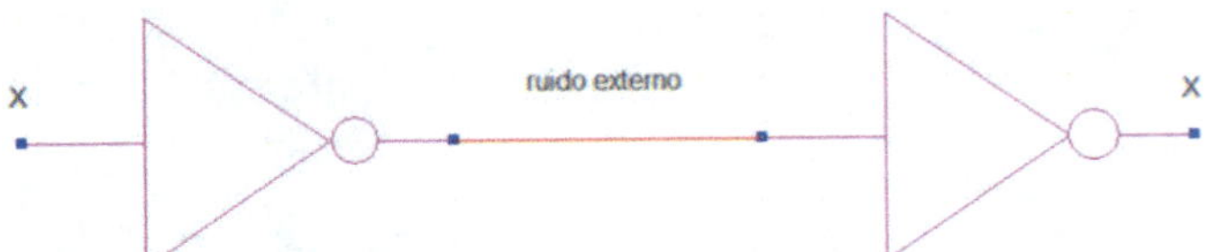

Figura 6.30. Estudio del ruido en un inversor

En este caso se puede calcular el margen de ruido de este inversor como el menor valor de los márgenes alto y bajo.

$$V_{ILMAX} = 1{,}5\text{ V} \quad \text{y} \quad V_{OHMIN} = 4{,}3\text{ V}$$
$$V_{IHMIN} = 2{,}3\text{ V} \quad \text{y} \quad V_{OLMAX} = 0{,}8\text{ V}$$
$$\text{Margen de ruido a nivel alto: } NM_H = |4{,}3\,V - 2{,}3\,V| = 2\text{ V}$$
$$\text{Margen de ruido a nivel bajo: } NM_L = |0{,}8\,V - 1{,}5\,V| = 0{,}7\text{ V}$$

Lo anterior debe leerse como sigue: a la salida del primer inversor el ruido estático puede añadir hasta 2 V a nivel alto, sin que el segundo inversor se resienta por ello. Para el nivel bajo, el margen se reduce a 0,7 V. El margen de ruido general es de 0,7 V, utilizando la regla del *Worst Case* (peor caso o peor valor). Además del ruido estático está el dinámico, aunque este queda fuera del alcance de este libro.

Asociada a esta situación está la característica de *regeneración del inversor*. Esto supone que, si la entrada no es de calidad porque hay ruido, la salida sí será de calidad, dentro de un margen. Es decir, que si la entrada es 4 V, la salida no será 1 V, sino 0; o si la entrada es 1 V, la salida no será 4 V, sino 5 V. Este comportamiento se puede ver en las Figuras 6.25 y 6.26. Por ello, es típico ver dos inversores seguidos a la entrada de ciertos circuitos digitales, ya que de esta forma se asegura que las señales dentro del circuito son de calidad, aunque las entradas no lo fueran tanto; por el contrario, el circuito es menos denso, más caro y algo más lento.

Diseño a nivel semiconductor de un inversor lógico CMOS

La Figura 6.31 muestra el diseño de un inversor MOS desde la perspectiva de los materiales semiconductores. El color negro de fondo es material P, el verde es material N+, el rojo es polisilicio (similar a metal) y el azul representa a las pistas metálicas. Este es el inversor que se ha diseñado y simulado en el simulador Microwind, MW.

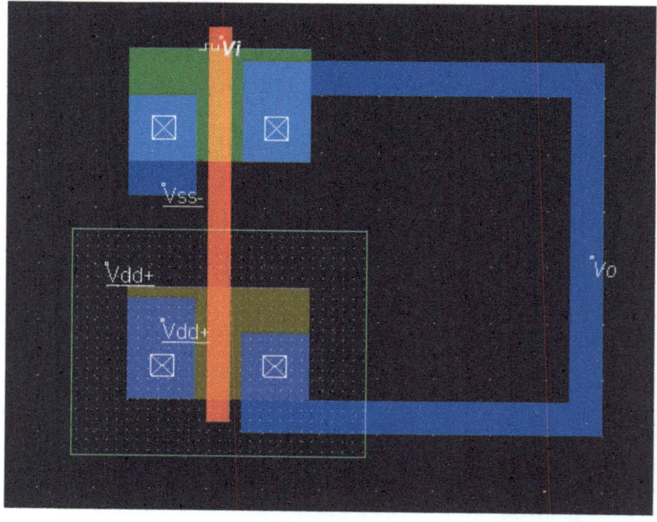

Figura 6.31. Diseño semiconductor de un inversor lógico CMOS

6.4. DISEÑO LÓGICO MOS

Existe una forma de diseñar circuitos digitales utilizando la estrategia CMOS (*Complementary* MOS) que se explicará en este apartado. También se explica más adelante la técnica de diseño mediante puertas de transmisión.

6.4.1. Diseño lógico CMOS

El diseño CMOS es muy sencillo de explicar y fácil de aplicar. El diseño se basa en dividir el circuito es dos partes que se complementan (*complementary*):

- El plano superior pMOS.
- El plano inferior nMOS.

Todos los diseños que se abordan en este apartado van a tener esta característica.

En el caso ideal, la expresión a implementar ha de estar negada y ser del tipo *suma de productor* (SoP, *sum of products*) o *producto de sumas* (PoS, *producto of sums*).

Por ejemplo, vamos a implementar la función lógica NAND (*not* AND) descrita en la Figura 6.32.

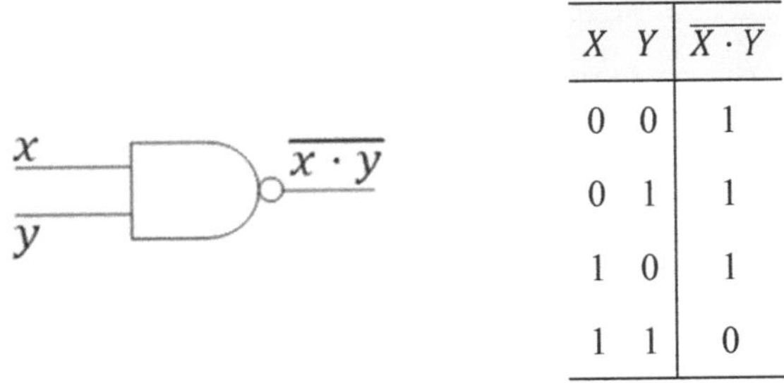

X	Y	$\overline{X \cdot Y}$
0	0	1
0	1	1
1	0	1
1	1	0

Figura 6.32. Tabla de verdad y símbolo de la puerta lógica NAND (*Not*-AND)

En este apartado se entiende que el lector conoce los principales operadores lógicos o booleanos.

La Figura 6.33 muestra el diseño CMOS de una puerta lógica NAND y el comportamiento de cada transistor.

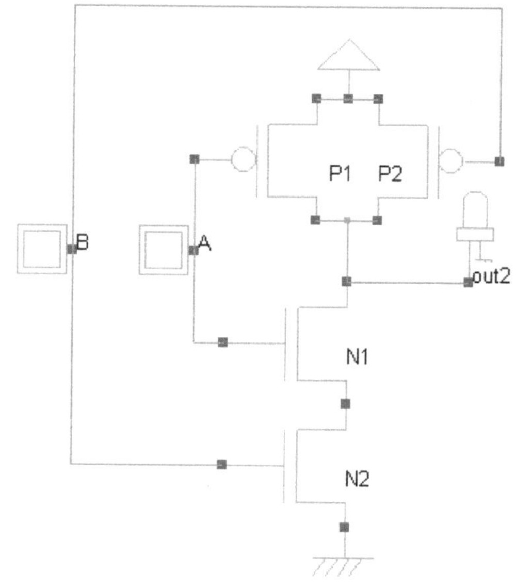

A	B	$f = \overline{A \cdot B}$	P1	P2	N1	N2
0	0	1	ON	ON	OFF	OFF
0	1	1	ON	OFF	OFF	ON
1	0	1	OFF	ON	ON	OFF
1	1	0	OFF	OFF	ON	ON

Figura 6.33. Diseño CMOS de una puerta lógica NAND y su comportamiento

En la Figura 6.33 es importante observar que el plano nMOS se compone de dos transistores nMOS en serie (es un producto), y dos pMOS en paralelo. Esto es así porque la función a implementar es el producto A·B negado. Recordemos que como el plano nMOS entrega un 0, entonces la función de salida está negada. Por eso lo mejor es que la función a implementar esté negada en su conjunto.

Con más detalle vemos que para A = B = 0 los dos pMOS están ON y por tanto, los 5 V van a la salida, es un 1. Si solo una de las dos entradas es 0, entonces solo uno de los dos pMOS está ON pero, aun así, la salida es 1. En este caso solo un transistor nMOS está ON y por tanto, la tierra no puede *llegar* a la salida, ya que uno de los nMOS está OFF. Solamente cuando ambas entradas están a 1, se ponen a ON los dos nMOS y la tierra puede alcanzar la salida, mientras que los pMOS están OFF:

En el caso de la puerta NOR, su tabla de verdad y símbolo están en la Figura 6.34.

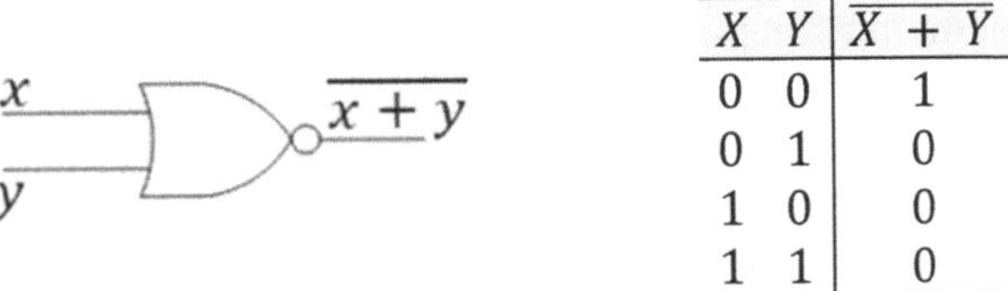

X	Y	$\overline{X+Y}$
0	0	1
0	1	0
1	0	0
1	1	0

Figura 6.34. Tabla de verdad y símbolo de la puerta lógica NOR (Not-OR)

La Figura 6.35 muestra una función NOR (*not* OR). En este caso es una suma negada, y por tanto, los dos transistores nMOS no están en serie sino en paralelo, y de forma complementaria los dos pMOS están en serie.

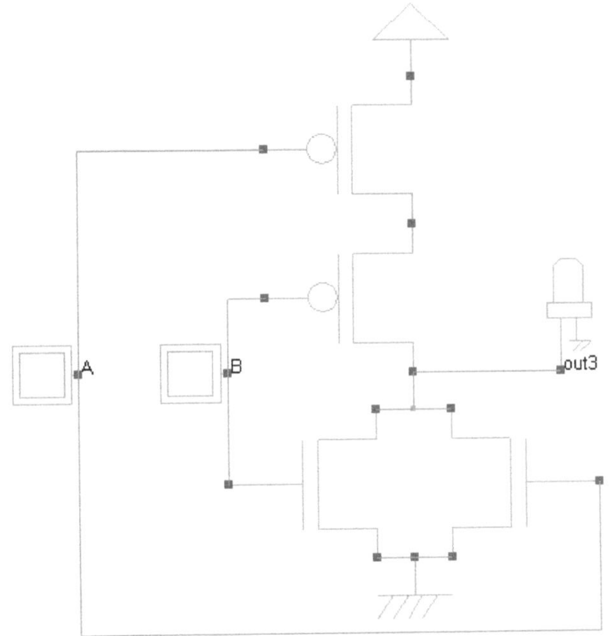

A	B	$f = \overline{A+B}$	P1	P2	N1	N2
0	0	1	ON	ON	OFF	OFF
0	1	0	ON	OFF	OFF	ON
1	0	0	OFF	ON	ON	OFF
1	1	0	OFF	OFF	ON	ON

Figura 6.35. Diseño CMOS de una puerta lógica NOR y su comportamiento

¿Cómo se implementa una puerta AND? Una buena idea sería partir de la Figura 6.35 y simplemente poner 5 V donde hay tierra, y tierra donde hay 5 V. Pero en este caso el 1 no tendría 5 V, sino 4,3 V (5 $V - V_{TH}$) y 0 no sería 0 V, sino 0,7 V (0 V – V_{TH}), y esto no es aceptable. La Figura 6.36 muestra las dos soluciones aceptables. La primera simplemente niega la salida NAND mediante un inversor y, por tanto, se convierte en AND. La segunda solución se basa en el teorema de DeMorgan, $f = A \cdot B = \overline{\bar{A} + \bar{B}}$. El planteamiento para la puerta OR es similar a este: negar la puerta NOR o utilizar el Teorema de DeMorgan.

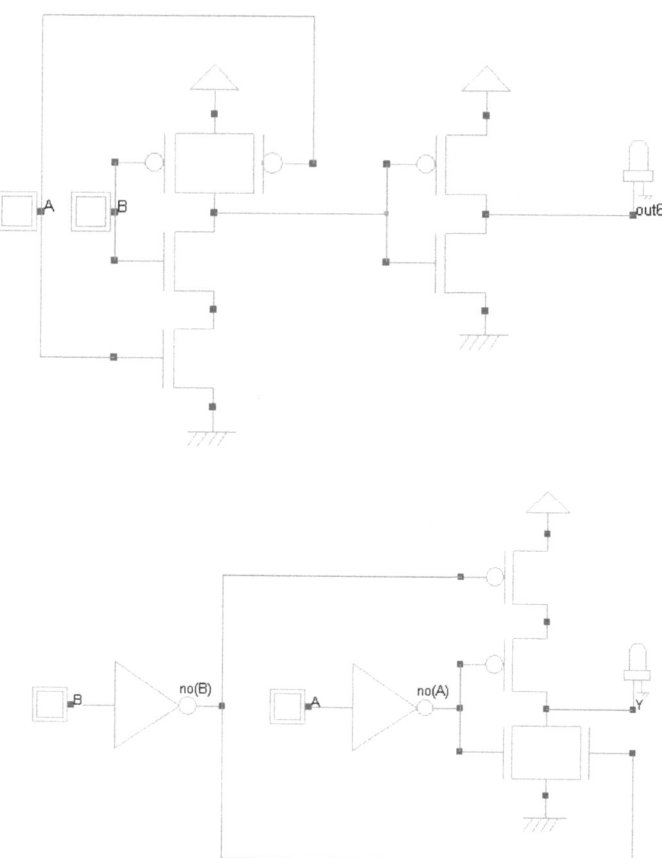

Figura 6.36. Diseño CMOS de una puerta lógica AND

Por ejemplo, ¿cómo se implementa la función XOR? La función XOR (*eXclusive* OR) $A \oplus B = \overline{A \cdot B + \bar{A} \cdot \bar{B}}$. En este caso la función está negada, lo que ayuda, y luego es una suma (paralelo) de dos productos (serie). Así pues, el diseño es el de la Figura 6.37. En esta figura no se añaden los inversores de las entradas para mejorar la claridad. Y por supuesto hay otras formas de implementar la XOR que no se recogen aquí.

A	B	$A \oplus B$
0	0	0
0	1	1
1	0	1
1	1	0

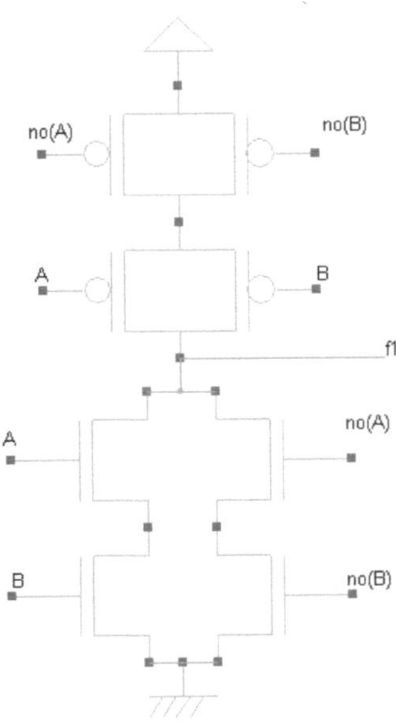

Figura 6.37. Diseño CMOS de una puerta lógica XOR

Si la función a implementar está negada y es una SoP o una PoS, entonces el método es sencillo. Para un SoP negada:

- Cada producto se convierte en una conexión serie de nMOS, con las entradas negadas o no según estén en la función.
- Todos los productos anteriores conectan en paralelo entre sí.
- El plano pMOS es el plano complementario del anterior nMOS, es decir, todo lo que es serie es paralelo, y todo lo que es paralelo, es serie.

Para un PoS negada:

- Cada suma se convierte en una conexión paralelo de nMOS, con las entradas negadas o no según estén en la función.
- Todas las sumas se conectan en serie entre sí.
- El plano pMOS es el complementario del plano anterior nMOS: todo lo que es serie es paralelo, y todo lo que es paralelo, es serie.

Por ejemplo, la Figura 6.38 muestra la implementación de la función

$$f = \overline{(A) + (\bar{A} \cdot B) + (\bar{B} \cdot C)}$$

Si la función a implementar combina productos y sumas de forma más o menos desordenada la función no está negada, entonces todo se complica, pero el procedimiento es el mismo: diseñar la parte nMOS conectando en serie los productos y en paralelo las sumas, y luego haciendo lo complementario en el plano pMOS, es decir, cambiar serie por paralelo, y viceversa.

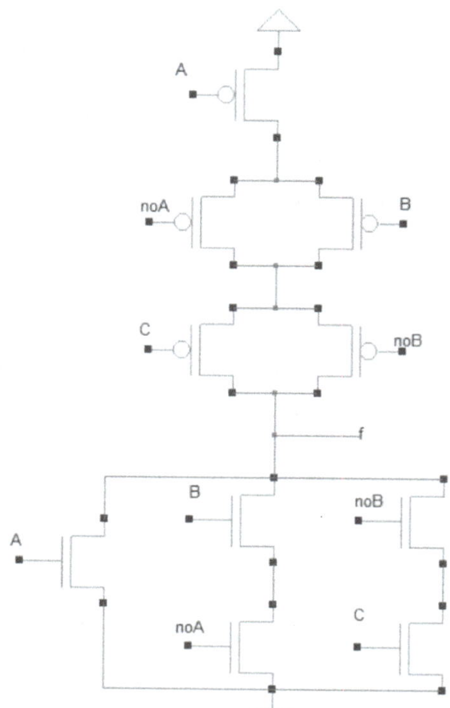

Figura 6.38. Diseño CMOS de la función *f*

Diseño a nivel semiconductor de una puerta NAND

La Figura 6.39 muestra el esquema de una puerta lógica NAND desde el punto de vista de los materiales. Seguidamente, la Figura 6.40 muestra el consumo asociado a esta puerta lógica NAND.

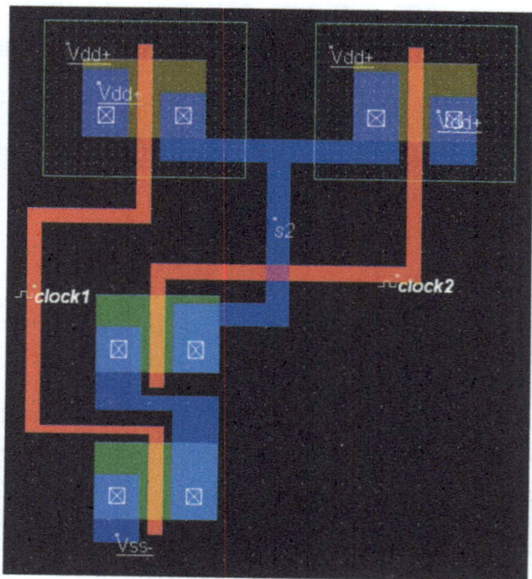

Figura 6.39. Diseño a nivel semiconductor CMOS de una puerta lógica NAND

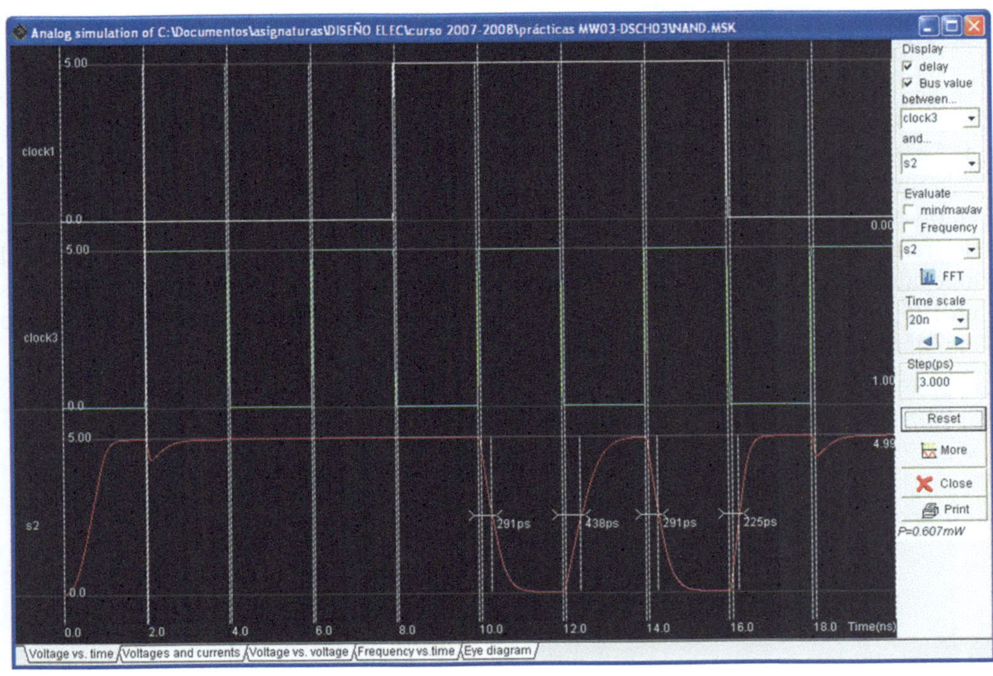

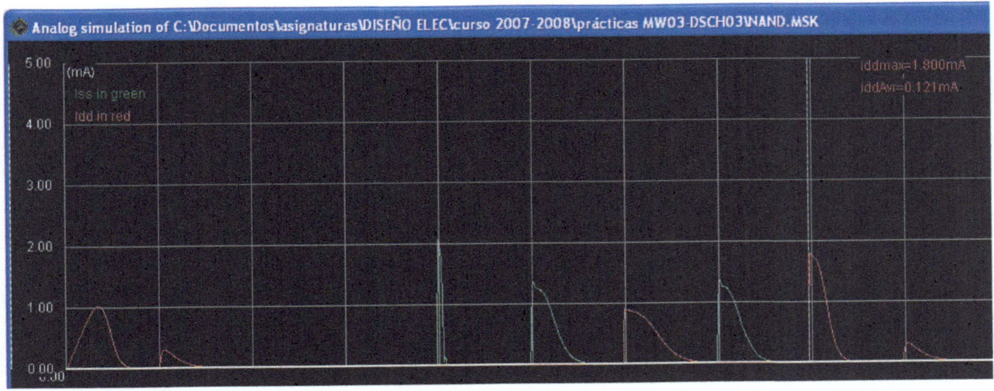

Figura 6.40. Evolución temporal y consumo de una puerta lógica NAND

En la primera gráfica de la Figura 6.40 se ve que no hay el mismo retardo cuando la salida pasa de 0 a 1 la primera y la segunda vez. Esto es porque en el primer caso solo está activo uno de los dos transistores pMOS, mientras que, en la segunda, lo están los dos transistores pMOS. Este comportamiento tiene como efecto un mayor consumo, como se puede ver en la segunda parte de la Figura 6.40.

6.4.2. Diseño lógico con Puertas de Transmisión (PT)

La estrategia de diseño PT se basa en la Puerta de Transmisión (PT, TG *Transmisión Gate*), mostrada en la Figura 6.41. Tiene una entrada (In) y una señal de *enable*. Si *enable* está a 0, entonces tanto el pMOS como el nMOS están OFF y por tanto, la salida se queda a su nivel de tensión previo, es decir, $V_O(t) = V_O(t-1)$. Mientras que, si *enable* está a 1, entonces ambos transistores están ON y, por tanto, *In* pasará a *Out*. Recordemos que, si un transistor está OFF, entonces vimos que su salida se mantenía, ya que el terminal afectado se comportaba como un condensador. Otra situación a destacar es que si *In* es un 1 (5 V), entonces el nMOS entrega 4.3 V, esto podría parecer negativo, y lo es, pero también está el pMOS, y este sí entrega 5 V.

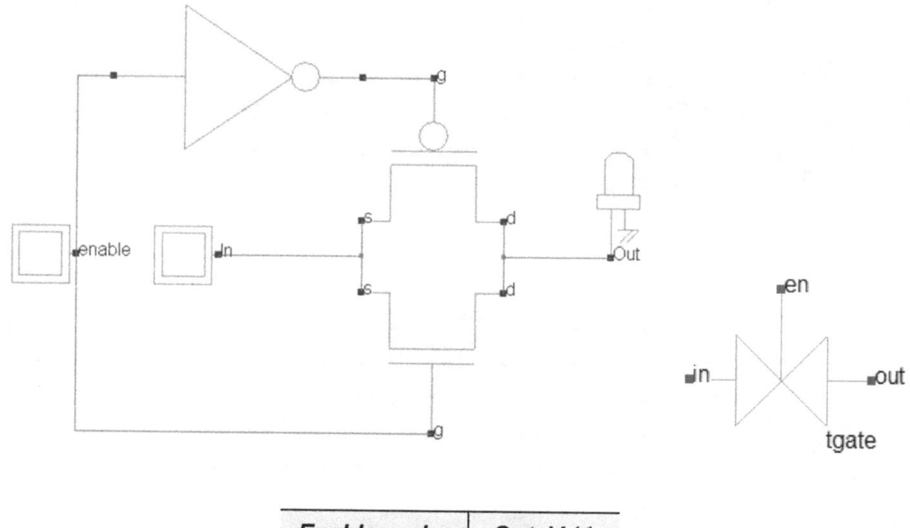

Enable	*In*	*Out*, $V_O(t)$
0	0	$V_O(t-1)$
0	1	$V_O(t-1)$
1	0	0
1	1	1

Figura 6.41. Diseño y comportamiento de una puerta de transmisión

Utilizando una puerta de transmisión vemos cómo se puede implementar una función XOR. Si nos fijamos en la tabla de la Figura 6.42 vemos que, si A es *enable*, entonces la salida es $\bar{B}$, mientras que si *enable* es $\bar{A}$, entonces la salida es B.

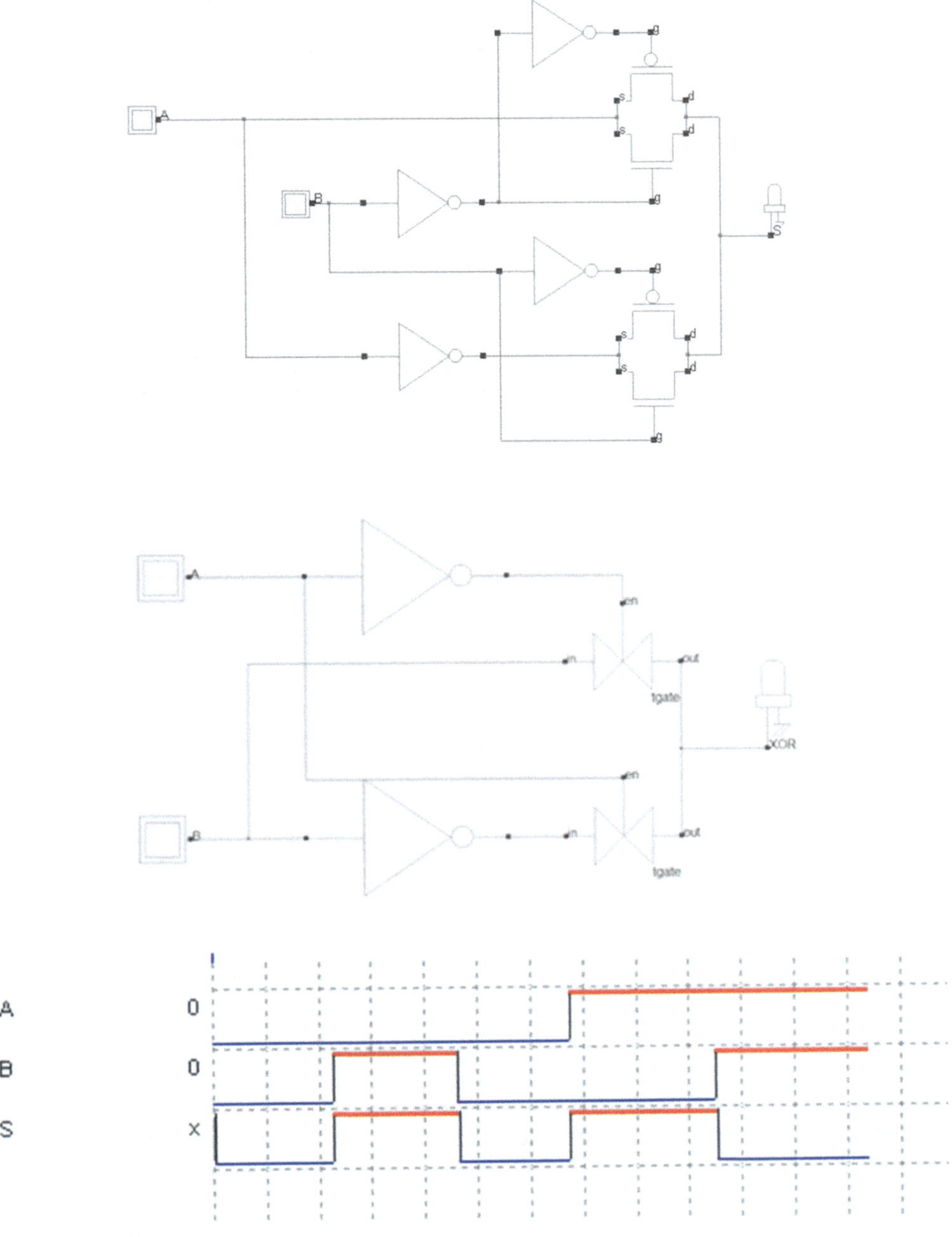

Figura 6.42. Diseño y comportamiento de una XOR mediante una puerta de transmisión

Este mismo enfoque se puede usar para implementar un multiplexor, por ejemplo, el 2:1. En un multiplexor de la Figura 6.43, una y sola una de las entradas, pasa a la salida.

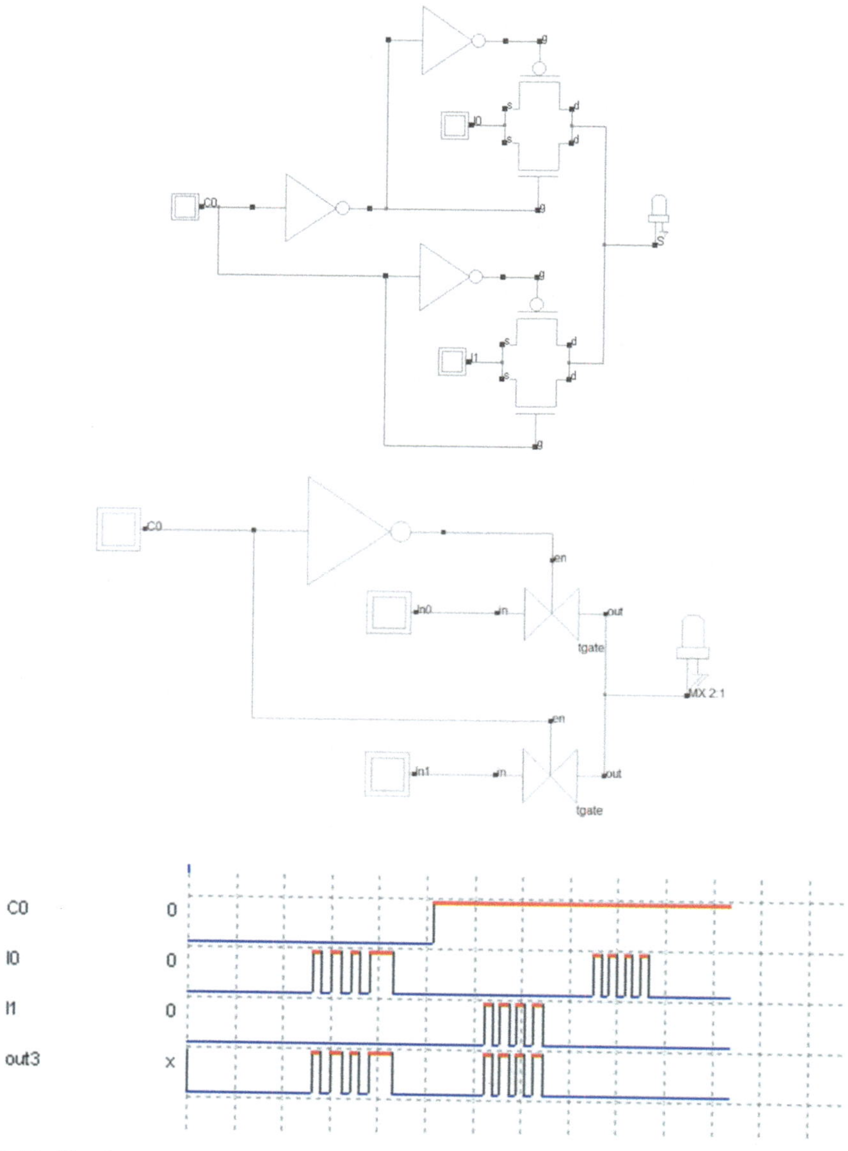

Figura 6.43. Diseño y comportamiento de un multiplexor 2:1 mediante una puerta de transmisión

Si se desea diseñar un demultiplexor, la estructura es exactamente la misma, excepto que hay dos salidas y una entrada, DMX 1:2. La Figura 6.44 muestra que el diseño simplemente consiste en dar la vuelta al diseño de la Figura 6.43. En la simulación se ve que cuando una salida no está conectada a una entrada (su PT no está habilitada), entonces se ve de color gris y esto quiere decir que está flotando. Este valor es el último aportado, y será un 0 o un 1, de carácter débil. Esta situación depende de cada simulador.

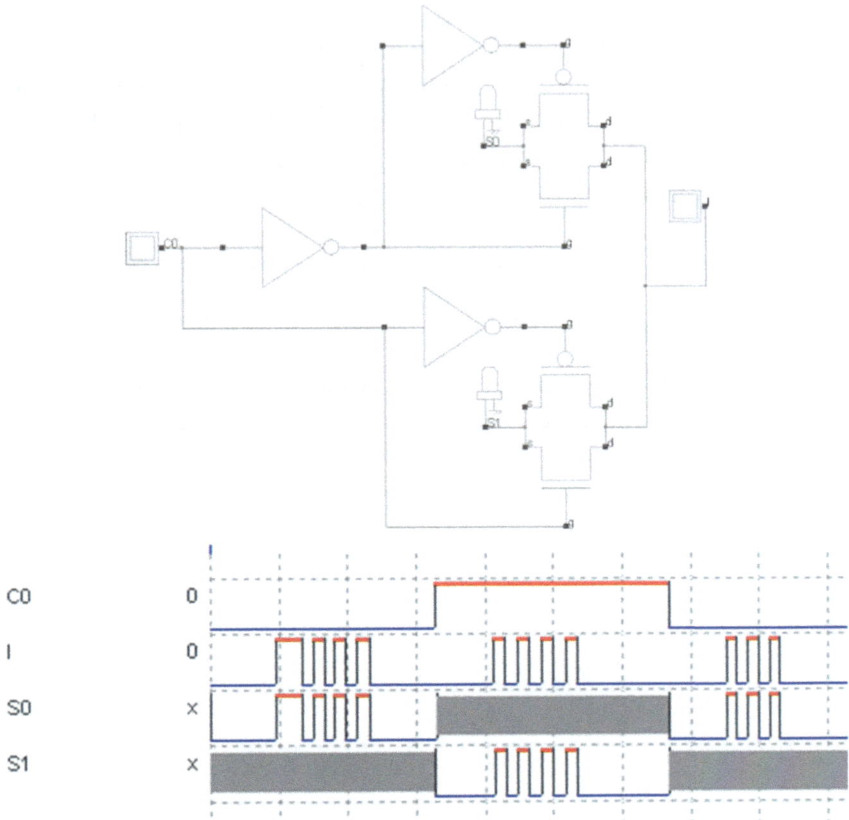

Figura 6.44. Diseño y comportamiento de un demultiplexor 1:2 mediante una puerta de transmisión

¿Por qué utilizar una PT en vez de CMOS? Pues porque una PT produce una reducción del número de transistores a usar, tanto mayor cuanto más grande es el circuito. Por ejemplo, para un multiplexor de 16:1, la reducción supera el 50 % de espacio, lo que sin duda es importante.

La cuestión ahora es ¿se puede implementar cualquier función digital como con CMOS? La respuesta es no, solo se pueden usar una PT donde su comportamiento es adecuado. Ahora bien, el uso de XOR es muy amplio ya que son parte de los sumadores aritméticos. Del mismo modo, los multiplexores son muy importantes ya que con ellos se implementan las tablas de verdad mediante lo que se denomina *Lookup Table* (LUT), muy populares en FPGAs.

Otro de los elementos más populares en diseño digital son los biestables o elementos de memoria. Estos son capaces de almacenar un bit o varios durante un tiempo indeterminado. Para implementar un biestable, es importante saber cómo mantener un valor en el tiempo, y para ello lo mejor es usar la realimentación de la salida a la entrada.

El diseño de la Figura 6.45 es un biestable D síncrono por nivel: si la línea de reloj (CLK) está a 1, entonces lo que hay en la entrada, pasa a la salida, y si el reloj está a 0, entonces la salida no cambia, se mantiene en su último valor. La línea CLK de reloj también se llama *enable* según sea el uso del biestable. Existen dos soluciones:

- Una con puertas de transmisión.
- La otra con transistores.

Esta segunda es mucho más compacta, 6 transistores frente a 14, una reducción de más del 50 %. En esta segunda implementación los inversores aseguran el buen funcionamiento, aunque los nMOS y pMOS entreguen un 1 y un 0 débiles, respectivamente.

En este circuito llama la atención los dos inversores. En el segundo circuito son imprescindibles ya que su presencia convierte los 0 y 1 "malos" en buenos. En el primer circuito idealmente no hacen falta, pero son importantes porque el retardo que aportan trae sincronismo, evitando que el biestable entre en un *loop* sin control.

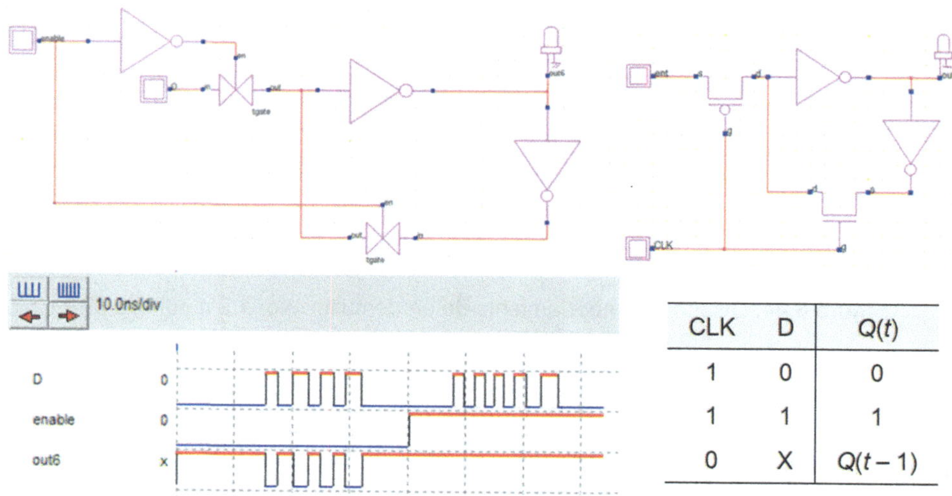

CLK	D	$Q(t)$
1	0	0
1	1	1
0	X	$Q(t-1)$

Figura 6.45. Diseño y comportamiento de un biestable D síncrono por nivel

Se ve claramente que hay una retroalimentación de la salida a la entrada mediante una cadena con dos inversores. El segundo diseño se inspira en la misma idea, pero con un menor coste. El primero es más elegante, mientras que el segundo es más compacto.

Si contamos los transistores necesarios en el diseño anterior son 10 (o 14 según se incluyan los inversores de las PT), pero si miramos el diseño digital clásico de la Figura 6.46, los transistores necesarios son 18: 4 transistores por cada NAND y 2 más por el inversor. Es decir, este diseño PT supone un coste menor (mayor densidad y rapidez y menor consumo) que el mismo diseño según CMOS.

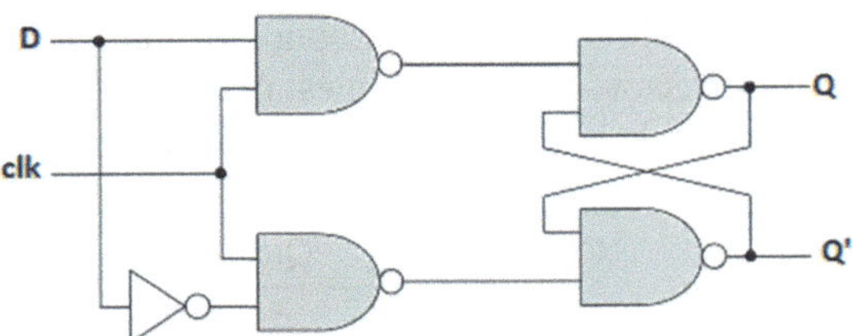

Figura 6.46. Diseño lógico de un biestable D síncrono por nivel

Antes de pasar al *flip-flop*, tiene sentido observar el comportamiento del circuito de la Figura 6.47. Si el biestable de la Figura 6.47 era síncrono por nivel bajo, este lo será por nivel alto. Sin embargo, la simulación muestra que el biestable está en situación de carreras, *races*, en un *loop* sin control. El problema reside en que ahora la PT del camino directo se inhabilita antes que la del camino de realimentación (los inversores de los *enable* se han cambiado de PT), lo que conlleva que la señal de entrada *desaparece* antes de que *entre* la realimentación para devolverla; es un problema de sincronismo. Si pensamos en una carrera de relevos, el testigo se ha dejado caer antes de que estuviera la mano del relevo.

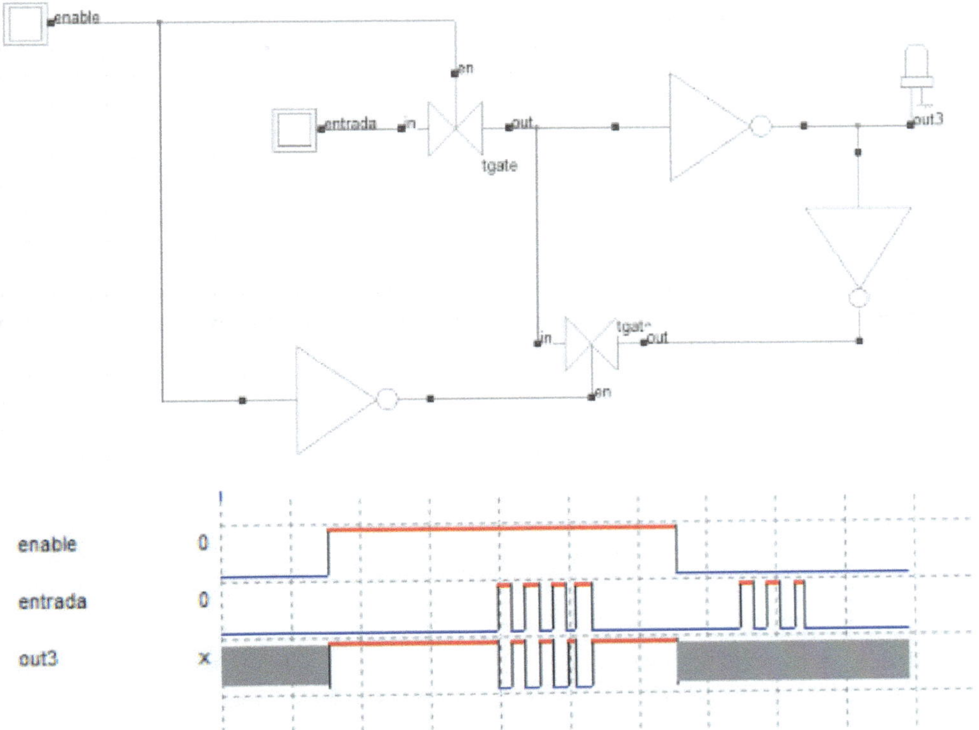

Figura 6.47. Diseño no operativo de un biestable síncrono por nivel alto con PT

El biestable más usado es el biestable D síncrono por flanco de la Figura 6.48, denominado *flip-flop* D, y está basado en unir dos biestables D síncronos por nivel. En este caso la salida toma el valor de la entrada en el instante del flanco.

CLK	*D*	*Q(t)*
↑	0	0
↑	1	1
0	X	*Q*(*t* – 1)

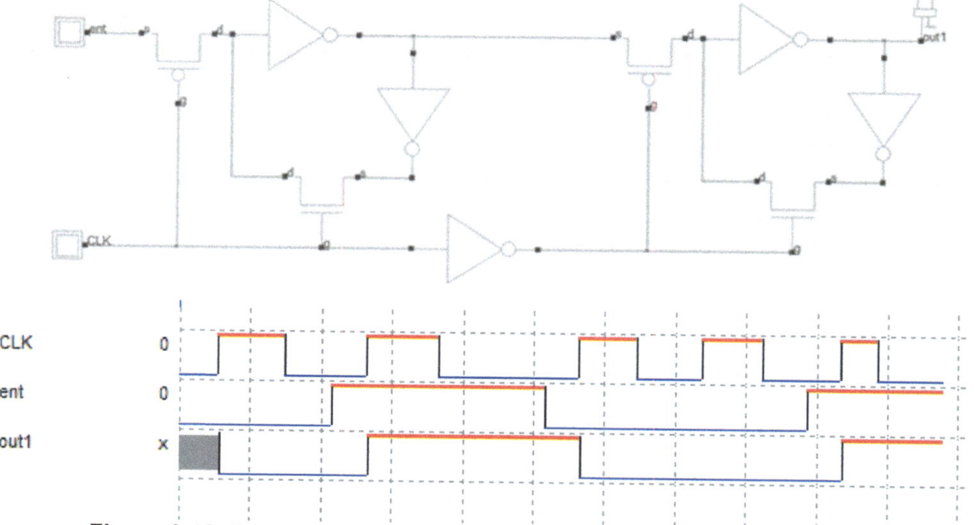

Figura 6.48. Diseño y comportamiento de un *flip-flop* D mediante una PT

Por último, es importante diseñar una celda RAM de 1 bit. El diseño es el de la Figura 6.49 y su análisis necesita de algo de atención ya que no hay línea de entrada ni de salida como tales, hay *línea Bit*.

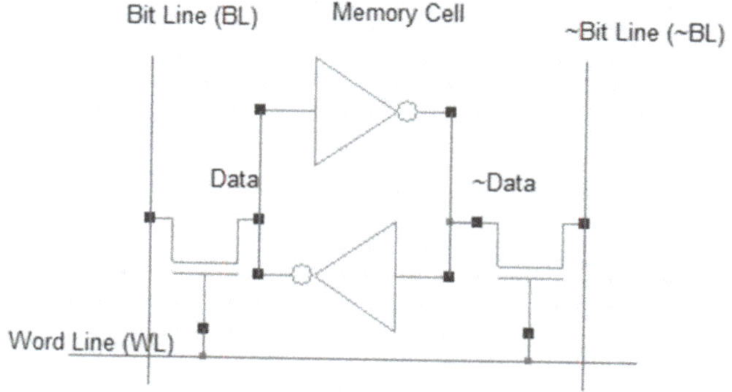

Figura 6.49. Diseño MOS de una celda de memoria RAM

En esta línea Bit se puede leer el dato o poner el dato a ser escrito siempre y cuando la *línea Word* está activada para los correspondientes bits. Mientras *WL*(*Word Line*) no esté activa, entonces los dos inversores están aislados y mantienen su valor *flotando*.

Si se activara *WL* entonces el comportamiento depende de *BL* (*Bit Line*), si tiene un 1 o un 0 (*BL* es S), entonces este cambia el valor del anillo de inversores ya que su valor estaba "flotando", pero si *BL* flota (*BL* es D) entonces el valor almacenado en la celda se muestra en *BL*. Y si una vez cargada la celda, *WL* se inactiva, entonces el anillo de inversores se encarga de mantener el valor.

La Figura 6.50 muestra una memoria RAM de 4 × 4 bits basada en la anterior celda de 1 bit.

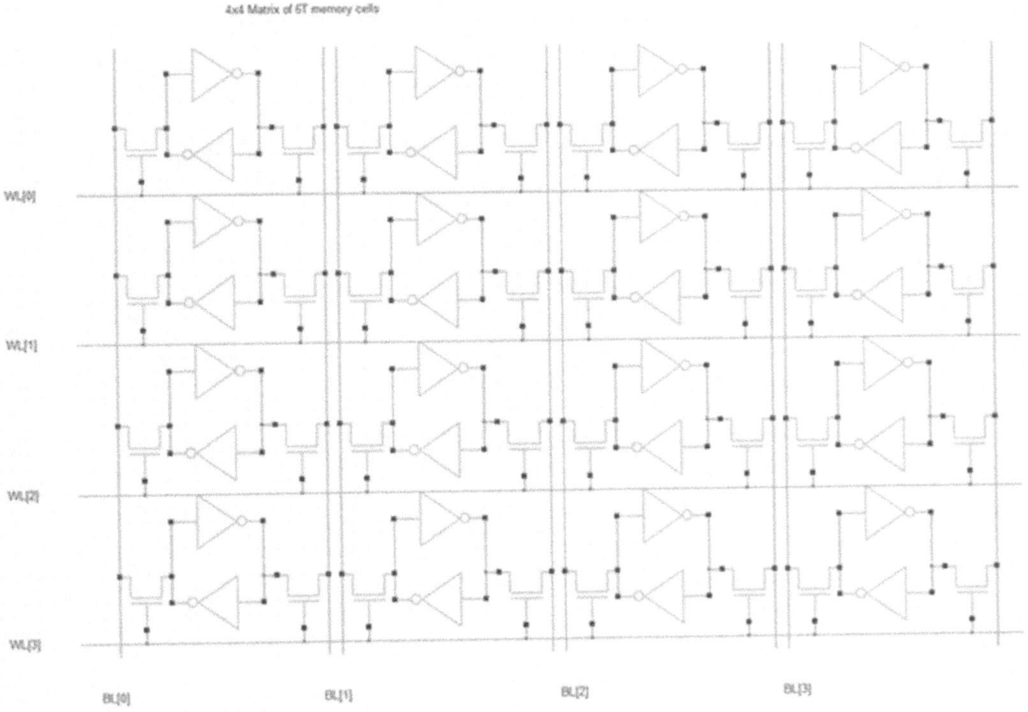

Figura 6.50. Diseño MOS de una memoria RAM 4x4

PROBLEMAS PROPUESTOS

6.1. Implementar con tecnología CMOS la siguiente función booleana:

$$f = \overline{\left(A + \overline{B}\right) \cdot \left(\overline{A} + C\right)}$$

6.2. Implementar con tecnología CMOS la siguiente función booleana:

$$f = \overline{A + \overline{A} \cdot \overline{B}}$$

6.3 Implementar con tecnología CMOS la siguiente función booleana:

$$f = \overline{A \cdot (B + \overline{B} \cdot C)}$$

6.4. Implementar con tecnología CMOS la siguiente función booleana:

$$f = A + (B \cdot (\overline{A} + C)$$

6.5. Implementar con tecnología CMOS la siguiente función booleana:

$$f = \overline{A + A \cdot B \cdot C}$$

6.6. Explicar qué hace el circuito adjunto:

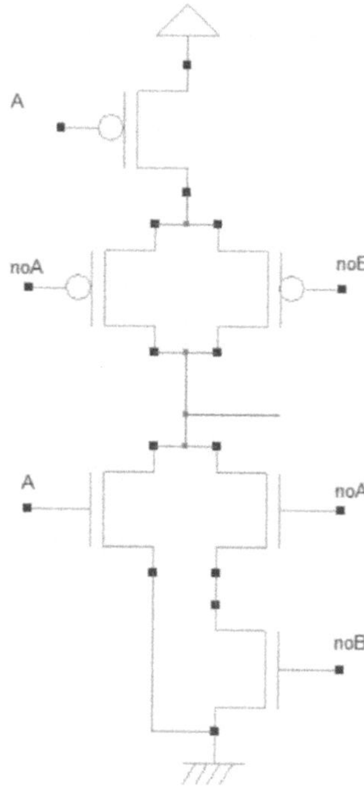

6.7. Explicar por qué es incorrecto el siguiente circuito CMOS y cómo se podría implementar la función lógica que parece querer implementar.

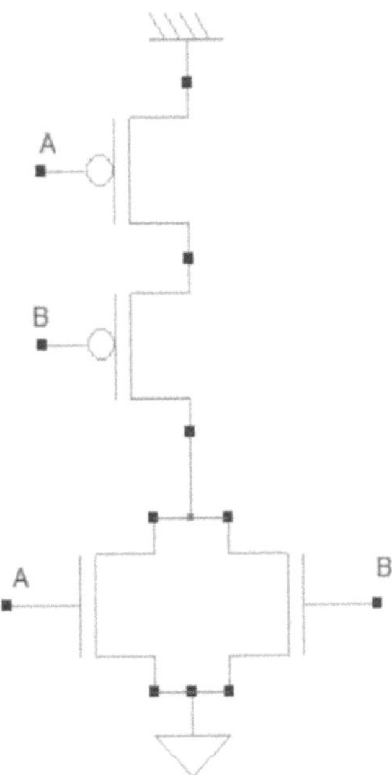

6.8. Dibujar el circuito MOS basado en puertas de transmisión que implementa parte de un sumador completo. Calcular la reducción que supone usar una puerta de transmisión en vez de lógica CMOS.

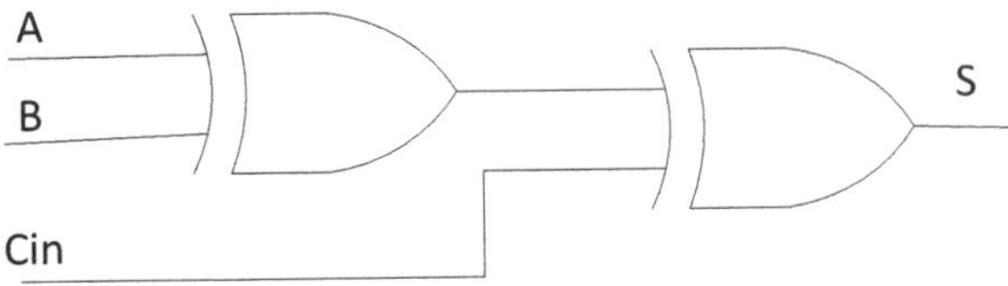

6.9. Dibujar el circuito MOS basado en puertas de transmisión que implementa un sumador completo. Calcular la reducción que supone usar PT en vez de lógica CMOS.

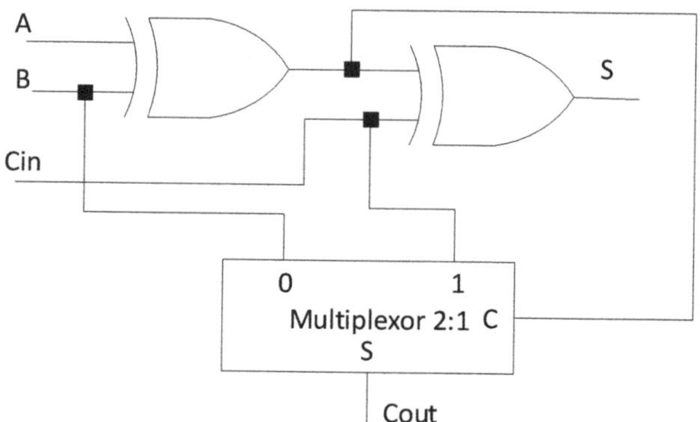

6.10. ¿Qué función lógica implementa el circuito de la figura?

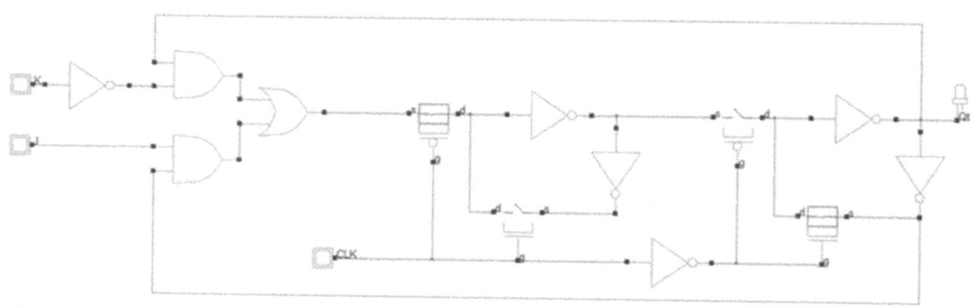

6.11. Modificar el circuito de la figura para que tenga señal de *reset* y *preset*.

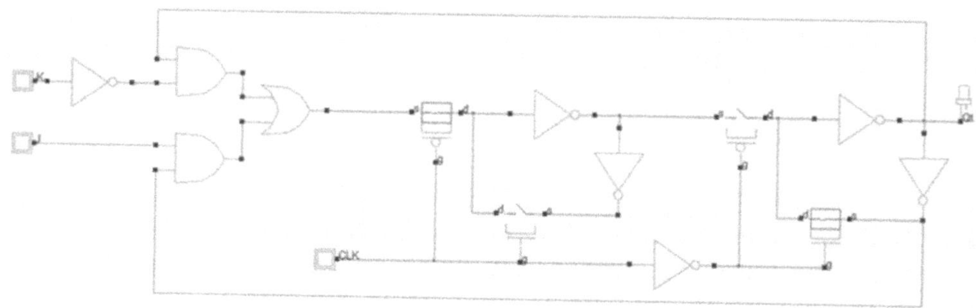

6.12. Indicar qué diseño se corresponde con cada una de las dos gráficas adjuntas para la curva de transferencia. Poner una cruz donde haya correspondencia

	Diseño MOS 1	Diseño MOS 2	Diseño MOS 3
Curva de transferencia 1			
Curva de transferencia 2			

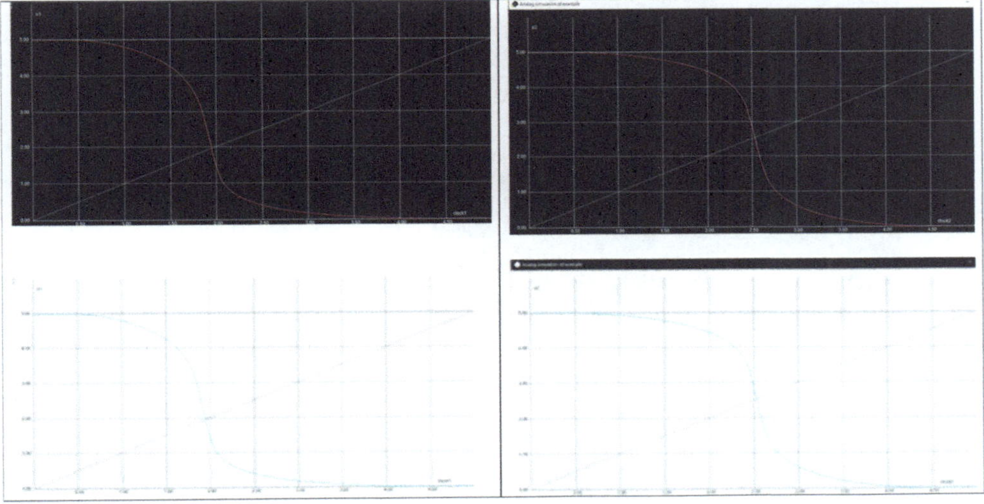

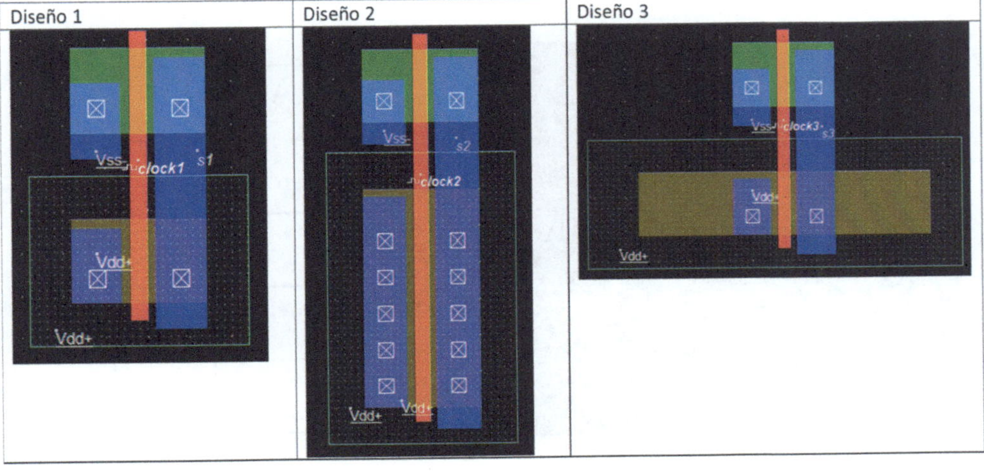

6.13. Completar la tabla de verdad del diseño MOS de la figura e indicar de qué función se trata. ¿Cree que este circuito tiene algún problema?

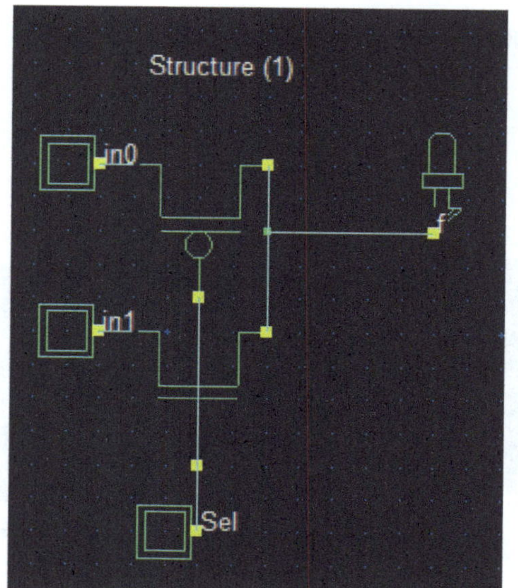

Sel	In1	In0	sal

6.14. Completar la tabla de verdad del diseño MOS de la figura e indicar de qué función se trata. ¿Cree que este circuito tiene algún problema?

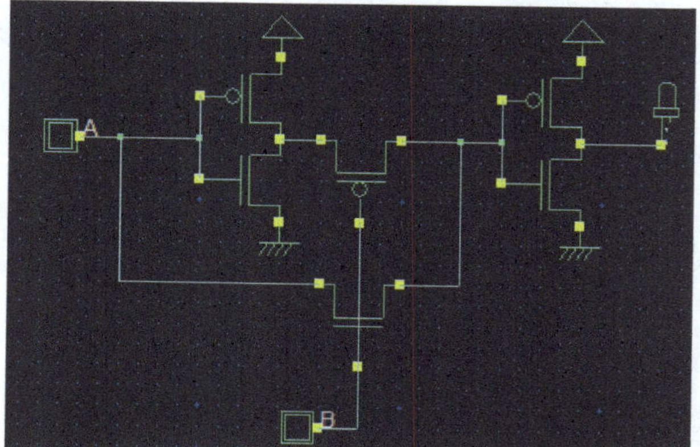

A	B	sal

6.15. ¿Qué función implementa el circuito de la figura? ¿por qué se han colocado dos inversores a la salida? ¿son necesarios?

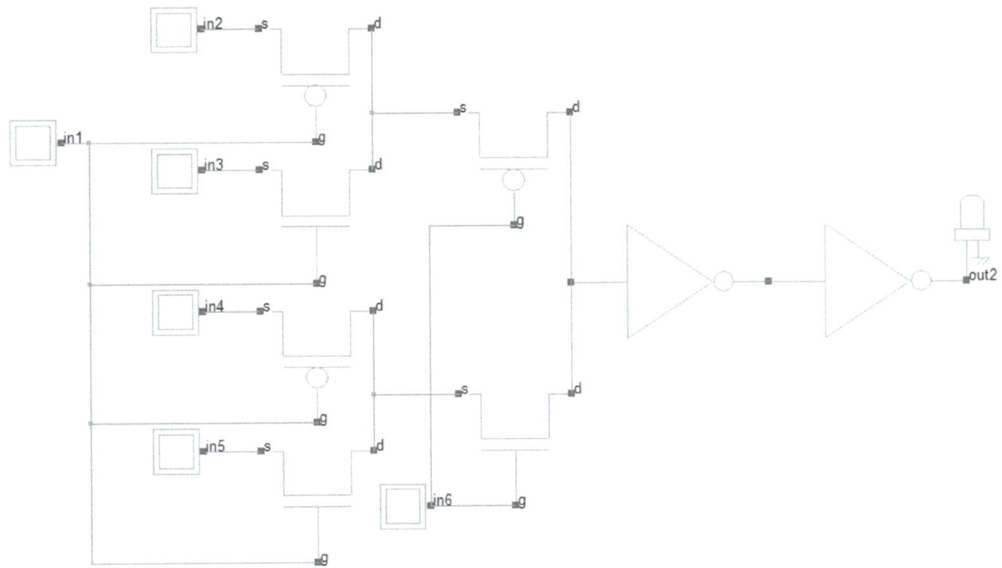

6.16. ¿Qué bloque o función lógica implementa este diseño MOS?

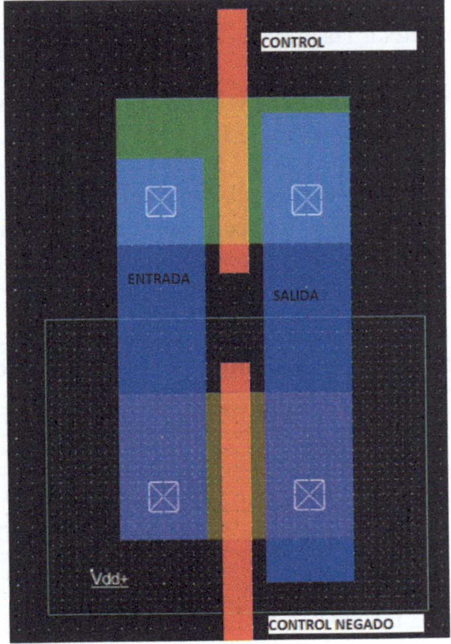

6.17. Dibujar en la curva característica adjunta de un PMOS el comportamiento del mismo para estas dos situaciones.

- Con $V_G = 5$ V, $V_i = 5$ V y $V_o = 0$ V, entonces V_G pasa a 0 V.
- Con $V_G = 5$ V, $V_i = 0$ V y $V_o = 5$ V, entonces V_G pasa a 0 V.

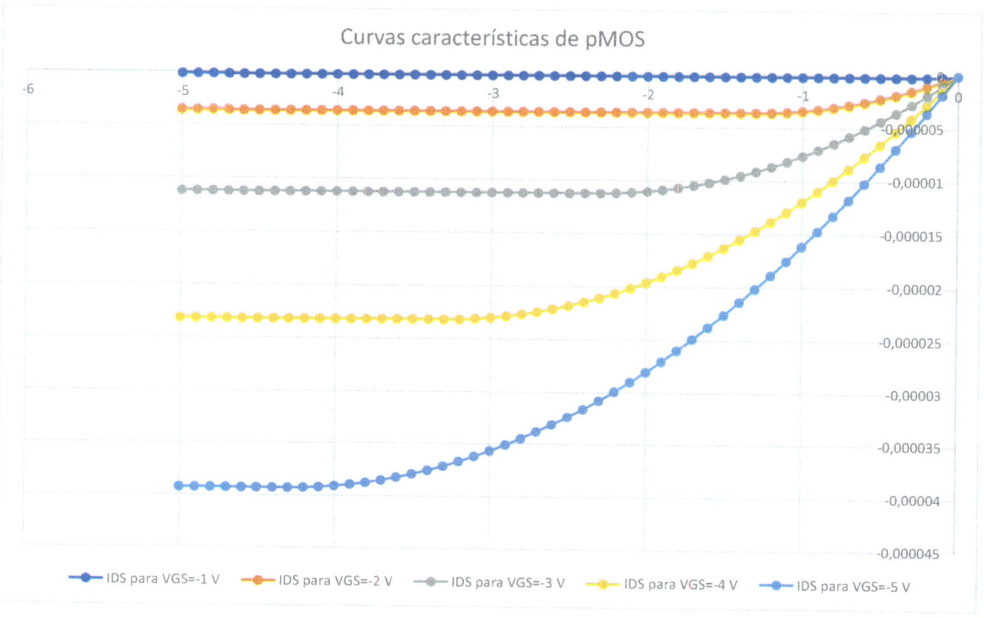

Se pide también, completar las gráficas adjuntas.

La gráfica muestra las entradas VG y V_i de un transistor nMOS con seis cambios. Dibujar en el cronograma la evolución de V_o y de IDS.

Partiendo del punto marcado con 0, dibujar también debes en la curva característica la evolución del nMOS con cambio. Es decir, del 0 al 1, del 1 al 2… hasta llegar al 6. Se debe tener en cuenta que, en algunos casos, aunque haya cambios no hay movimiento, es decir, los círculos se pueden solapar.

Cambio	Estado	Cambio
1	$V_i = 0$ V y $V_G = 0$ V	V_i pasa a 5 V
2	$V_i = 5$ V y $V_G = 0$ V	V_G pasa a 5 V
3	$V_i = 5$ V y $V_G = 5$ V	V_G pasa a 0
4	$V_i = 5$ V y $V_G = 0$ V	V_i pasa a 0 V
5	$V_i = 0$ V y $V_G = 0$ V	V_G pasa a 5 V
6	$V_i =0$ V y $V_G = 5$ V	V_G pasa a 0 V

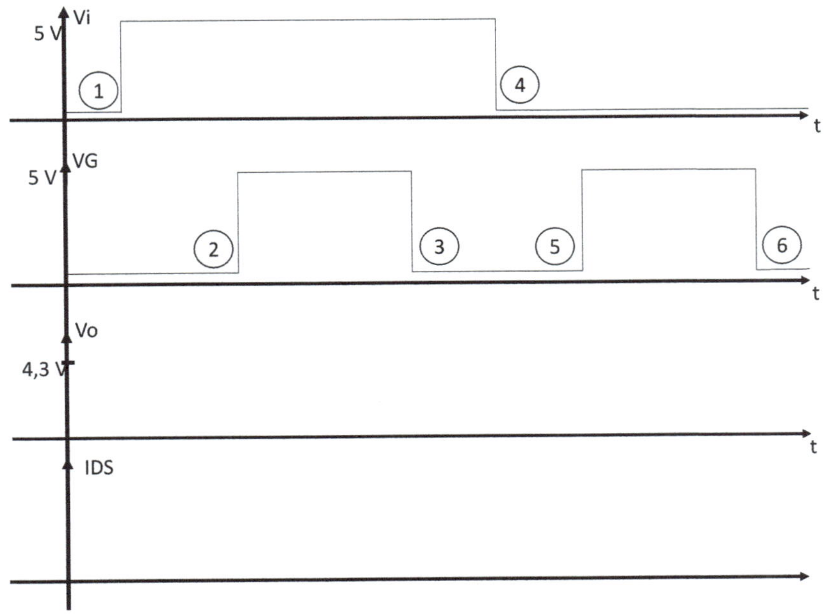
5 V
Vi
1
4
t
5 V
VG
2
3
5
6
t
Vo
4,3 V
t
IDS

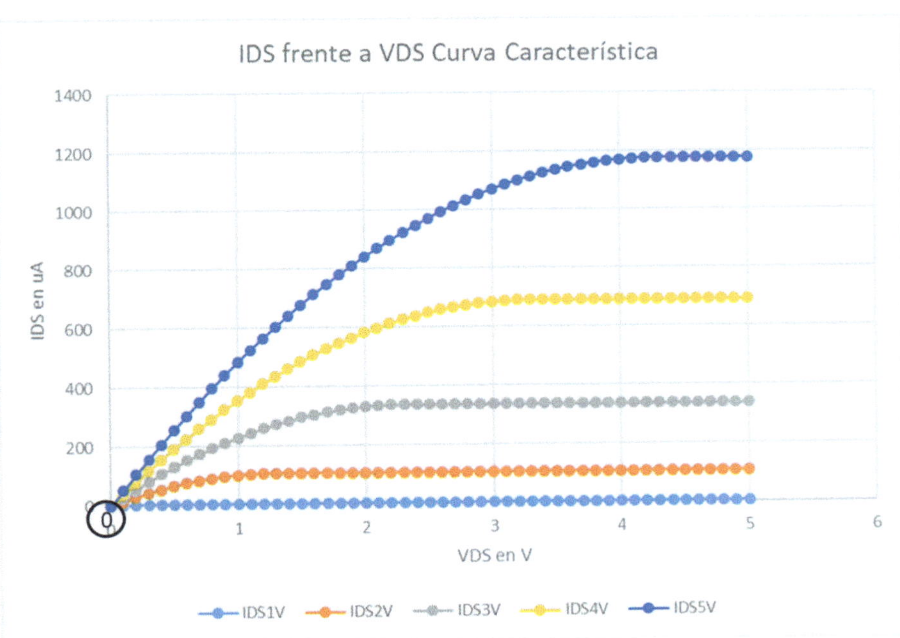
IDS frente a VDS Curva Característica
1400
1200
1000
800
600
400
200
0
IDS en uA
0
1
2
3
4
5
6
VDS en V
IDS1V
IDS2V
IDS3V
IDS4V
IDS5V